广东省本科高校教学质量与教学改革工程建设项目
广东省自学考试网络与新媒体专业教材

融媒体影视系列教材

音视频编辑与制作

Audio and Video Editing and Production

王建磊 张文文 主编

内容提要

本书既介绍音视频制作的基本概念和基本原理，又呈现音视频主流剪辑软件的操作方法。同时，本书引介时兴的案例展开分析，并对音视频策划的方法论进行讲解。本书致力于做到理论与实操相结合，方法与案例相结合，为网络与新媒体、广播电视编导、数字媒体等相关专业的大中专学生以及广大音视频编辑的专业工作者、爱好者提供一个兼具创意启发与实操指导的有益视角。

图书在版编目(CIP)数据

音视频编辑与制作/ 王建磊，张文文主编. —上海：上海交通大学出版社，2023.6(2025.7 重印)

ISBN 978-7-313-28629-1

Ⅰ.①音… Ⅱ.①王… ②张… Ⅲ.①视频编辑软件—教材②音乐软件—教材 Ⅳ.①TN94②J618.9

中国国家版本馆 CIP 数据核字(2023)第 080912 号

音视频编辑与制作

YINSHIPIN BIANJI YU ZHIZUO

主　　编：王建磊　张文文

出版发行：上海交通大学出版社　　地　　址：上海市番禺路 951 号

邮政编码：200030　　电　　话：021-64071208

印　　制：常熟市文化印刷有限公司　　经　　销：全国新华书店

开　　本：710 mm×1000 mm　1/16　　印　　张：22.25

字　　数：345 千字

版　　次：2023 年 6 月第 1 版　　印　　次：2025 年 7 月第 3 次印刷

书　　号：ISBN 978-7-313-28629-1　　音像书号：ISBN 978-7-88941-580-4

定　　价：68.00 元

前言 FOREWORD

5G 时代，视听扬帆。当下各大平台上的视听内容不仅是满足大众精神娱乐需求、"讲好中国故事"的文化产品，还具备展示品牌形象、刺激消费转化的商业势能。尤其是以短视频为代表的内容形态，成为媒体机构、互联网公司、垂直行业等重点涉足、集中发力的领域。进而，短视频策划、制作和传播成为市场上新兴和紧缺的职业，这也倒逼教育界对此做出回应与变革。

短视频的创意策划，属于方法论的范畴。其基本逻辑是面向特定的服务对象和传播受众，策划适配的主题、内容排期、阶段性目标和总体目标，进而提供一整套视频解决方案，达到塑造 IP、吸粉增粉、扩大影响、品牌推广和消费转化等目的。由于内容投放平台的不同，创意策划的方案、方向也会各有侧重。如果是在抖音、快手上的内容策划，往往是在 30 秒内提供一个小事件，包含一个爆发点即可，如国风文化的引领潮人朱铁雄，通过变装孙悟空保护在街头被欺负的小男孩，通过化身川剧变脸大师表达对传统文化的热爱……精短的剧情与深刻的文案相呼应，震撼的视效与真诚的表演相结合，以国潮文化传播为切入点的策划制作，大受年轻用户的追捧，在抖音平台上仅用 16 个作品就圈粉 1 000 万人。如果是在 B 站、二更等平台上的纪录片策划，更偏向整体创意和系列式聚焦。如 B 站上的爆款纪录片《人生一串》，以美食节目的定位，每一季通过严整有序的分主题，挖掘美食参与者背后的故事，引申出美食所处的生活氛围及饮食习惯，通过口腹之欲引发观众的生活共情，接地气的场面、电影级别的质感，赢得了 B 站用户的热烈追捧。不管是策划 30 秒的短平快的竖屏内容，还是策划 5 分钟及以上时长的中长视频内容，不管是微纪录片、短资讯，还是微剧情、微综艺，要配合策划达到最佳的效果，同时也需要在后期制作上通过节奏、色彩、特效等设置强化原有的主题，突出策划者的意图，带给用户最好的观看体验。

短视频的编辑与制作，属于技能实操的范畴。实际上，我们所看过的每一部电影、电视剧、每一个商业广告、新闻报道和访谈节目都是经过剪切、重新排列、拼接、修饰、润色和增删等一系列剪辑操作的。最终成品可能与创作者的初衷不谋而合，也可能产生截然不同的感觉、节奏、信息和情感冲击力。从这个意义上来说，剪辑是独立的创作，是技能与艺术的再度结合。对于剪辑制作工作的学习，以往是以 PC 端的 Premiere Pro、Final Cut Pro（FCP）为代表的软件学习为主，有一定的专业门槛，在市场上也是一个专业性很强的特定岗位。而随着以剪映为代表的移动端智能剪辑软件的普及，视频制作的门槛大大降低。从手机拍摄到手机剪辑和上传，视频制播能力似乎变成了人人可及的基础技能。这一变化降低了视频后期的专业难度，促进了视频生产力的大解放，导致视频内容的海量增长和无限生态。与此同时，大众剪辑软件的出现和普罗大众的卷入，也进一步模糊了业余与专业的界限，甚至抖音、快手平台上诸多的 KOL、网红 IP 等很多都是出自不具备专业生产能力的“草根”。这意味着，视频编辑制作技术的重要性似乎“退位”了，以往的视频专业人士的地位遭到了严峻挑战。不管是行业内的“职业选手”，还是作为高校中的教育者，该如何看待这种变化与挑战呢？

首先，PC 端的专业软件 Premiere 或者 FCP 的定位与移动端的剪映、Luma Fusion 的定位是不同的。前者面向的是专业人群和高端市场（to B），后者面向大众人群和泛娱乐市场（to C）。定位不同决定了使用场景、展示场景都不一样。一般而言，机构、组织的视频内容制作仍然是需要专业化软件来交付的，尤其是更加高级的、复杂的内容需求还需要结合 AE、Maya、UE5 等高端软件来完成，这远非手机端产品可比。换句话说，如果说 Premiere、FCP 可以应付 80％的场景的话，那么手机端剪辑产品只能应付 40％的情形，这意味着后者还有很长的一段距离需要追赶。又或者，因为定位的本质不同，双方的业务范畴并不会有太多的交叠。

其次，在学习难度上，Premiere 或者 FCP 的学习门槛仍然是较高的，这也是高等学校开设剪辑制作课的由来。一般而言，学生学习了 Premiere、FCP，对于其他的剪辑软件的操作会更容易掌握，属于“高维”到“低维”的切换；而剪映、Luma Fusion 的学习成本较低，几乎是零门槛的，这也源于其面向大众的产品设计逻辑。用户的快速上手带来了内容生产的爆发，反过来说，大众对于剪映等软件的掌握，为进一步学习 Premiere、FCP 这类专业软件打下了很好的基础，但要完成向专业的进阶，依然需要付出较大的学习成本。

最后，Premiere、FCP 与剪映、Luma Fusion 代表了不同的方向。作为高校的视频、影视教育者，我们坦然面对这种市场变化与技术变化，并积极从这种变化中吸取值得转化的教学经验提供给学生，如开设“手机运镜”“手机剪辑”这样的基础课程；与此同时，这对于剪辑制作类专业课也提出了更高的要求并有了更强的动力。我们意识到：要努力打造出专业和业余制作的分水岭，重新界定专业和业余的模糊界限，除了技能的传授之外，更要在剪辑艺术的层面，将更深刻的理论、更精彩的案例、更高超的方法传授给学生，从而掌握在视频时代的真正制胜法宝，并借此形成个人的核心竞争力。

如今，与大众生活、各行各业联系紧密的短视频平台成为人们消费衣食住行、观看影视作品、接受教育培训、拓展认知边界、激发行业潜能、转化品牌势能的新沃土。音视频生产与制作迎来了新的发展阶段。在此背景下，本教材的定位是：既介绍音视频制作的基本概念和基本原理，又呈现音视频主流剪辑软件的操作方法；既引介时兴的案例展开分析，也对音视频策划的方法论进行讲解，争取做到理论与实操相结合，方法与案例相结合，从而为广大音视频编辑的专业工作者、爱好者提供一个兼具创意启发与实操指导的有益视角。

目录 CONTENTS

上编　音频编辑与制作

下编 视频编辑与制作

上编

音频编辑与制作

第1章
理解声音

学习和掌握声学知识对于音频工程师、录音师、混音师以及音视频领域的从业者来说，具有非常重要的意义。学习声学知识可以帮助初学者更好地理解话筒、录音机等音频设备的工作原理；可以帮助话筒员判定在不同环境下可能产生的声音效果，如混响、驻波等；可以帮助录音师更高效地指导录音实践，如布置话筒位置以获得最佳的录音质量；可以帮助混音师在混音和母带制作阶段正确地使用音频处理工具，做出理性的决策。总之，声学知识是音频技术领域的基石。对于从业者来说，掌握声学知识是展现专业素养的基本要求，为他们在音频领域的深耕发展奠定了坚实的基础。

1.1 声音的基本特性

振动是产生声音的基础，振动发声的物体被称为**声源**，如正在被演奏者弹奏的钢琴、古典吉他等。物体振动经由介质（气体、液体或固体）以声波的形式进行传播，部分可感知的声波作用于人耳便形成了人们对声音的听觉感受。基于此，可以将声音定义为：“**声音**是人类听觉系统对一定频率范围内振波的感受。”[①]在此定义中，人的听觉感受是声音存在的主体，振波（声波）是声音存在的客观条件。因此，人们以声压级、频率、谐音列等客观量（物理维度）对声音进行客观测量，以响度、音调、音色等主观量（感知参数）对声音进行主观描述。下面从物理维度和感知参数讨论声音的相关特性，这些基本概念是声音制作领域声学知识体系的基础构筑单位。

---

① 韩宝强. 音的历程：现代音乐声学导论[M]. 北京：中国文联出版社，2003：6.

1.1.1 声波

当琴弦围绕一个位置做往复运动时，琴弦会带动周围的空气分子一起振动，使空气分子被挤压（压缩），或被舒张（膨胀），形成疏密相间的分布，相邻的空气分子相互作用并以球面状形态向外延展，随着传播距离的增大，其能量也会不断衰减，这就是声音在空气中的传播过程和传播形式，即**声波**现象（见图 1－1）。值得注意的是，随琴弦振动的空气分子只是在原地振动，它们并不随声波一起扩散，传播出去的只是波动的能量和形式。

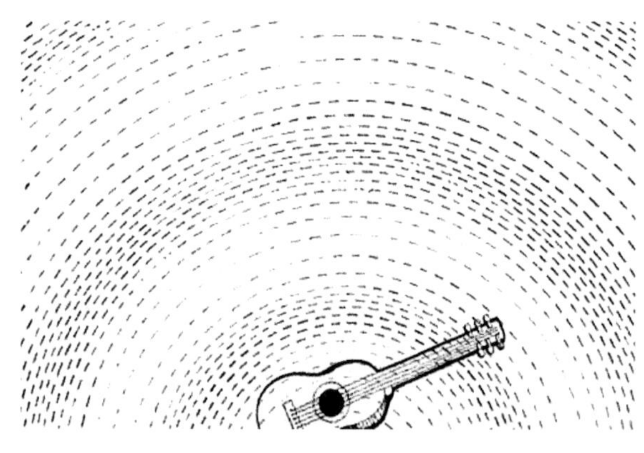

图 1－1 声波

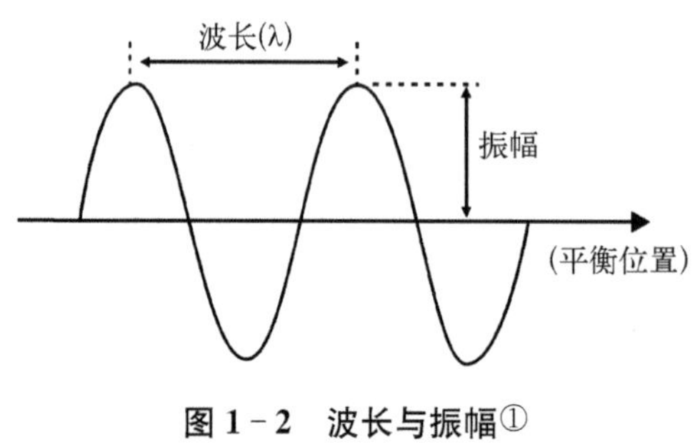

图 1－2 波长与振幅[①]

波长、频率和振幅是描述声波特性的基本概念。**波长**指从声波的一个波峰（压缩）点至下一个波峰点之间的物理距离，单位为“米”。[②] **频率**指声波每秒钟振动的次数，单位为“赫兹”（Hz）。**振幅**指声波振动幅度的大小，即波峰点到波节（平衡）点的位移距离（见图 1－2）。

---

① 资料来源：https://baike.baidu.com/item/%E9%9F%B3%E9%A2%91%E4%BF%A1%E5%8F%B7/3431469.

② Bruce Bartlett，Jenny Bartlett. 实用录音技术[M]. 朱慰中译. 北京：人民邮电出版社，2010：15.

1.1.2　声压级与响度

声压就是大气压受到声波扰动后产生的变化，即大气压强的余压，单位为“帕”（Pa）。由于人耳能感知的最小声压和人耳能承受的最大声压相差较大（100 万倍），表述起来极不方便，人们便通过数值换算（对数）采用“**声压级**”来表示声压的大小，单位为“分贝”（dB）。声压级是从物理参量对声音进行的客观描述，属于客观量。人们通常用“**响度**”来描述声音大小或强弱的主观感觉，属于主观量。表 1－1 显示的是一些生活场景的平均声压级。

表 1－1　典型环境下的平均声压级①

典　型　环　境	声　压　级
飞机起飞（60 米处）	120 dB
打桩工地	110 dB
喊叫（1.5 米处）	100 dB
重型卡车驶过（15 米处）	90 dB
城市街道	80 dB
汽车内	70 dB
普通对话（1 米处）	60 dB
办公室	50 dB
起居室	40 dB
卧室	30 dB
播音室	20 dB
落叶声	10 dB
人工消声室	0 dB

① 资料来源：韩宝强. 音的历程：现代音乐声学导论[M]. 北京：中国文联出版社，2003：43.

表 1－1 表明人耳听觉感知的声压级范围大致为 0～120 dB。其中，人耳感受到的声音的最小声压级被称为**最小可听阈值**（可听阈），最小可听阈值在 0～25 dB 才属于正常听力状况；使人耳产生痛感的最大声压级被称为**听觉痛阈**，声压级超过 120 dB 的声音会使人耳产生痛感。

1.1.3 频率与音调

频率指单位时间内声波振动的次数，是一个客观量。**音调**指人耳对声音高低的主观感觉，是一个主观量。音调与频率呈正相关的关系（但不是严格的对应关系）：频率越高，感知到的音调越高；频率越低，感知到的音调越低。人耳可感音域为 20～20 000 赫兹（Hz）。实际上，虽然人类在听觉感受上存在一定的个体差异，但大部分人的可感知的频率范围为 40～16 000 赫兹，只有极少部分人能听到极端频率的声音，如听觉灵敏的儿童。

1.1.4 声场

声波存在空间称为**声场**。按照声场的边界条件，声场可分为自由声场和扩散声场。**自由声场**指在无边界或可忽略边界影响的空间中，声波按照声源的辐射特性向各个方向传播，且声波不会被反射的声场。消声室类似于自由声场的声学环境，声音传播至消声室墙面时会被全部吸收，形成一个无反射的声学空间。**扩散声场**指在封闭的空间中，声音能量密度均匀，在各个传播方向上作无规律分布的声场。① 混响室类似于扩散声场的声学环境，声音传播至混响室墙面时会被反射并充分扩散，形成一个声能密度均匀的声学空间。

形成完美、理想的自由声场和扩散声场是难以实现的，人们只能通过声学设计获得近似的人工声场。在现实生活中，声音制作者在大多数情况下面对的是复杂的声场环境，如街道、草原、森林、海边、图书馆、餐厅、教室、起居室等。声音从声源到达人耳或测量仪器的过程受到各种因素的影响，如声吸收、声反射、声衍射、声折射和相位干涉等，这些因素会直接影响声音制作的质量。因此，通过声音结果分析声场环境的优劣点，从而制定相应的技术策略以获得高品质的声音，这是声音制作者应具备的

① 孙广荣. 扩散声场与声场扩散[J]. 电声技术，2007，31(3)：18.

基本素养。由于室内空间的声学特性具有典型性，且大部分声音制作工作是在室内进行的，所以有必要了解声音在**室内声场**的传播特点。在室内空间内，声波达到人耳或测量仪器的顺序依次是直达声、早期反射声和混响声(见图1-3)。

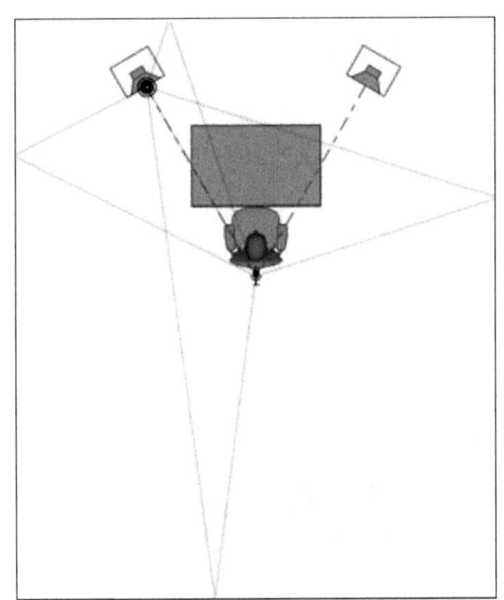

a

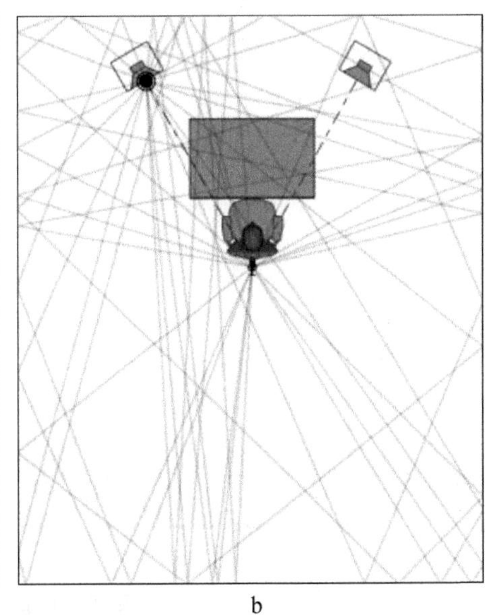

b

图1-3　直达声、早期反射声(a)和混响声(b)①

图1-3是模拟声波在室内声场传播的简化图，声源振动产生声波，声波以球面状向四面八方辐射，当声波遇到阻碍物时，一部分被吸收，一部分被反射；当反射声再次遇到阻碍物时又会不断地被吸收、反射，直至声波的能量被吸收殆尽。如果在这个空间设置一个听音点，从声源到听音点之间直线传播的声音就是**直达声**。直达声是最先到达听音点的声音，其决定了声音的清晰度。**早期反射声**指声音经过阻碍物(墙面或其他物体)表面在第一次、第二次以及早期反射(50毫秒以内)后返回至听音点的声音。由于早期反射声返回至听音点的时间很短，人耳难以区分直达声与早期反射声，因此早期反射声对提高声压级和声音清晰度有益；同时，早期反射声与直达声汇合会带来听感上的变化，通过增强空间感获得室内声场的感觉。**混响声**

① 资料来源：https://zhuanlan.zhihu.com/p/86335975.

指声音经过各个方向的多次反射后，既无方向又无间隔(忽略不计)地混合充满整个室内声场的声音。声源在停止发声后，室内声能衰减 60 dB 所用的时间就是**混响时间**。在一定条件下，混响声能量弱，衰减时间快，语言声听感清晰度较高；混响声能量强，衰减时间慢，语言声听感清晰度较低。室内空间的体积、形状、表面材质、摆放物体以及听音点等因素都会影响直达声、早期反射声和混响声的强度与时间关系，从而影响声音的整体质感，如图1-4所示。

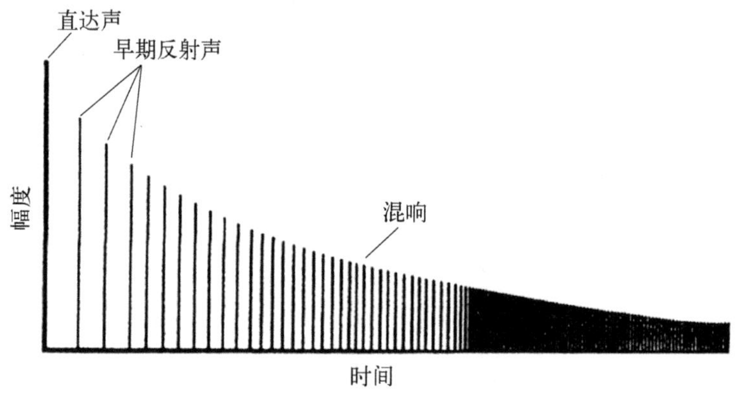

图 1-4　直达声、早期反射声和混响声的强度与时间关系①

另外，如果反射声返回至听音点的时间大于 50 毫秒，且能量足够大(声能接近直达声)，人耳便能逐渐辨识出这个声音，这种反射声被称为**回声**。

1.2　人耳的听觉特性

从以物理形式存在的声波到以人耳感知存在的声音，经历了一个从客观到主观的过程。客观声学测量的数据是恒定的、唯一的，而人的听觉感受与声音的物理参量并不呈严格的对应关系、线性关系，主观听觉感受是受多重因素影响的、易变的，本节主要从主观的感知角度探讨人耳的听

① 资料来源：https://www.beilarly.com/baike-897.html.

觉特性。

1.2.1　等响现象

声压级是声音的物理参量；响度是人耳对声音大小（强弱）的主观感觉。一般来说，声压级越高，人耳感受的声音响度就越高。但是，人们发现人耳对声音响度的判断不仅与声压级有关，还与频率有关：相同声压级、不同频率的两个声音听起来的响度感觉并不一样。例如，声压级同为 40 dB，频率分别为 20 Hz 和 1 000 Hz 的两个声音，20 Hz 的声音在响度感觉上就小很多，需要把 20 Hz 的声音的声压级提高至 90 dB 才能使人感受到同样的响度，这就是**等响现象**。1933 年，弗莱彻（H. Fletcher）和芒森（W. A. Munson）两位科学家在对大量测试者进行听音实验后，绘制出了人耳的“等响曲线”。**等响曲线**是不同频率和不同声压级的声音产生同样响度的曲线，如图 1－5 所示。

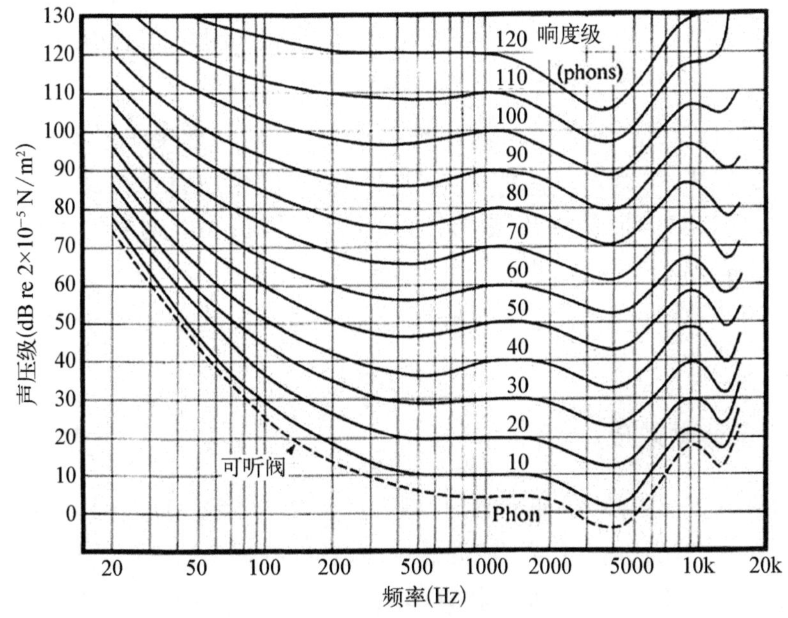

图 1－5　等响曲线①

① 资料来源：http://www.xjishu.com/zhuanli/21/202010717873.html/.

通过等响曲线图可以看出：

第一，当声压级相同时，中频的声音比低频的声音在响度感觉上要大，人耳对 500～7 000 Hz 的声音最为敏感。第二，声压级越高，等响曲线越趋于平直。在高声压级区，同样响度感觉的中频声音与低频声音在声压级上相差较小。其实，等响现象在日常生活中比较常见，只是这种现象常常被人们所忽略。例如，当小音量播放音乐时，人们会感觉中频成分多，最易分辨出来（如人声），而低频成分则少很多；当大音量播放音乐时，人们明显感觉低频成分变多，不同频率的音乐声能量变得均衡；当再次调大音量时，不同频率的音乐声能量变化不大。

1.2.2 掩蔽效应

掩蔽效应指一种声音掩盖另一种声音的现象。研究者通过大量的声学实验，总结出如下规律：第一，响度较大的声音会掩蔽响度较小的声音。例如，在嘈杂的工作环境中，墙壁挂钟的声音由于响度很小常常被人忽略。第二，响度较大的声音会掩蔽频率范围较宽的声音。例如，一声巨响会掩盖周围的环境杂声；听音乐时，响度较大的独奏乐器声音会“压住”作为和声铺垫的合奏乐器的声音。第三，频率距离较近的两个声音更易发生声掩蔽效应，而频率距离较远的两个声音不易发生声掩蔽。例如，小提琴与中提琴在音域频率上距离较近，在同等响度的条件下，它们的声音容易相互干扰，更易产生掩蔽效应；而小提琴与低音提琴在音域频率上距离较远，声音之间的掩蔽效应不大，人们很容易分辨出两个声音。

1.2.3 多普勒效应

当听音者与声波源（如警笛声）做相向运动时（靠近），人们会感觉声音的音调在变高；当听音者与声波源做反向运动时（远离），人们会感觉声音的音调在降低。1842 年，奥地利物理学家克里斯蒂安・多普勒（C. Doppler）对这一普遍存在的声学现象进行了理论解释：声波源发出波的同时也在与听音者做相向位移，造成波峰的分布比静止时要密集些，波长逐渐变短，频率不断升高；当做反向位移时，波长逐渐变长，频率不断降低。后来，人们将此现象命名为**“多普勒效应”**，如图 1－6 所示。

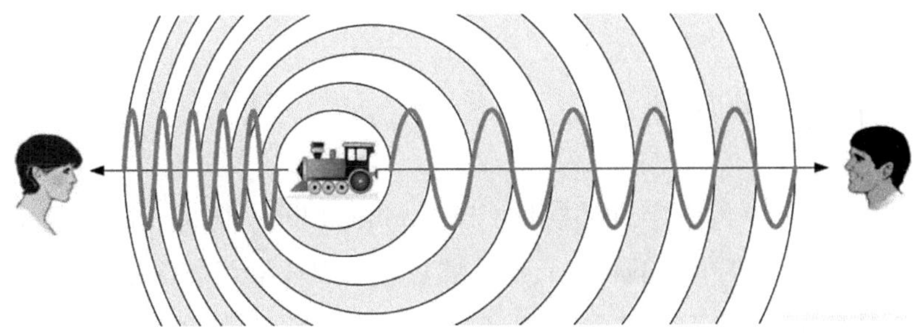

图1-6　“多普勒效应”示意图①

1.2.4　鸡尾酒会效应

鸡尾酒会效应指人的一种听力“选择”和“过滤”功能，人们能够自主选择想听的声音，也可以自主过滤掉不想听的声音。例如，在热闹的婚礼宴会上，人们既可以选择倾听同桌朋友的交谈，也可以选择探听隔壁一桌人的对话，甚至可以充耳不闻沉浸在自己的思绪中。如果使用录音机录下现场声音，会发现大部分声音都被淹没在嘈杂的环境声中，只能听到声压级很高的声音或离录音机较近的声音。

1.2.5　双耳效应

人耳的空间感知能力非常强，尤其在水平方向上的定位能力很强，双耳定位声源位置（方位）的能力称为**双耳效应**。当声波从右前方传播至双耳时，右耳先接收到声波，经过延时再到达左耳，这就产生了细微的时间差；同时，由于头部对声音会有一定的阻隔作用（人耳在头部两侧），使右耳感受到的声强比左耳大，这就产生了声强差。一般来说，1 kHz 以下的声音主要通过时间差来定位，因为低频信号波长长，声波能绕过头部，使到达两耳的声强基本相同；4 kHz 以上的声音主要通过声强差来定位，因为高频信号波长短，头部阻隔作用明显，使达到两耳的声强不同。双耳效应在声学设计中占有重要地位，立体声录音与重放技术就是依据双耳效应原理设计，经过反复实践形成的。

---

①　资料来源：https://blog.csdn.net/ISs_Cream/article/details/110161997.

1.3 音频技术基础

1982 年，第一代数字音频媒体 CD(Compact Disc)面世。随着数字技术的迅猛发展，随身听(Walkman)、MD 播放器、MP3 播放器等数字音频设备逐渐得到普及，人们正式进入数字音频时代。虽然现今的声音制作工艺在前端收音和后端监听仍然是模拟形式(涉及声能转换)，但随着数字技术在音频领域被广泛运用，数字音频技术几乎覆盖到整个工作链。

1.3.1 模拟信号与数字信号

录音是将声能转换成电能，再将电信号转换成某种媒介存储形式的过程。在音频设备中，传输的信号为音频信号，根据信号传输、处理以及存储方式的不同，音频信号的表现形式可分为模拟信号和数字信号：模拟信号是将声能转换成电能，用电信号表现声波，以机械、磁性、电子或光学形式存储；数字信号是将电信号转换成数字信息，是对电信号进行采样、量化和编码的数字化，以数据形式存储。在声音制作硬件系统中，话筒(传声器)和监听音箱(扬声器)实质上是声电换能器，它们将声音信号转换成电信号，或将电信号转换成声音信号，都属于模拟形式的能量转换，如图 1－7所示。

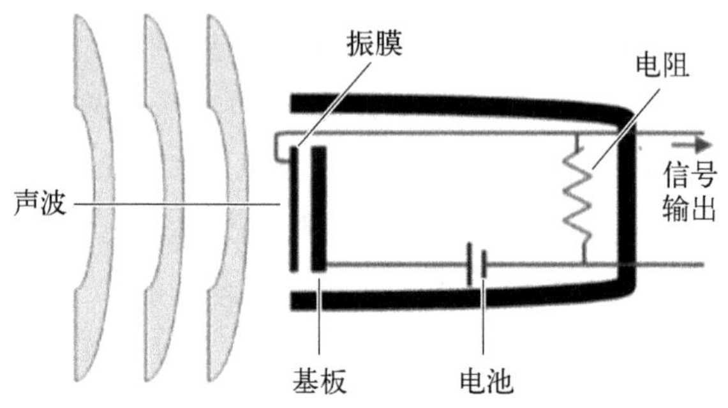

图 1－7 “传声器工作原理”示意图①

① 资料来源：https://www.zwzyzx.com/show－336－235602－1.html.

数字录音机实质上是一个模数转换器，它将模拟电信号转换成数字信号，属于数字形式的能量转换。数字录音需要对模拟信号进行采样、量化和编码，最终使用数字信号记录采样数据。在对模拟信号进行采样时，每秒钟采样的次数被称为**采样频率**(sampling rate)。例如，一个标示为 48 kHz 的音乐文件每秒钟有 48 000 个采样点。采样频率越高，录音的频率响应越宽广。在一般情况下，采样频率应设置为被采样声源信号中最高频率的两倍以上，由于人耳的听觉可感频率最高约为 20 kHz，因此专业录音模式下的声音采样频率几乎都是 44.1 kHz、48 kHz、96 kHz 或以上。早期音乐 CD 采用 44.1 kHz 的采样频率，现在的录音工艺几乎都采用 48 kHz 采样频率。模拟信号转数字信号(A/D 转换)，如图 1－8 所示。

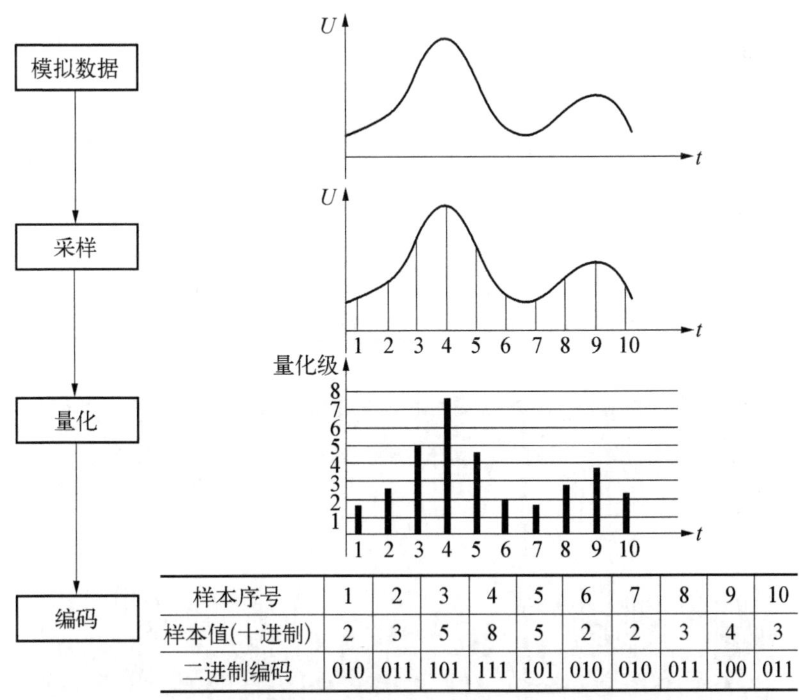

样本序号	1	2	3	4	5	6	7	8	9	10
样本值(十进制)	2	3	5	8	5	2	2	3	4	3
二进制编码	010	011	101	111	101	010	010	011	100	011

图 1－8　模拟信号转/数字信号(A/D 转换)①

采样频率仅代表每秒采样的次数，采样测量的是模拟信号的瞬态电压值，测量结果用 0 和 1 组成的一串二进制数字进行记录，每个 0 或 1 是一个

① 资料来源：https://blog.csdn.net/qq_38743494/article/details/113828419.

比特(bit),测量记录的比特数越多,测量值就越精确。将瞬态电压值转换成数字记录的过程就是量化,量化测量记录的数值精度称为**量化精度**(或位深度/比特深度 Bit Depth)。量化精度直接关系到每个采样点的精确程度,较高的量化精度能够提供更为精细的振幅响应值,从而产生更大的动态范围,提高信号的保真度。早期音乐 CD 采用 16 bit 量化精度,现在的专业录音机能提供 24 bit、32 bit 量化精度。

1.3.2 声道制式

人耳的感知能力非常强,不仅能够分辨细微的声音响度、音调和音色,还能辨别声音的方向。对人耳方位感与空间感的研究,促进了音频领域中"立体声技术"的不断发展。通过音频技术还原或塑造不同声源在声场空间中的各自定位是人们创造立体声技术的内在需求,这也是立体声与单声道的本质区别。声道制式按照声道数量可分为单声道、双声道和多声道;按照塑造声音的空间和方位感可分为单声道、双声道立体声、多声道环绕立体声和全景声。

1.3.2.1 单声道

单声道指将声音信号采录并最终混合到一个声道的声道制式。在数字音频软件中,单声道音频呈现为一个通道的音频波形,如图 1-9 所示。

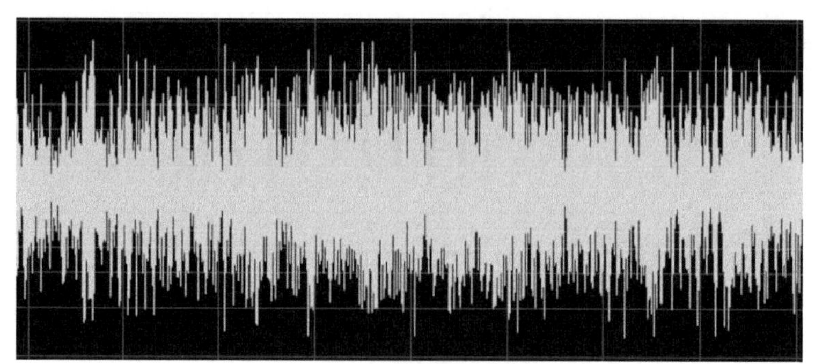

图 1-9 单声道音频波形

将单声道音频分配给一个扬声器放音时,人耳能分辨出不同声源的音色以及响度的大小(响度越大,声音越靠前;响度越小,声音越靠后),但所有声源的方位感都会集中在扬声器的位置(近似点声源)。将单声道音频同时分配给两个扬声器放音，且人与两个扬声器呈等边三角形、约水平位置时，所有声源的方位感会集中在这两个扬声器之间的中间位置（大脑形成的幻象方位，实际上此处没有物理声源发声）。由此可知，单声道制式不能还原声源在声场中的定位，声源的方位都会集中在一个位置。

1.3.2.2　双声道

双声道的概念仅仅是从声道的数量来界定的，左声道的声音信号会分配到左边的扬声器，右声道的声音信号会分配到右边的扬声器。当听音者与两只扬声器的位置构成一个等边三角形时（理想的监听位置），有三种情况需要厘清：第一种情况，两个声道记录的声音信号完全一样，声音信号中的所有声源定位都会集中在两只扬声器之间的中间位置。由于这种情况与把单声道音频同时分配给两个扬声器的声音效果一样，因此也称为**双通道单声道**。第二种情况，两个声道记录的声音信号完全不一样，那么，左声道信号中的所有声源定位会集中在左扬声器的位置，右声道信号中的所有声源定位会集中在右扬声器的位置，其本质上仍属于单声道。第三种情况，两个声道记录的声音信号有一定差别，当声音信号中的某些声源在两只扬声器无声强差和时间差放音时，这些声源的定位会在两只扬声器的中间位置；当声音信号中的某些声源在两只扬声器有声强差和时间差放音时，这些声源的定位会偏向声强大的扬声器方向或偏向信号先到达人耳的扬声器方向（大脑形成的幻象方位）。由此，综合所有声源的方向定位就塑造了一个宽广的**双声道立体声**。在日常生活中，通过扬声器或耳机听音乐就能感受到立体声效果的声场宽度，也能定位不同乐器的方位。

双声道立体声是模拟人耳对不同声源在声场中的定位听感，主要依据“双耳效应”中的时间差和声强差原理逆向设计的。在数字音频软件中，双声道立体声音频呈现为两个通道的音频波形，这两个波形虽然在整体上相似，但放大显示后可以看到波形还是有差别的，如图 1－10、图 1－11 所示。

双声道立体声塑造的声源定位局限在两只扬声器之间的位置；**多声道环绕立体声**使用多条通道把信号分配到前后左右的多只扬声器上，形成来自整个水平面（前后左右）乃至垂直面的声源定位，增强了声音的纵深感、临场感和空间感。当人们沉浸在环绕声声场时，就好像置身于真实世界的三

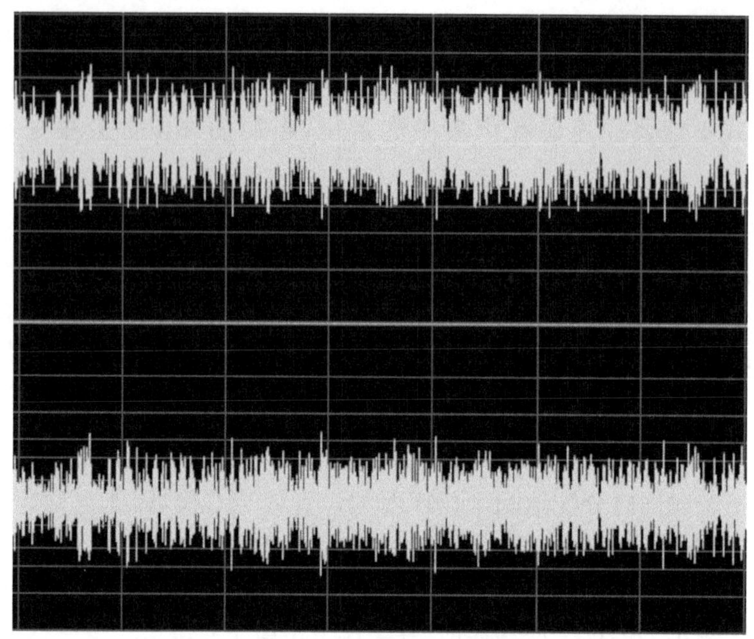

图 1-10　双声道音频波形

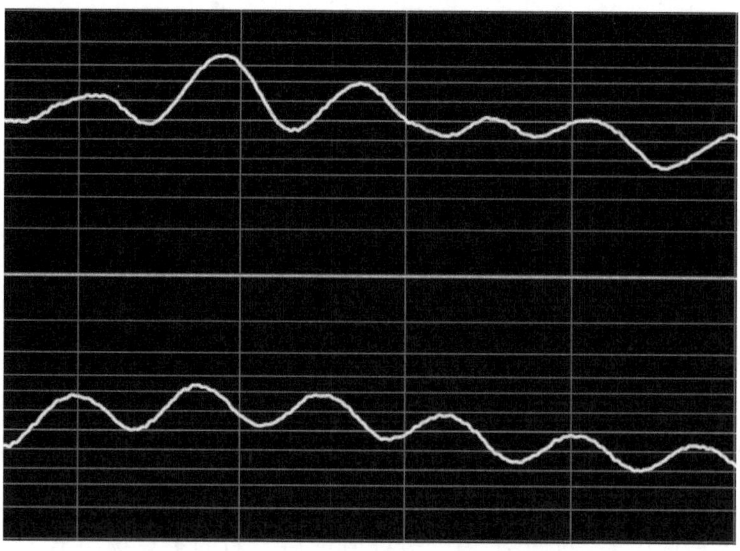

图 1-11　放大显示后的双声道音频波形

维空间中。多声道环绕立体声系统主要有四声道环绕立体声、5.1 环绕立体声和 7.1 环绕立体声等，不同的立体声系统都有各自的声道数、扬声器频率响应和摆放位置等标准。

1.3.2.3　四声道环绕立体声

四声道环绕立体声把四条通道信号分配到对应的四只扬声器，按照扬声器摆放布局可分为两种模式：一是前左（L）、前右（R）、左环绕（Ls）、右环绕（Rs）；二是前左（L）、中置（C）、前右（R）、环绕（S），如图 1－12、图 1－13 所示。

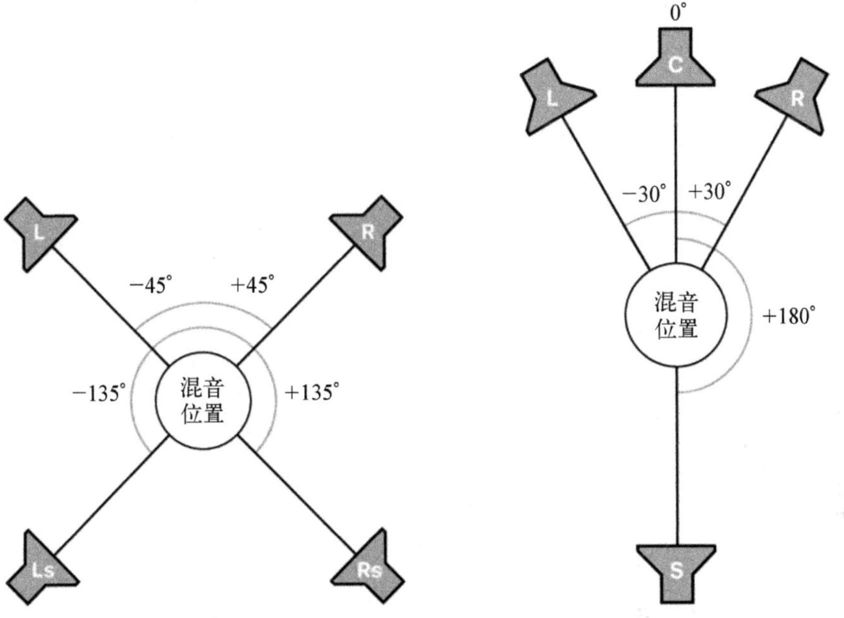

图 1－12　四声道环绕立体声模式一①　　图 1－13　四声道环绕立体声模式二②

1.3.2.4　5.1 环绕立体声

5.1 环绕立体声主要应用于商业影院和家庭影院中，是把六条通道信号分配到对应的六只扬声器，分别是前左（L）、中置（C）、前右（L）、左环绕（Ls）、右环绕（Rs）和超低音（LFE）。“.1”即超低音声道，或称低频效果（LFE）声道，其主要承载 125 Hz 以下的频率响应，如图 1－14 所示。

① 资料来源：https://www.newvfx.com/forums/topic/50623.

② 同上。

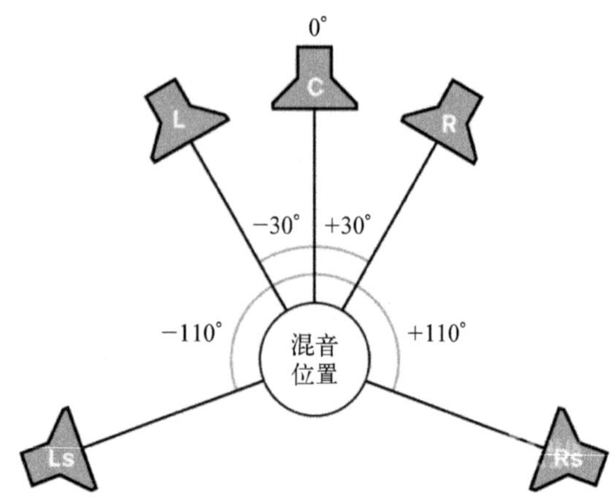

图 1-14　5.1 环绕立体声模式①

在数字音频软件中，5.1 环绕立体声音频呈现为六个通道的音频波形。

1.3.2.5　7.1 环绕立体声

7.1 环绕立体声主要应用于宽银幕大型影院，按照扬声器摆放布局可分为两种模式：一是前左(L)、中置(C)、前右(L)、左环绕(Ls)、右环绕(Rs)、中左(Lm)、中右(Lm)和超低音(LFE)；二是前左(L)、中前左(Lc)、中置(C)、中前右(Lc)、前左(L)、左环绕(Ls)、右环绕(Rs)和超低音(LFE)，如图 1-15、图 1-16 所示。

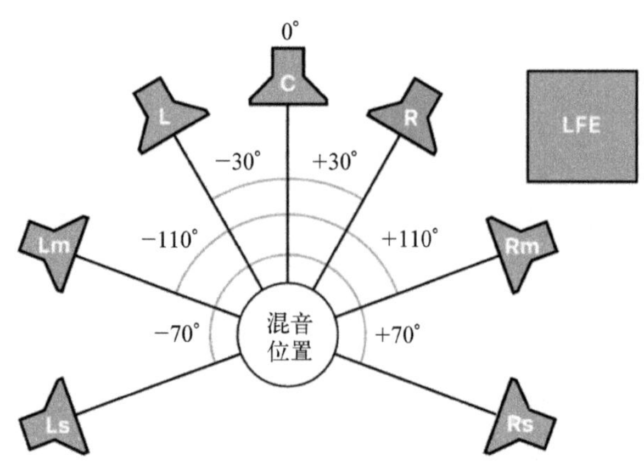

图 1-15　7.1 环绕立体声模式一②

① 资料来源：https：// www.newvfx.com / forums / topic / 50623.

② 资料来源：https：// www.newvfx.com / forums / topic / 50623.

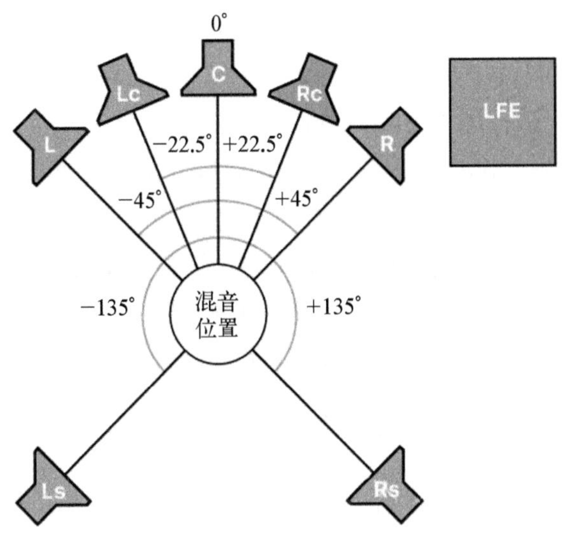

图 1－16　7.1 环绕立体声模式二①

1.3.3　数字音频的存储格式

音频文件是声音以电子方式或其他方式在媒介上存在的形式，数字音频常见的存储格式有 WAV 文件、MP3 文件、AIFF 文件。

WAV 格式是“Wave Form Audio File Format”(波形声音文件格式)的简写，其文件扩展名为“.WAV ”。WAV 格式的文件是微软公司为 Windows 开发的一种标准数字音频文件，是目前最为通用的非压缩类音频数据格式。WAV 格式的特点是文件无压缩、音质好，支持多种采样率、量化深度及声道。

MP3 格式是“Moving Picture Experts Group Audio Layer 3”的简写，其文件扩展名为“.MP3”。MP3 是一种音频压缩技术，声音以 1∶10 甚至是 1∶12 的比例进行压缩。一般情况下，MP3 格式的文件约是 WAV 格式的文件大小的十分之一。虽然声音文件被压缩了近 10 倍，但 MP3 技术主要是压缩人耳不敏感的频段(可参看等响曲线)，并针对不同频段采用不同的压缩率，在保障音质的前提下最大限度地压缩文件。MP3 文件的音质与编码“比特率”(bit rate)有较大关联，比特率代表每秒音频所需的编码数据位数，常用的编码速率有 128 kbps、192 kbps 和 320 kbps。根据听力测试实

① 资料来源：https：// www.newvfx.com / forums / topic / 50623.

验，编码率为 128 kbps 的 MP3 文件是接近(低于)CD 音质的，因此建议 MP3 文件的编码率不低于 128 kbps。MP3 格式的特点是数据小、音质良好、易于传播，因此在问世之初得到广泛的使用。

AIFF 格式是“Audio Interchange File Format”(音频交换文件格式)的简写，其文件扩展名为“.aiff”。AIFF 文件是苹果公司开发的一种音频文件格式，以非压缩格式存储高质量音频，广泛应用于 Mac 系统平台及相关应用程序中。AIFF 格式的特点是文件无压缩、音质好，支持多种采样率、量化深度及声道，是 QuickTime 媒体技术的一部分。

1.3.4 厘清概念：音频信号的电平

声能单位一般采用“dB”标示，但大多数场景下的“dB”概念有不同的内涵，这使得“dB”这一概念常被混淆。在物理声学领域，声压级指用声级表测量声波振动的压力值。声压级以符号“SPL”(Sound Pressure Level)表示，以 dB(分贝)为单位，所以标示声压级的标准用法是“dB SPL”。例如，人耳听觉感知的声压级范围大致为 0～120 dB SPL。在音频技术领域，信号电平同样采用 dB 来计量，且有多种测量单位：

dBm：被测量为功率，以 1 mW 为基准值的分贝单位；

dBu：被测量为电压，以 0.775 V 为基准值的分贝单位；

dBV：被测量为电压，以 1 V 为基准值的分贝单位；

dBFS：数字音频信号电平单位。

综上可知，dB SPL 是度量声压级的单位；dBm、dBu、dBV 是度量模拟音频信号电平的单位；dBFS 是度量数字音频信号电平的单位。其中，dBm、dBu、dBV 是模拟音频时代的产物，是伴随音频设备迭代发展而先后出现的分贝单位，只是它们所依据的参照数(基准值或被测量)不同。值得注意的是，声压级单位 dB SPL 最小值是 0 dB SPL(即人耳的最小可听阈值)，日常生活中的声音一般都大于 0 dB SPL；而数字音频电平单位 dBFS 的最大值(Full Scale)是 0 dBFS，其他刻度值采用负值表示，如－6 dBFS、－10 dBFS 等，所以数字电平的范围是－∞～0 dBFS。

1.3.5 信号互连：话筒电平与线路电平

在音频硬件系统中，设备之间的模拟信号连接要注意输入/输出端的电平差异，错误连接会导致信号失真、产生严重噪声，甚至可能损坏设备。例如，话筒电平一般为 2 mV～60 mV，线路电平通常为 1 V 左右，两者电压值相差百倍之多（1 000 mV=1 V）。如果误将话筒输出接入调音台或录音机的线路输入端，电平信号会非常微弱。相反，如果将调音台或录音机的线路输出接入另一个设备的话筒输入端，会造成信号严重失真。

话筒电平属于低输出电平，需要先放大其信号。在实际操作中，话筒输出应接入调音台或录音机的话筒输入端，因为话筒输入端设计有“放大器”模块，放大器可以将话筒电平提升几百倍。例如，对于人声录制来说，放大器可以将 2 mV 的话筒电平提升为 1.2 V 的线路电平。因此，信号传输要遵循电平匹配的原则，即话筒输出对应话筒输入（MIC IN），线路输出对应线路输入（LINE IN），如图 1 - 17 所示。

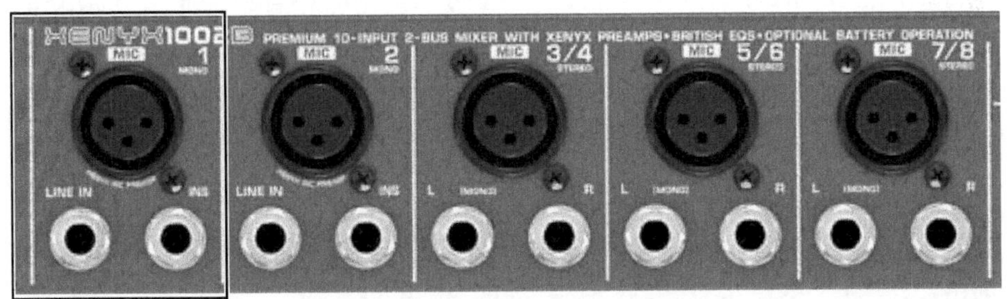

图 1 - 17　调音台话筒输入（MIC IN）与线路输入（LINE IN）

第 2 章
同期录音

为什么要进行同期录音？第一，在拍摄现场，时空场景的重塑、出镜人员与导演的沟通、出镜人员之间的交流等都是调动情绪氛围的助推剂，出镜人员的情绪状态在现场是最好的。第二，同期声的空间感、镜头与出镜人的声音距离感更加自然、真实。第三，有些同期录制的声音可能不会在最终的影像中呈现，但这些同期声可以作为参考，为后期声音制作部门提供创作依据。第四，后期配音只要有一点点瑕疵就会严重破坏观感效果，这就要求出镜人具备深厚的声音表演功底。但是如果出镜人没有经过系统的声音训练，在现场拍摄时的状态已经是他们最好的状态了。综上所述，情感充沛、自然、真实是同期声的主要特点，这也是声音制作部门首选同期声的重要理由。

2.1　设备基础

同期录音系统主要包括拾音设备、混音—录音设备和周边设备等。拾音设备有枪式话筒、纽扣式（领夹式）无线话筒和话筒附件；混音—录音设备有便携式录音机、摄像机音频记录模块、便携式调音台；周边设备包括封闭式监听耳机、手雷发射器、便携式录音包、录音车、音频线、音频转接头、音频分析仪、存储卡、充电电池、胶带等。

2.1.1　拾音设备

拾音设备处于声音制作的最前端，是以话筒为核心组件的系统集成。因此，话筒的技术指标和使用技巧对声音录制的质量有着决定性影响，了解其工作原理和技术参数是进行声音录制的前提，下面介绍话筒的相关知识。

2.1.1.1　话筒原理

话筒又称传声器，其实质是一个换能器，主要负责声能与电能之间的转换。话筒按照换能原理可以分为动圈话筒和电容话筒，下面介绍两种话筒的工作原理。

1. 动圈话筒

动圈话筒的换能原理是根据电磁感应设计的。动圈话筒内部有一个振膜，与振膜相连的是一个绕制在永久磁铁上的线圈（音圈），当声波作用于振摸时，振膜带动线圈振动，线圈在磁场内做切割磁力线运动，磁场就会在线圈内产生很小的电流，这就是动圈话筒的声电转换过程，如图 2－1 所示。

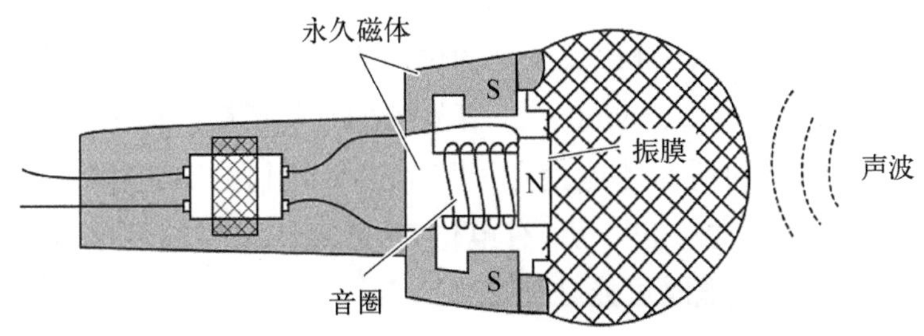

图 2－1　“动圈话筒”换能原理示意图

2. 电容话筒

电容话筒的换能元件是一个电容器。电容器有两个金属极板，一个作为话筒膜片，另一个作为固定极板，二者之间有间隔，并形成静态电容。当话筒膜片受到外界声能的作用产生振动时，话筒膜片和固定极板之间形成的静态电容量就会发生变化。当话筒膜片移向固定极板时，会导致电容量增加；当话筒膜片远离固定极板时，会导致电容量减小。电容量的变化会导致负载电阻中的电流发生相应的变化，由此产生微弱的信号电压，这就是电容话筒的声电转换过程，如图 2－2 所示。

电容器需要外部电压才能工作，电容话筒大多是通过音频信号线由录音机、调音台或摄像机音频模块等外部设备供电，这种供电方式被称为“幻象供电”(phantom)。幻象供电有＋48 V、＋24 V 和＋12 V 三种电压。其

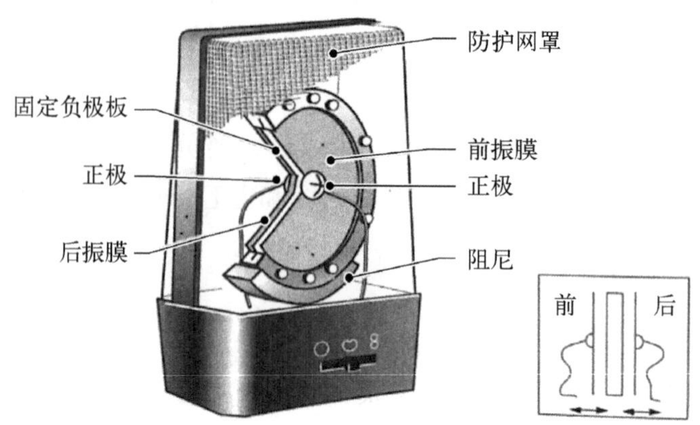

图 2-2　"电容话筒"换能原理示意图①

中,+48 V 幻象供电是现今大多数电容话筒采用的供电电压;+24 V 和+12 V幻象供电用于早期设备,由于电源问题受到诸多限制,现在已经很少使用了。此外,还有一种比较少见的供电方式叫"T"型供电或"A-B"供电,主要适用于 Schoeps、Sennheiser 等品牌的某些话筒。值得注意的是,只有采用"T"型供电的话筒才能使用"T"型供电,因为"T"型供电是两极供电,供电芯线的电位是一正一负,有电位差,普通幻象供电的电容话筒和动圈话筒接入"T"型供电时可能会被烧毁。

2.1.1.2　话筒技术指标

话筒的技术指标包括话筒指向性、灵敏度、频率响应和最大声压级。

1. 话筒指向性

指向性表示话筒对不同方向声音拾取的灵敏度,是话筒选用的重要考量依据。常见的话筒指向性有全指向性、8 字形指向性、心形指向性和超心形指向性。不同的指向性适用于不同的录音环境和录音需求。

全指向性指话筒对所有方向的声音具有相同的灵敏度(见图 2-3)。纽扣式(领夹式)无线话筒大多是全指向性,适用于同期对白录制,原因有两点:一是"微型"话筒头贴身固定在演员的胸前位置(下颌阴影区),近距离拾音使话筒能够获取最佳信号;二是即便演员头部动作幅度过大,全指向性也能拾取到大角度的人声。但是全指向性的常规话筒并不适用于同期对白

① 资料来源:https://www.bilibili.com/read/cv11412856.

录制，原因有两点：一是常规话筒体积大，近距离录音会使话筒进入画框，破坏影像构图；二是使用全指向性话筒远距离录音虽然能够“安全”地拾取对白，但同时也会拾取大量的环境噪声和反射声，造成录制的对白不干净、杂音多。全指向性话筒相对于其他指向性话筒对风噪声、爆破音的敏感度要低。

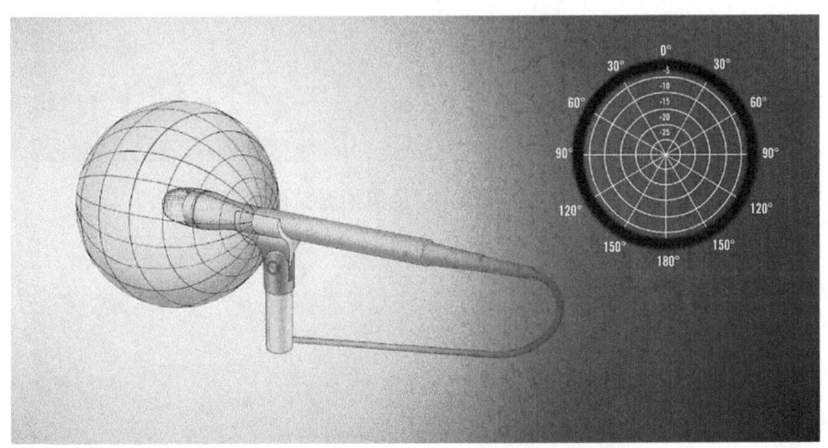

图 2－3　“全指向性”话筒拾音范围示意图①

心形指向性指话筒对来自轴向正前方的声音有较高的灵敏度，对轴向正后方的声音不敏感（见图 2－4）。由于心形指向性话筒对轴向正后方的声音具备较强的抑制作用，能够控制“串音”和声音反馈（啸叫），多适用于扩声和录音棚录音。心形指向性话筒在近距离拾音时会有明显的近讲效应。近讲效应指由于近距离拾音而造成低频提升的现象，低频提升会影响声音的清晰度，尤其是语言声的录音。全指向性话筒相对于心形指向性话筒受到近讲效应的影响较小。

超心形指向性指话筒对来自轴向正前方的声音有较高的灵敏度，但拾音范围要比心形指向性话筒窄，其不灵敏区域在话筒的侧后方（见图 2－5）。超心形指向性话筒又称枪式话筒，枪式话筒分为短枪话筒和长枪话筒。短枪话筒的拾音范围大约是轴向的正负 30 度；长枪话筒的拾音范围更窄，大

①　资料来源：https://zx.ingping.com/c-3/54764.html.

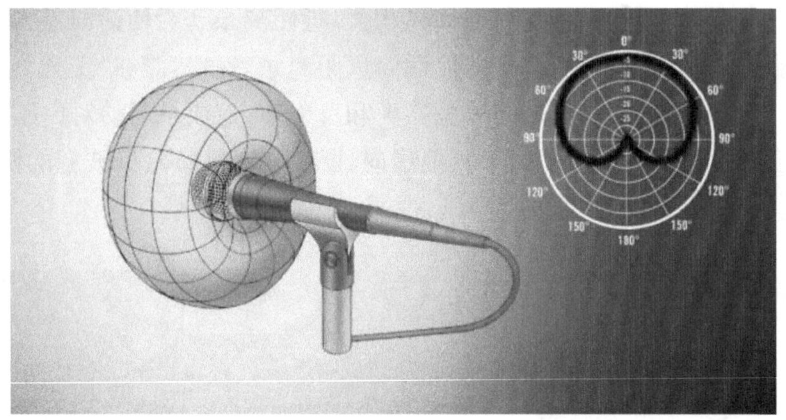

图 2-4 “心形指向性”话筒拾音范围示意图①

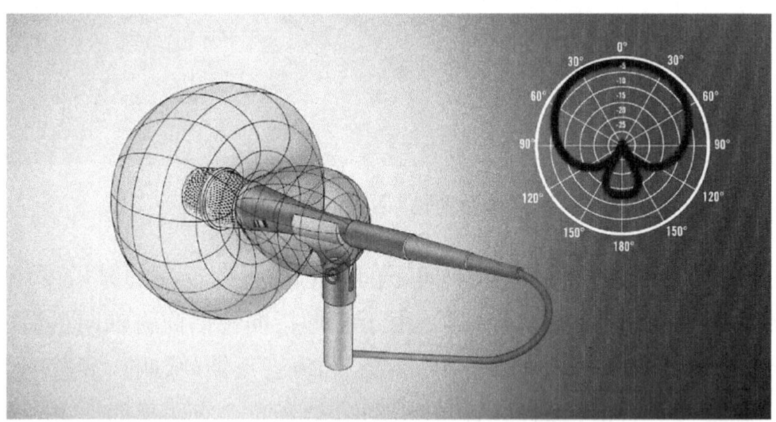

图 2-5 “超心形指向性”话筒拾音范围示意图②

约是轴向的正负 10 度。因此,枪式话筒更多地适用于同期声录音,超心形指向性话筒能够对轴线外的“环境声”迅速衰减,从而得到干净的语言声。由于超心形指向性话筒的拾音范围较窄,话筒员在操作枪麦时就必须准确地对准声音源,偏离轴向会影响声音的清晰度和音色,即离轴声染色效果。

8 字形指向性话筒对来自拾音轴向两侧的声音有相同的、较高的灵敏度,对来自非轴向的声音不敏感(见图 2-6)。8 字形指向性话筒适用于同

① 资料来源:https://zx.ingping.con/c-3/54764.html.

② 资料来源:https://zx.ingping.con/c-3/54764.html.

时录制两个人的声音的情况，两个人分别站在话筒拾音轴向两侧，互不影响又能屏蔽非轴向的杂音。

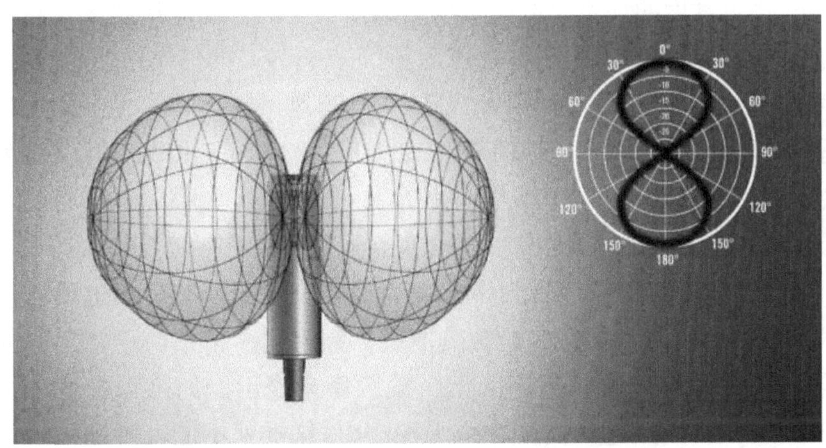

图 2－6　“8 字形指向性”话筒拾音范围示意图①

在同期声录音时，8 字形指向性话筒更多地运用在“M－S 立体声录音”工作中。“M－S 立体声录音”制式需要一支心形指向性话筒和一支 8 字形指向性话筒，将心形话筒指向正前方的位置，将 8 字形指向性话筒拾音轴向摆放至左右两侧，两支话筒配对使用就可以进行立体声录制，如图 2－7 所示。

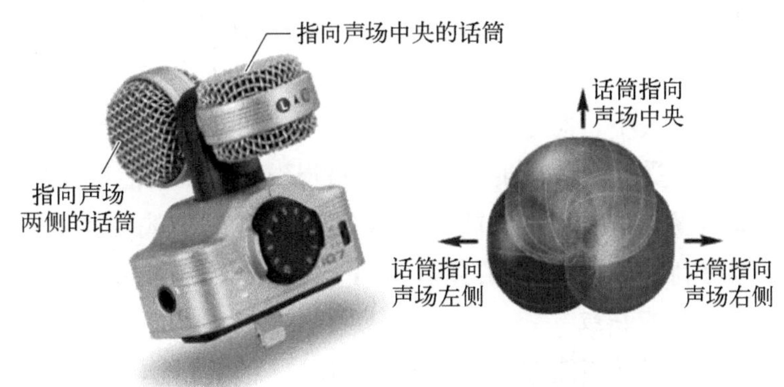

图 2－7　Zoom iQ7 M/S 立体声话筒②

---

①　资料来源：https://zx.ingping.con/c－3/54764.html.

②　资料来源：https://zoomcorp.com/en/jp/mobile－avdio－recorders/ios－microphones/ip71＃main.

2. 话筒灵敏度

话筒灵敏度指话筒将声能转换成电能的转换效率。在一定单位的声压作用下，高灵敏度的话筒比低灵敏度的话筒产生的输出电压要大。高灵敏度的话筒适合拾取较低声压级的声音，从而获得较高的信噪比；或是用于拾取声源的某些具有细节性的声音特质，如人声、独奏乐器等。低灵敏度的话筒适合拾取大动态、大声压级的声音，如鼓声、枪炮声等，因为其低灵敏度的特性不容易造成信号失真。

3. 话筒频率响应

频率响应指话筒在声音频率方面的响应表现。频率响应主要有两个技术指标，一是频带宽度，二是频响曲线。频带宽度指话筒正常工作的频率响应范围，通常以频响范围的上下限频率来表示。如果频带宽度窄于所拾取的声音信号，超出的频率将无法响应，这样就不能完整地记录声音源的音色特质；如果频带宽度过宽，又会拾取到声音信号之外的噪声。因此，频带宽度是话筒选用的重要参考指标。例如，交响乐队是一种大型的管弦乐队，每一类乐器组或组内的单个乐器都有各自的频响范围，要体现出每个乐器的音色特质，话筒的选用尤为重要。在一般情况下，频段检测的参考范围是 20 Hz～20 kHz，因为这是人耳大致能听到的频率范围。

频响曲线指话筒频率响应范围内各频率的响应值连成的曲线，分为平直的频响曲线和有修饰的频响曲线。平直的频响曲线指话筒不改变声源各频率能量的相对大小。但是，大多数话筒的频响曲线都不是平直的，因为声音在传播过程中受到物体反射和吸收，容易损失高频段的能量，而电路的本底噪声、风声，以及其他振动又能引起低频噪声增多，对高低频进行适当的提升或衰减有利于声音的清晰再现，如图 2-8、图 2-9 所示。

4. 话筒最大声压级

最大声压级指话筒能够承受的最大声压。当激励声压超过话筒能够承受的最大允许声压级时，就会造成声音信号失真。有些话筒能够承受高声压级和强振动的声音信号，经常能够达到 140 dB，非常适合于高声压级的录音环境。有些话筒设计了衰减器(或称为“PAD 开关”)，衰减器可以降低话筒的灵敏度，从而扩大话筒可承受的声压范围(见图 2-10)。话筒的最大声压级与话筒自身噪声之间的范围就是话筒的动态范围，宽动态范围可以适

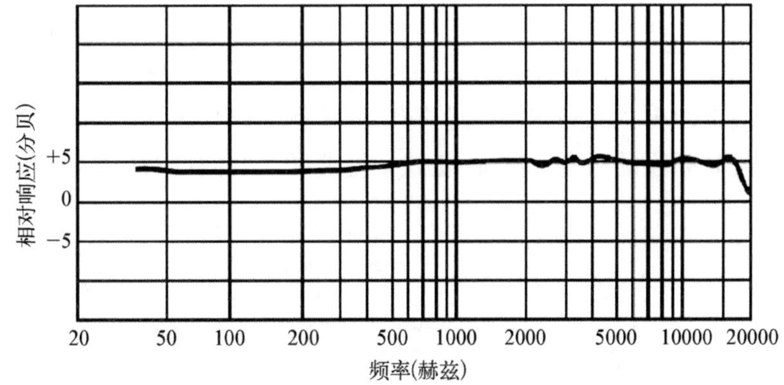

图 2-8　平直的频响曲线①

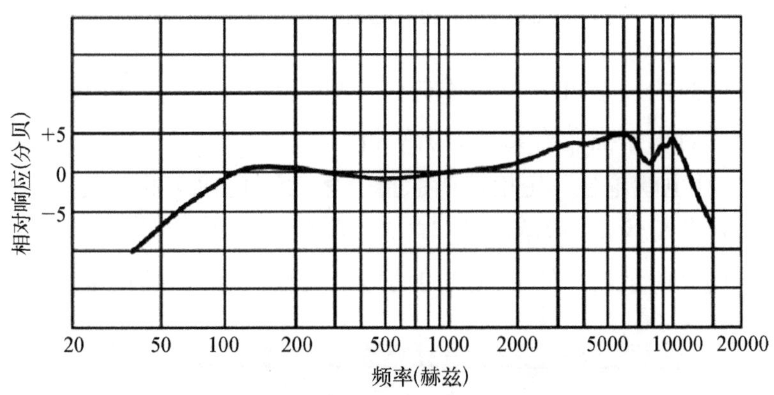

图 2-9　有修饰的频响曲线②

应更多的录音场景。

2.1.1.3　话筒类型

1. 枪式话筒

枪式话筒(也称为“枪麦”)的形状类似枪管,属于超指向性话筒。枪式话筒的顶端和侧面(干涉管)有许多进声孔,但侧面声孔覆盖了声阻材料,这种设计使得顶端(轴线内)的声音

图 2-10　话筒 PAD 开关③

① 资料来源:https://blog.csdn.net/weixin_35837047/article/details/119691512.

② 资料来源:https://blog.csdn.net/weixin_35837047/article/details/119691512.

③ 资料来源:https://zhuanlan.zhihu.com/p/399060229.

能够顺利通过，侧面（轴线外）的声音按比例延时，从而导致轴线外的声音相互抵消（见图 2-11）。使用枪式话筒录音时，话筒员要确保枪麦的顶端指向演员，使演员的声音能够顺利通过声孔，而从侧面声孔进入的环境声会被抵消，尤其是高频段的声音。因此，枪式话筒非常适合同期对白录制。

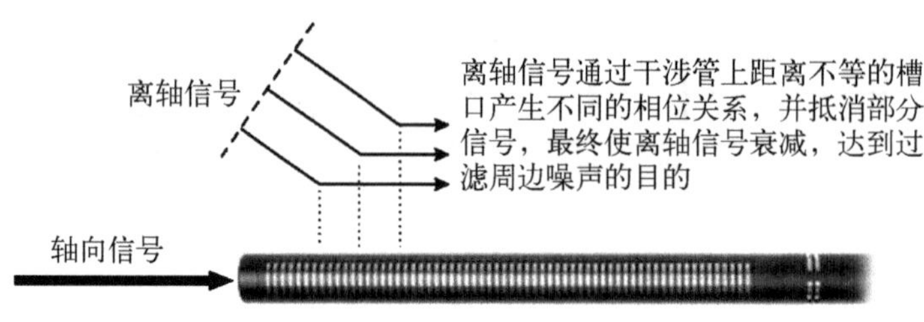

图 2-11　枪式话筒拾音原理①

枪式话筒按长度可分为短枪话筒（见图 2-12）和长枪话筒（见图 2-13），长枪话筒比短枪话筒具有更强的指向性。话筒长度越长，其管身开孔越多，指向性也就越强。短枪话筒的拾音角大约是轴向的正负 30 度，长枪话筒的拾音角大约是轴向的正负 10 度。但是，过于狭窄的拾音角并不适合常规的同期对白录制。如果演员的动作幅度较大，话筒员很难保证演员始

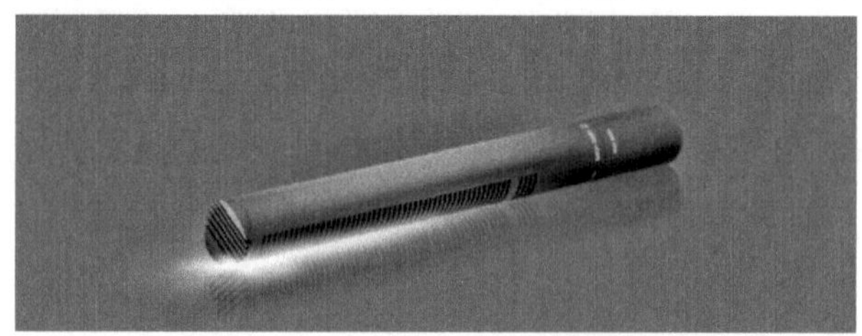

图 2-12　Sennheiser MKH8060 短枪

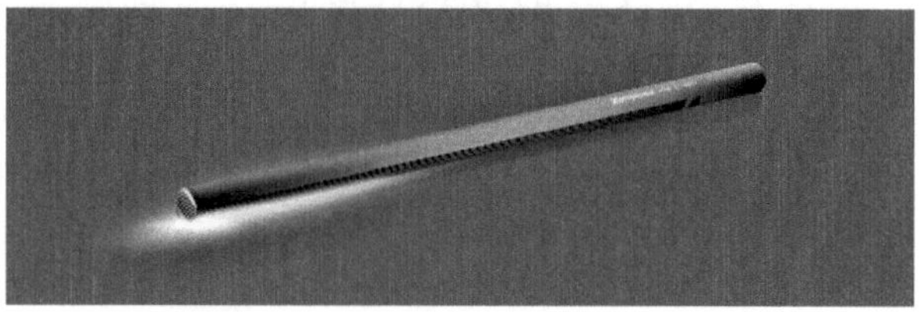

图 2-13　Sennheiser MKH8070 长枪

① 资料来源：https://www.sohu.com/a/443033990_100018795.

终处于拾音范围内，轴线外的录音会有严重的声染色。因此，短枪话筒更适合同期对白录制，其合适的拾音角便于话筒员控制话筒指向。长枪话筒一般在户外使用，适用于在高背景噪声和长距离条件下进行录音。

枪式话筒一般是电容式话筒，需要 48 V 幻象供电。有些枪麦内部设有电池槽，但电池增加了话筒的整体重量，这会影响话筒在防震架内的稳定性，话筒员在移动话筒杆时很容易造成话筒脱落和碰撞。大部分的枪麦采用外部设备供电，如录音机、调音台或摄像机的音频模块，这种设计不仅能减轻话筒重量，供电也会更加稳定。

2. 纽扣式(领夹式)无线话筒

纽扣式(领夹式)无线话筒(以下简称"纽扣话筒")由话筒头、腰包式发射机和接收机三部分组成，如图 2-14 所示。

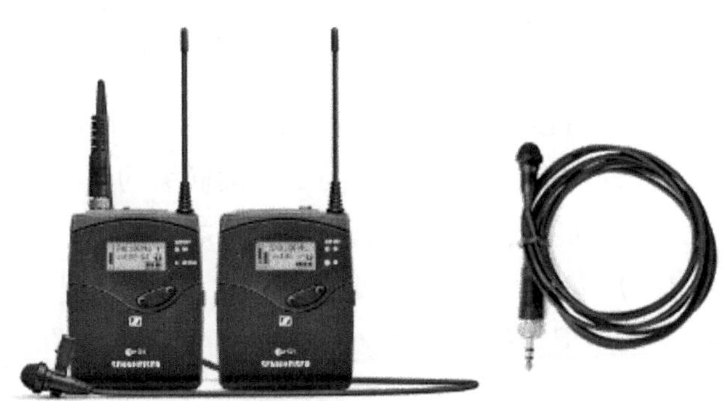

图 2-14　Sennheiser EW 112P G4 无线话筒

话筒头是一种微小型话筒，大多是全指向性。为了达到隐蔽效果，电影工业的无线话筒头只有米粒大小，可以近距离隐藏在发声位置附近。纽扣话筒的音色听起来胸腔音偏重，高频成分有所缺失，原因有三点：一是纽扣话筒一般固定在演员的胸前位置(下颌阴影区)，胸腔共振会造成中低频段略有提升；二是纽扣话筒的拾音位置不在声波辐射的正前方，这会造成人声中高频成分的损失；三是如果话筒头隐藏在演员的衣服内，同样会影响高频成分的拾取。因此，纽扣式话筒在设计之初会在频率响应方面对相应的频段进行补偿均衡。

传统的无线系统采用的是调频方式传输，当声音信号经由话筒头转换成电信号后，发射机将电信号调制为高频信号发射出去，再由接收机接收并调制为原来的声频电信号。随着数字技术的发展，声音信号也可采用数字方式传输。但是无论是调频传输，还是数字传输都容易受到其他信号的干扰，如民用通信、调频广播、对讲机等。在电影工业领域，无线话筒信号多采用超高频段（UHF）或甚高频段（VHF）传输，因为在超高频段上有更多的闲置频率，遇到干扰的概率相对低一些。同时，为了增强信号的稳定性，工程师采用分集接收的方式，将两个天线或多个天线组合在一个接收机上，系统会自动比较每个接收端的信号强度，并选择最好的信号输出。

3. 立体声话筒

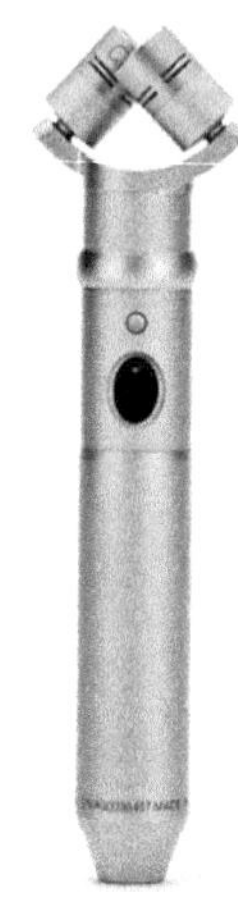

图 2-15　RØDE NT4 立体声话筒①

立体声话筒是为立体声拾音而设计的话筒（见图 2-15）。立体声话筒适合收录环境声，它可以重塑声源的方位，营造立体声效果，增强声音的深度感和空间感。常见的立体声话筒有 XY 制式立体声话筒和 MS 制式立体声话筒。

XY 制式立体声话筒是将两只型号相同、指向性相同的话筒头组装在一起配对使用，话筒头的指向性通常采用心形指向性或锐心形指向性。将两只话筒头同轴放置，一只话筒头位于另一只话筒头的上方，使它们在垂直方向上尽可能地贴近，话筒头之间保持一定的夹角，将夹角大小设置为 90 度或 120 度，夹角越宽，立体声扩展越宽，但过宽的夹角会造成中心声像“空洞”的现象。

当使用 XY 制式立体声话筒拾音时，若声源位于话筒中心偏左的位置，相对于左朝向话筒头来说，声源处于其轴线范围内，因此该话筒头对声源有高电平响应；同时，由于声源处于右朝向话筒头的轴线范围外，因此该话筒头对声源有低电平响应。当声音重放时，左朝向话筒头对应左声道，右朝向话筒头对应右声道，左声道相比右声道有更高的电平输出，从而产生中心偏左的虚拟声像，会重塑声源的方位。（双耳定位原理请参看“1.2.5 双耳效应”章节）

2.1.1.4　话筒附件

话筒需要装配周边附件才能够高效、便捷、高质量地拾取声音，话筒附件包括防风罩、防震架和话筒杆。

1. 防风罩

防风罩的主要功能是抑制风噪。通常情况下，话筒的指向性越强，其抗

---

① 资料来源：https://rode.com/en/microphones/studio-condenser/nt4.

风能力越差。同期声录音大多采用超指向性枪麦，话筒员的快速移动或自然风引起的空气激流很容易使话筒产生低频噪声。无论是在室内录音还是在外景采风，有经验的录音师都会为话筒装配防风罩，防风罩不仅能有效地防止风噪干扰，还能弱化演员近距离说话时的“喷口音”。常见的防风罩有海绵防风罩（见图 2－16）和猪笼防风罩。海绵防风罩一般在购买话筒时随机附送，多用于拍摄纪录片、新闻采访等工作场景（见图 2－17）。猪笼防风罩一般用于电影、电视同期声录音，是外景拍摄常用的防风设备。猪笼防风罩包括防风网罩（俗称“猪笼”）和防风毛衣（俗称“死猫”，见图 2－18）。防风

图 2－16　RØDE 海绵防风罩①

图 2－17　RØDE 猪笼防风网罩②

图 2－18　防风毛衣

① 资料来源：https://rode.com/en/microphones/shotgun/ntg3.

② 资料来源：https://rode.com/en/accessories/windshields/blimp.

网罩把整个话筒包裹起来，形成一个相对封闭的空间，这样既可以阻止网罩外的空气激流对话筒的干扰，又可以使网罩内的空气分子运动相对稳定。根据录音现场的风力大小，防风网罩还可配备不同厚度的防风毛衣，防风毛衣能有效阻止空气激流。

是否要为话筒装配防风毛衣要根据现场收音效果而定，而不是一味地追求防风效果。厚实的防风毛衣虽然能阻碍流动性很强的空气分子，但同时也阻碍了声音传播，尤其是会对高频产生影响。因此，为话筒装配防风设备既要考虑防风效果，也要考虑防风设备本身对声音的影响。室内同期声录音可以只装配猪笼防风网罩，或者使用海绵防风罩。

2. 防震架

防震架的主要功能是固定话筒和抑制振动噪声。在同期声录音过程中，话筒员通常会根据现场情况改变拾音位置或随演员走位不断移动，相关运动不可避免地会产生振动噪声。振动噪声相对于空气传播的环境噪声更加隐蔽，在频段上属于低频噪声，在这种闷沉沉的声音环境中很难分辨声源及其位置，而且可以传播得非常远。从混音角度来说，低频噪声是一种很“脏”的声音，当多个带有低频噪声的声音素材进行混合时，声音会变得“浑浊”，人耳能明显地感觉到低频噪声的存在。防震架通过橡皮筋或橡胶垫将话筒与话筒杆隔离开来，这样既能固定话筒，又能通过橡胶弹性消解振动噪声，如图 2－19 所示。

图 2－19　防震架①

3. 话筒杆

话筒杆形似鱼竿，由三至五节伸缩杆组成，整体长度约五米，如图 2－20 所示。在同期声录音过程中，话筒员在不影响摄影工作的前提下，利用话筒杆的伸缩特性可以将话筒近距离地靠近演员进行收音。另外，话筒杆多采用碳纤轻度材质制作，因为话筒、防风罩和防震架固定在话筒杆顶端，话筒

① 资料来源：https://rode.com/en/microphones/shotgun/ntg5.

员需要保持姿势，长时间负重收音，轻量化设计可以减轻整体的重量，也便于话筒员随演员走位快速移动。

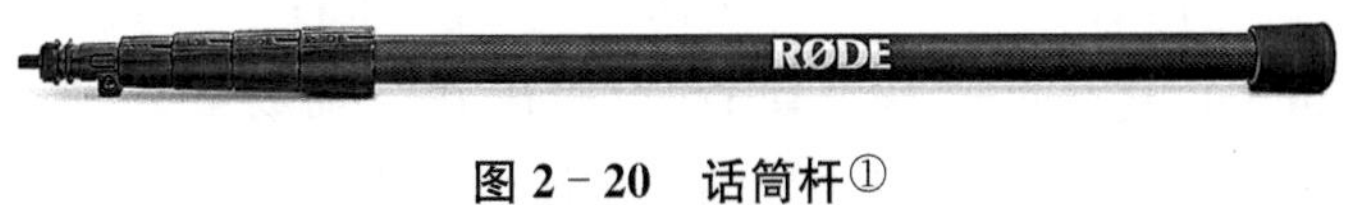

图 2 - 20　话筒杆①

防风罩、防震架和话筒杆虽然是同期声录音系统的辅助设备，但是录音质量与每个环节都有密切的关系，如果没有相关配套的话筒附件，话筒员不可能高效、高质量地完成录音工作。

2.1.2　混音—录音设备

2.1.2.1　混音—录音原理

在同期声录音中，根据声音信号的录制方式，可以将录音分为分轨录音和混合录音。分轨录音指同时使用两支及以上的话筒录音时，每个输入通道都输出为独立的单声道音频。录音师得到的是独立的声音素材，在现场不需要考虑各通道声音之间的混合关系，只需要把控每个通道的声音质量即可。独立的声音素材在后期制作中可塑空间大，可以单独调整声音的音色、音量、声像等参数。因此，分轨录音适用于电影声音制作，如图 2 - 21 所示。

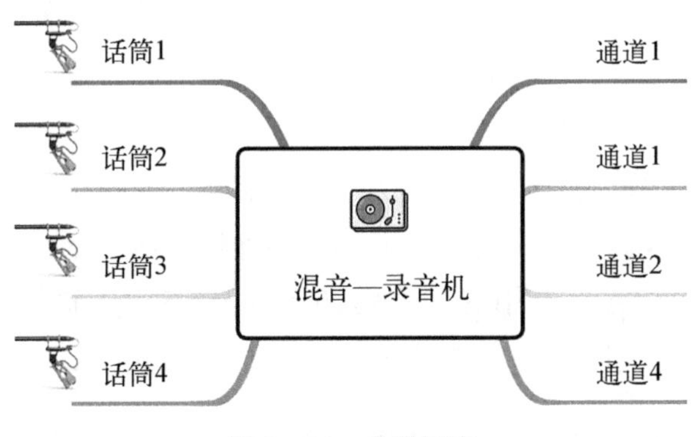

图 2 - 21　分轨录音

混合录音指同时使用两支及以上的话筒录音时，所有输入通道混合后

① 资料来源：https://rode.com/en/accessories/boompoles/boompole-pro.

输出为双声道音频。录音师得到的是混合后的声音素材，这就需要录音师提前平衡各通道声音之间的混合关系，如频率均衡、音量平衡、声像定位等，各通道声音一旦混合就无法再单独调整了。混合录音实质上是“混音”前置的录制方式，其特点是能够快速得到“成品声音”，现场可将“成品声音”输出、合成到视频中，可以提高工作效率。因此，混合录音适用于电视新闻采访、纪录片、短视频等声音制作，如图 2-22 所示。

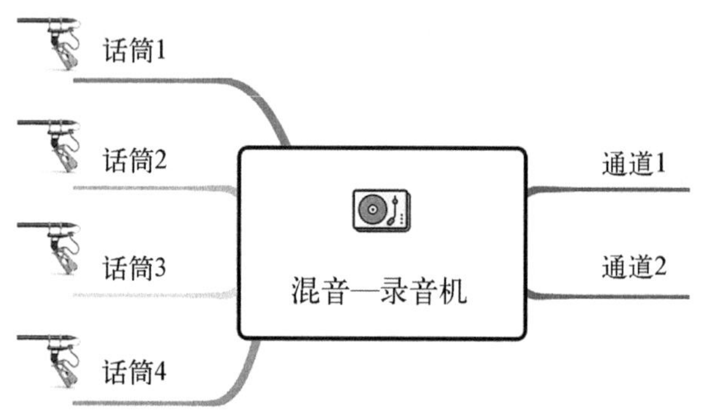

图 2-22　混合录音

在录音系统中，调音台专门负责“混音”，录音机专门负责“记录、存储音频信号”。从“混音”的角度来说，调音台需要具备三个功能：一是支持多通道声音信号同时接入；二是单独对各通道声音信号进行调节（增益、频率、音量、声像等）；三是在“音量均衡、声像均衡、频率均衡”的基础上混合所有声音信号。调音台种类繁多，按输入通道数可分为小型调音台（12 路及以下）、中型调音台（12 路至 24 路）和大型调音台（24 路以上）。中大型调音台多用于音乐混音，如大型交响乐扩声、录音工程。同期声录音大多采用便携式的小型调音台，通常采用的是 3 路、6 路或 8 路输入通道。例如 Sound Devices 302 便携式调音台可以同时接入三支话筒，如图 2-23 所示。

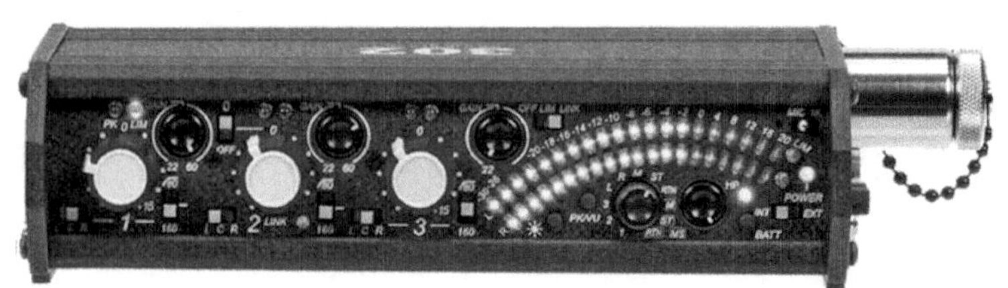

图 2-23　Sound Devices 302 便携式调音台

从“记录、存储音频信号”的角度来说，录音机需要具备两个功能：一是支持分轨录音，各通道声音信号独立记录；二是支持混合录音，所有通道声音信号混合后记录。例如 Sound Devices 722 便携式录音机支持两个通道的声音信号的记录、存储，如图 2-24 所示。

图 2-24　Sound Devices 722 便携式录音机

由于同期声录音便携性的需要，音频设备厂商趋向于将调音台与录音机合并为“混音—录音机”(Mixer-Recorder)，也称为“多轨录音机”(Multi Track Recorder)。混音—录音机综合了调音台的混音功能和录音机的记录、存储功能，能够同时接入多个通道信号，并支持分轨录音和混合录音。例如 Sound Devices 888 便携式混音—录音机支持八个麦克风/线路输入，如图 2-25 所示。

图 2-25　Sound Devices 888 便携式混音—录音机①

2.1.2.2　混音—录音机功能详解

在音频设备领域，混音—录音机品类繁多，虽然各厂商设计有所不同，但功能模块大同小异。按照功能区域划分，可将混音—录音机分解为输入功能区、信号处理功能区和输出/监听功能区。随着数字音频技术的发展，录音机信号处理模块由硬件元件逐渐迭代为软件集成设计。考虑到功能模块展示的直观性，本节案例采用硬件元件进行讲解，因此选用

① 资料来源：https://www.sounddevices.com/product/888/.

Roland R－44 录音机作为基础范例，以 ZOOM F8n、SOUND DEVICES 888、BEHRINGER 1204USB 等设备作为补充范例，详细讲解混音—录音机的工作原理。Roland R－44 录音机如图 2－26 所示。

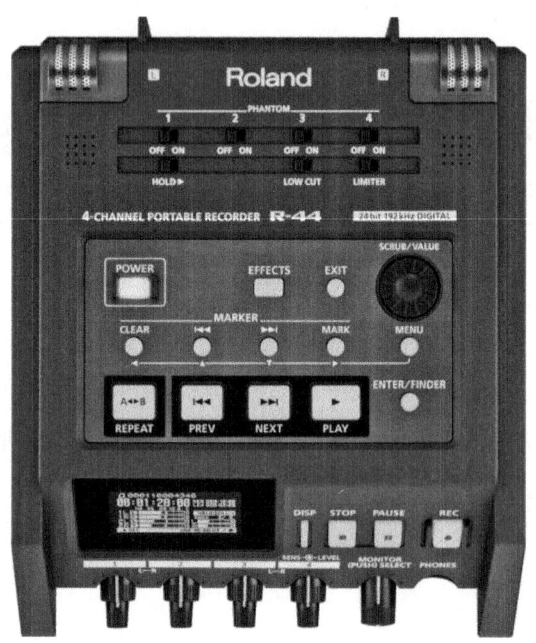

图 2－26　Roland R－44 录音机①

Roland R－44 是一款便携式、紧凑型的同期声数字录音机，适用于电影电视同期录音、新闻采访、户外采风等工作场景。

1. 输入功能区

输入功能区负责配接各种不同的声源信号，其接口分为话筒输入(Mic Input)和线路输入(Line Input)两种类型，话筒输入采用的是 XLR 接口(卡农接口)，线路输入采用的是 1/4 英寸大三芯接口。Roland R－44 输入接口类型采用混合式设计，单个接头既可适配话筒输入 XLR 接头(外圈)，又可适配线路输入大三芯接头(内孔)(见图 2－27)。话筒输入接口阻抗低，因此也被称为低阻抗平衡输入接口。线路输入接口阻抗高，一般用于接收除话筒之外的其他信号源，如电吉他、电钢琴、音视频播放器等。

① 资料来源：https://proav.roland－china.com/products/r－44/.

图 2－27　输入功能区(Roland R－44 录音机)

(1) 话筒输入。

话筒接入混音—录音机输入端口后,信号首先会经由“话筒放大器”放大,因为话筒属于低输入电平设备。话筒放大器也称前置放大器,其主要功能是对话筒信号进行放大,电容话筒在 94 dB SPL 的声压级下可能只有 1～2 mV 的电压输出,动圈话筒的输出信号比电容话筒还要小,这就需要话筒放大器将信号放大为较高的线路电平,然后再输出到下一级信号处理单元。在高端录音室音频系统中,话筒放大器一般是独立的音频设备,因为话筒放大器能够高保真地放大信号,其质量在很大程度上决定了声音的质量。但是,在同期录音系统中,话筒放大器很少作为单独模块存在,其大多被设计为集成电子元件,嵌入在调音台、录音机、声卡或摄像机音频接口中。因此,有些 2 路或 3 路通道的调音台、录音机价格昂贵,很大部分原因是输入端口嵌入了高端的话筒前置放大器。

(2) 线路输入。

将电吉他、电钢琴等设备接入混音—录音机输入端口后,信号首先会经由“衰减器”衰减,因为这些属于高输入电平设备。衰减器能够将输入信号的强度衰减至混音—录音机的工作电平范围内,线路输入的电平相比话筒输入衰减了约 20 dB。中大型调音台一般设计有独立的“衰减开关”(PAD);便携式混音—录音机省去了“衰减开关”模块,在电路内部直接衰减线路输入信号,以此节省空间位置。

2. 信号处理功能区

混音—录音机能够同时接入多个通道信号,信号处理功能区是针对这些通道进行信号处理的单元模块。声音信号会按照电路设计逻辑顺序经过不同的信号处理模块,最后发送至输出功能区。每一条通道所设计的信号处理流程基本是相同的。因此,无论是 4 路还是 8 路输入通道,只需要了解一条通道的信号处理流程，其他通道依此原理操作即可。

(1) 幻象供电(PHANTOM)。

枪式话筒属于电容话筒，电容话筒的电容极头需要混音—录音机提供幻象供电，电源由音频线传输至话筒，电源的供给不会影响话筒信号的传输。幻象供电使用的电压有12伏、24伏和48伏，其中12伏、24伏的供电模式比较少见，主流的供电模式为48伏幻象供电。另外，电影录音一般需要较长的传输线，针对这种情况采用的供电模式T-power供电。值得注意的是，T-power供电只能配给T-power供电的话筒，普通幻象供电的话筒连接T-power供电会损坏话筒。Roland R-44录音机为每个话筒通道提供了48伏幻象供电，如图2-28所示。

图2-28　幻象供电(Roland R-44录音机)

(2) 增益(GAIN/SENS/TRIM)。

话筒信号经由前置放大器放大信号后，会由“增益”旋钮控制信号电平的大小，从而获得丰满而不失真的声音信号。增益控制对声音质量有较大的影响，增益太大会导致音源信号过载失真，同时也会放大噪声(环境噪声、设备本底噪声)；增益太小会导致音源信号电平微弱，信噪比低(音源产生最大的不失真声音信号强度与同时发出的噪声强度之间的比率)。通过后期音量放大的方式能够增强音源信号，但环境噪声也会一并放大。

在通常情况下，为了获得高质量的人声对白，混音—录音机增益的处理方式是：在人声信号不失真的前提下，增益要尽可能地大一些，这样可以得到较强的人声信号，使得背景噪声变得不明显，提高了信噪比。但是，在录制海浪声、车流声、群声(人)等环境背景声时，不需要采用大增益。此外，话筒与音源距离的控制和混音—录音机增益的控制要协调平衡，话筒要尽可能地靠近音源，然后再调节混音—录音机的增益大小，合理地平衡二者关系才能获得理想的声音效果。R-44录音机增益旋钮如图2-29所示。

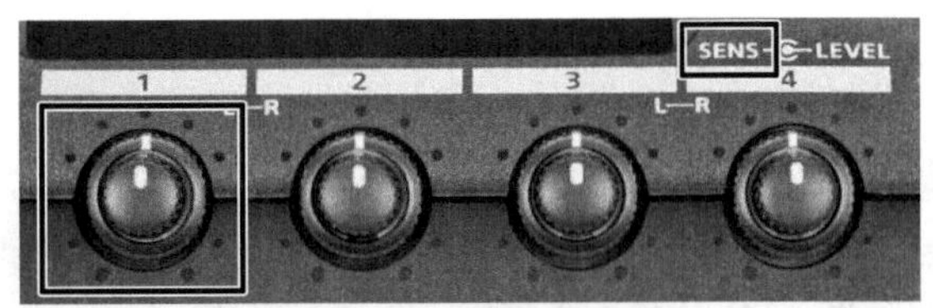

图 2 - 29　增益旋钮—外旋钮(Roland R - 44 录音机)

(3) 音量推子(FADER/LEVEL)。

音量推子既可以提升音量,也可以衰减音量。但是,音量推子大多是以衰减方式控制音量大小,因此也称为“衰减器”。这是因为,录音师通过上一环节的增益控制已经得到了高信噪比、不失真的声音信号,此时的波形能量较为饱满,如果再推高音量推子,很容易造成声音过载失真(超过 0 dBFS)。

根据不同的录音方式,音量推子控制分为两种情况:第一种情况,当录音方式是分轨录音时,由增益控制已经得到了高信噪比的声音信号,音量推子应该保持在 0 刻度(旋钮为 12 点钟方向),表示既不提升音量也不衰减音量。第二种情况,当录音方式是混合录音时,音量推子所以通过衰减方式平衡各个通道声音信号的音量,进行初步的混音。此外,音量是可以适当提升的(音量推子在 0 刻度以上),但是在提高声源音量的同时,环境噪声的音量也会同比提升,因为信噪比在话筒距离控制和增益控制环节已经被确定下来了。一般中大型调音台的音量推子都是滑动式元件,但便携式调音台和录音机为了节省空间,基本上都是旋钮式元件,如图 2 - 30 所示。

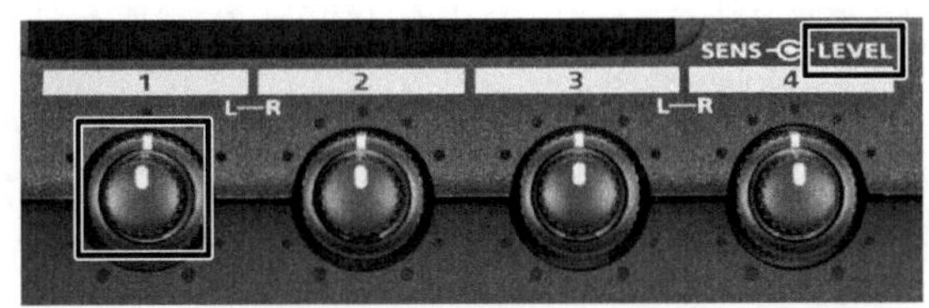

图 2 - 30　音量旋钮—内旋钮(Roland R - 44 录音机)

(4) 低切(LOW CUT)。

低切也称高通滤波,它使高于设定频率点的频率成分正常通过,将低于设定频率点的频率成分切除。低切的主要功能是去除人声录音中声音信号的低频成分,因为人声的频率分布基本上都在 80 Hz 以上,通过低切功能可以将低于 80 Hz 的环境噪声切除,如空调噪声、电机噪声等,从而得到相对干净的人声。低切/高通滤波原理如图 2－31 所示。

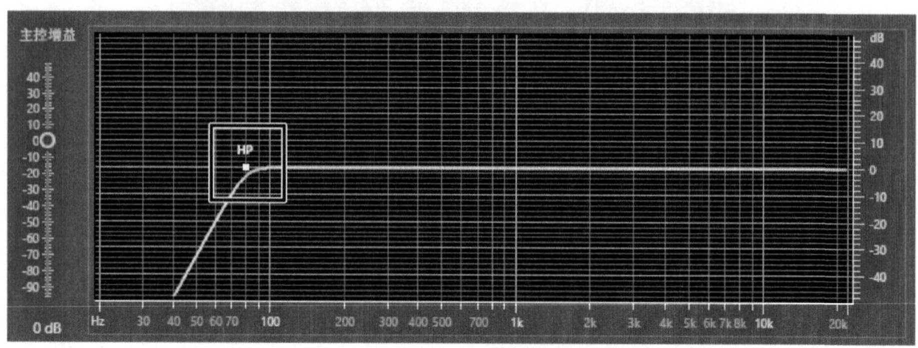

图 2－31　低切/高通滤波原理

R－44 录音机低切开关如图 2－32 所示。

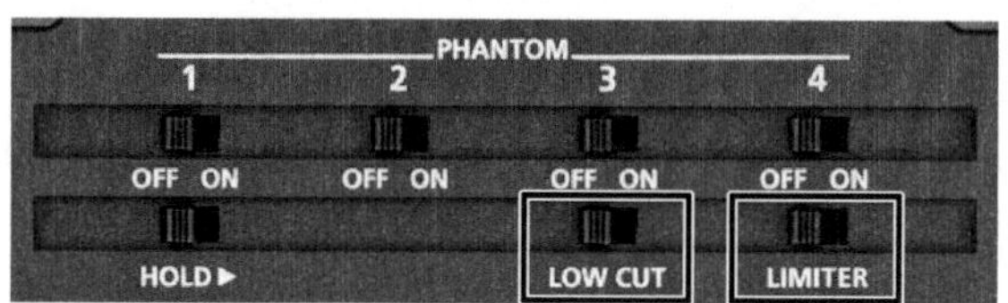

图 2－32　低切、限幅(Roland R－44 录音机)

(5) 限幅(LIMITER)。

当声音信号强度超过输入端的最大可承受范围时就会造成声音信号失真，此时可以通过限幅器限定信号电平，即当信号强度低于限幅电平值时，信号电平正常输出；当信号强度超过限幅电平值时，为了防止声音失真，信号电平值将保持在限幅电平值，信号波幅将被限幅器削平，如图 2－33、图 2－34 所示。

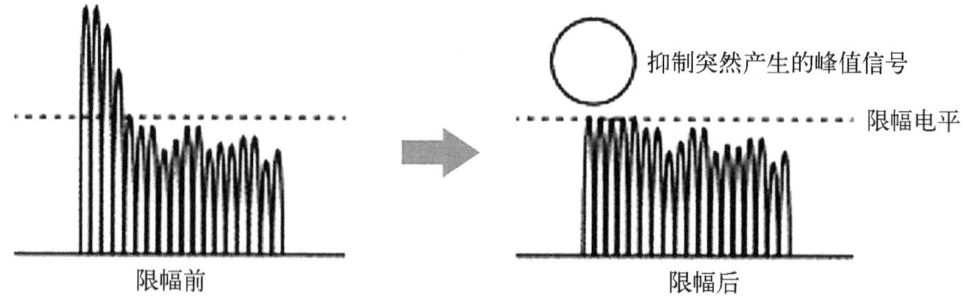

图 2－33　限幅器原理图

图 2－34　波幅被限幅器削平(限幅电平值为 0 dBFS)

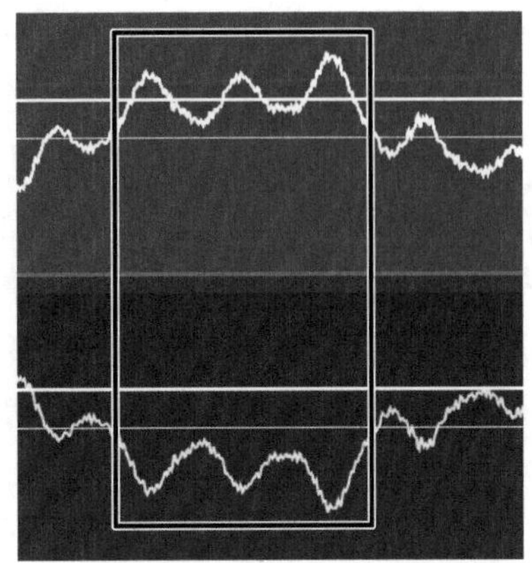

图 2－35　相位抵消示意图

(6) 相位反转(PHASE INVERT)。

在录音过程中，当使用两只话筒录制同一个声源时，如采用立体声制式录制吉他，音量没有提升反而减弱了，这是因为两个信号极相反，彼此发生了相位抵消，解决办法是将其中一个通道的信号相位反转。相位抵消如图 2－35 所示。

(7) 声像(PAN)。

声像控件适用于混合录音，用于控制输入通道的信号在立体声声场中的左右位置，如极左、偏左、中、偏右、极右。声像控件不仅可以还原现实场景中的声源位置，还可以创造性地布局声场定位，从而使回放时的声场感受更立体、更宽广。中大型调音台大多设有独立的“声像”旋钮，便携式混音—录音机大多采用软件控制。

(8) 音调发生器(TONE)。

音调发生器是音频设备(或音频模块)之间的电平校准工具，用于匹配前级设备与后级设备之间的电平标准，通常采用千周信号(1 kHz 正弦波)作为基准电平信号。音调发生器如图 2－36 所示。

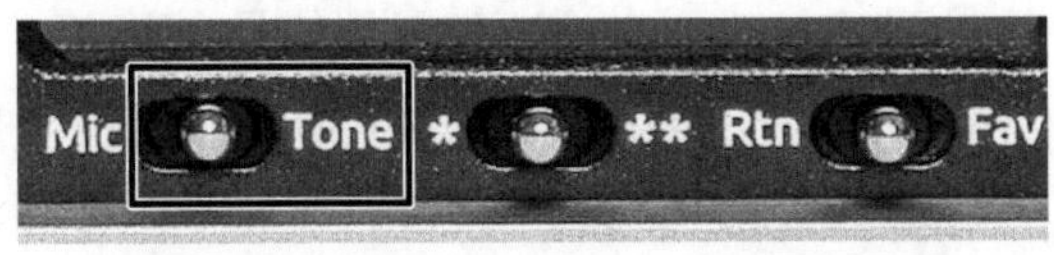

图 2－36　音调发生器(SOUND DEVICES 888 混音—录音机)

不同的音频设备可能采用不同的电平表显示方式，常见的显示方式有VU(Volume Unif)表和PPM(Peak Pragramme Meter)表。如果前级设备与后级设备采用不同电平表显示方式，就需要对VU表和PPM表进行大致的刻度匹配(计量换算)，一般是将VU表的0 VU刻度对应PPM表的－20 dBFS。

混音—录音机(VU表)与摄影机音频模块(PPM表)电平校准操作案例：

第一步，将混音—录音机的线路输出连接到摄影机音频模块的线路输入；

第二步，开启混音—录音机的音调发生器，设置音调发生器的频率为1 kHz，将音调发生器的电平大小设置在0 VU刻度上；

第三步，调节摄影机音频模块的输入电平，使摄影机音频模块的PPM表稳定在－20 dBFS的位置上，即VU表的0刻度对应PPM表的－20 dBFS。此时，录音师监看混音—录音机VU表的电平输出就能够知道摄影机音频模块的信号输入情况。

(9) 时间码(TIMECODE)。

时间码是录制视频和音频时写入数据的时间信息。在前期拍摄过程中，音视频记录分为两种方式：第一种方式，音频信号直接传输到摄像机的音频模块中，音视频在摄像机中完成同步合成；第二种方式，音频记录在录音机媒介中，视频记录在摄像机媒介中，因此后期编辑时首先需要将音频与视频进行时间同步。如果在前期拍摄时能将同步时间码写入视频和音频数据中，在后期编辑时就可以非常便利地实现音视频同步。时间码接口及工作原理如图2－37、图2－38所示。

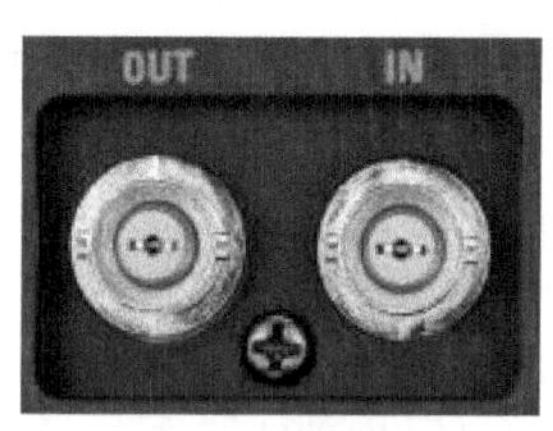

图2－37 时间码输入输出接口(ZOOM F8n多轨录音机)

(10) 音量表。

音量表用于监测声音信号的强度，如监测输入通道电平、主输出电平等。目前，广泛使用的音量表有PPM(Peak Programme Meter)峰值表和VU(Volume Unit)音量单位表：PPM峰值表能够实时反映信号的准峰值变化，录音师可以根据信号瞬时强度做出调整，从而避免信号过载失真；VU音量单位表指示信号强度的准平均值，而不是信号的峰值。

在数字电平测量中，PPM峰值表的满刻度值是0 dBFS，比0 dBFS小的信号采用负值计数。一般PPM峰值表的刻度为0、6、12、24、48，但实质上正数都为负数。VU音量单位表的刻度一般为＋3、＋2、＋1、0、－1、－2、－3、

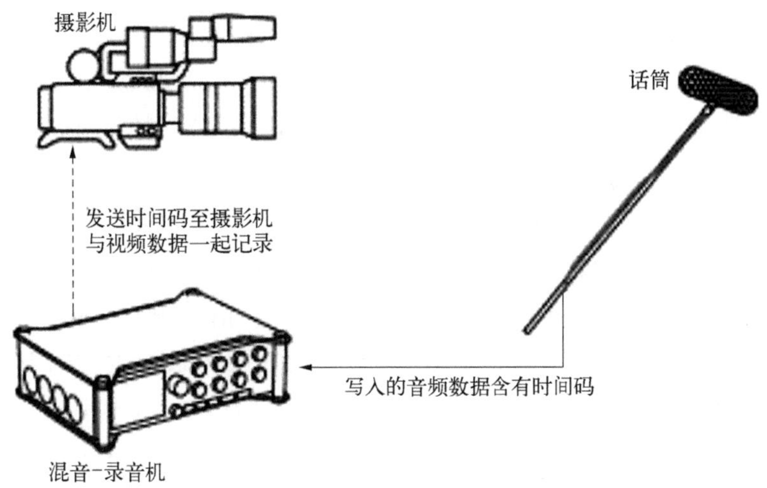

图 2-38　时间码工作原理

-5、-7、-10、-20,或以百分数表示。VU 音量单位表相比 PPM 峰值表反应迟缓,其接收信号指针到达波峰值的时间大约为300 ms,而 PPM 表能迅速地显示峰值变化(大约在 10 ms 以内),因此当一个很短的失真信号经过 VU 表时就可能读不出来。但是,信号峰值大小并不能直接反映信号带给人的听觉上的强弱,PPM 峰值表的指示值不能代表信号的响度;VU 表虽然没有 PPM 表反应快,但 VU 表的响应非常接近人对声音响度变化的主观感受。因此,VU 表适于控制声音的响度,PPM 表适于控制声音的过载状态,录音师可以根据具体情况选择不同的监控模式。

此外,混音—录音机的每路通道都有信号指示灯(见图 2-39),用于监测输入信号电平的状态。当标准电平的声音信号输入时,信号指示灯会随着电平波动实时闪亮,此时峰值指示灯没有被激活。当声音信号瞬时达到

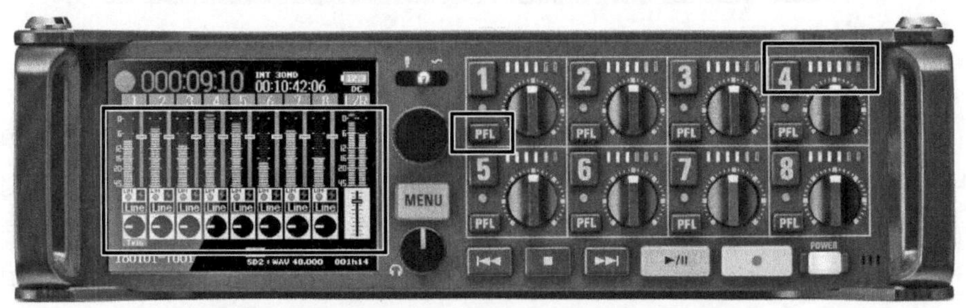

图 2-39　音量表及信号指示灯(ZOOM F8n 多轨录音机)

峰值时,峰值指示灯呈闪亮状态。一旦峰值指示灯呈长亮状态时,表示输入信号过载失真,此时就要适当调整输入增益量。一般情况下,信号指示灯为绿色,峰值指示灯为红色。由于信号指示灯可以实时监测信号状态,当音频系统发生故障时,也可以通过指示灯进行排查。

此外,由于信号处理模块的软件集成化,一般数字录音机软件程序都内嵌了频率均衡器(EQ)、噪声门(Noise Gate)、压缩器(Comp)、去咝音器(DeEsser)等效果设置,频率均衡器用于调整声音信号中不同频段的增益,改变声音的音色;噪声门用于衰减噪声;压缩器用于均衡响度大的声音与响度小的声音之间的音量差异;去咝音器用于衰减声音中的"咝咝声"。具体操作及效果原理可参看"第四章 声效制作"。

3. 输出/监听功能区

混音—录音机是声音记录的终端设备,在存储音频文件的同时也可以有选择性地输出相关通道的声音信号。输出功能区(见图 2-40)一般有主输出(Main Out)、子输出(Sub Out)和耳机输出,录音师通过信号分配功能可以决定通道信号发送到输出端口的哪条母线中。主输出可以外接扬声器(音箱)、摄影机音频模块;子输出是主输出的备用方案;耳机输出使用外接耳机,用于选择性地监听各个通道的声音信号。

图 2-40 输出/监听功能区(ZOOM F8n 多轨录音机)

推子前监听(PFL)是录音师现场调音常用的功能元件。推子前监听指耳机或主输出的信号取自输入通道的增益后—音量推子前,用于监测该通道的信号输入状态,以便于控制增益大小。按照信号处理逻辑,即使音量推子调整到最小值(无音量发送状态),监听耳机仍能监听到该通道的声音,因为耳机接收到的声音信号在音量推子前就已经发送了,如图 2-41 所示。

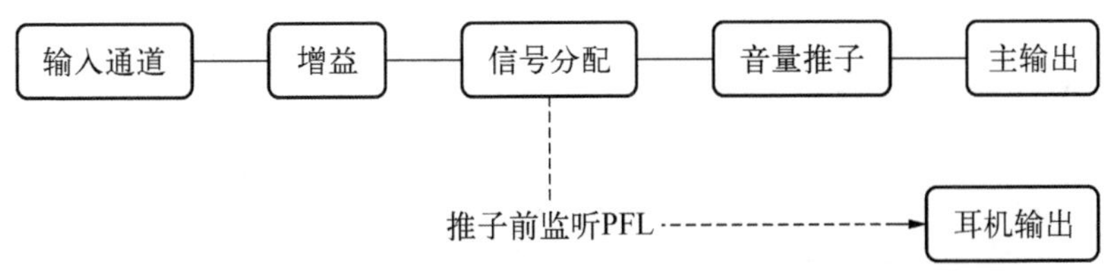

图 2-41　推子前监听(PFL)示意图

2.1.3　周边设备

周边设备包括监听耳机、手雷发射器、录音包、录音车、音频线、音频转接头、胶带、充电电池、反射板、吸声毯、手套、音频分析仪、防滑运动鞋(控制噪声)等。

2.1.3.1　监听耳机

监听耳机是同期录音必备的监听设备,录音师虽然可以通过音量表和信号指示灯监测信号强度,但对于声音音色、音质的把控需要通过监听耳机才能准确判断。监听耳机与普通耳机有几点区别:一是监听耳机属于封闭式耳机,对耳朵的包裹性好。在录音现场,演员的对白通过空气传播可以直达录音师的耳朵,同时声音信号通过录音设备传送到耳机端口,如果耳机的包裹性不好,录音师听到的会是两个声音的混合,很容易造成录音师对声音的误判。二是监听耳机属于高保真耳机,在传输过程中不添加任何声效。一般情况下,普通耳机为了迎合大众的听音偏好,会人为添加声效,如低音加强等。高保真回放声音是录音师鉴定音质的前提条件,因此录音师需要配备监听耳机(见图 2-42)。

图 2-42　Sennheiser HD25 监听耳机

2.1.3.2　手雷发射器

手雷发射器与腰包发射器功能相同,腰包发射器一般与纽扣话筒搭配使用,手雷发射器一般与枪式话筒搭配使用,且一般能为枪式话筒提供48 V幻象供电。手雷发射器将枪式话筒的信号调制成高频信号发送至配套的接收器,接收器再将信号传送至调音台或录音机。相比于微型话筒头在音质

图 2-43 Lectrosonics H187 手雷发射器

上的劣势，手雷发射器既能无线发射信号，又能获得枪式话筒的高品质音质。手雷发射器的使用改变了枪式话筒通过线缆传输信号的传统模式，使话筒员摆脱了线缆的束缚，增强了录音工作的灵活性和便利性，如图 2-43 所示。

发射器和电池的重量在一定程度上影响了话筒杆配重的稳定性，因此要固定好话筒的周边配件。此外，手雷发射器也容易受到其他信号的干扰。

2.1.3.3 录音包与录音车

录音包是一种多功能便携式挎包(见图 2-44)，可以放置录音机、无线话筒接收器、监听耳机、音频线材等大小部件，材质轻盈，功能齐全。录音包适用于需要一个人独立完成的录音项目，录音师既负责调音、监听、录制工作，又负责话筒操控工作(如举麦杆)。录音车是一种可移动、多功能的简易拖车，适用于中大型录音项目，录音师或声音指导以录音车为控制中心，部署、安排整个录音事务，如图 2-45 所示。

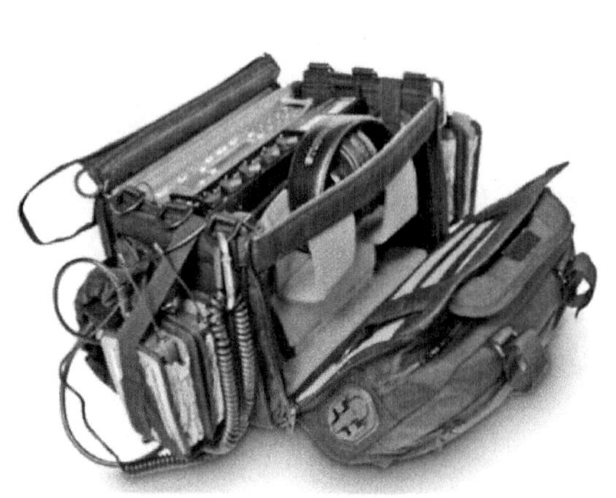

图 2-44 便携式录音包

图 2-45 同期声录音车①

① 资料来源：https://baijiahao.baidu.com/s?id=1693921580492481747&wfr=spider&for=pc.

2.1.3.4　音频线与连接头

音频线适用于模拟信号传输，如话筒与录音机的信号传输、录音机与摄影机音频模块的信号传输，如图 2－46 所示。

图 2－46　音频线

音频线按线芯数量分类，可分为单芯音频线和双芯音频线。双芯音频线由屏蔽网(地线)和两根芯线组成，当某一信号源输出两条信号时，双芯传输的电压相同，但相位相反。如果在传输过程中串入噪声，噪声会以相同的相位同时出现在两条芯线上，在输出端相反，其中一条芯线就可以使噪声抵消。此种传输方式称为“平衡传输”，平衡传输能够抑制噪声，进行长距离信号传输，多用于专业音频领域。平衡传输原理如图 2－47 所示。

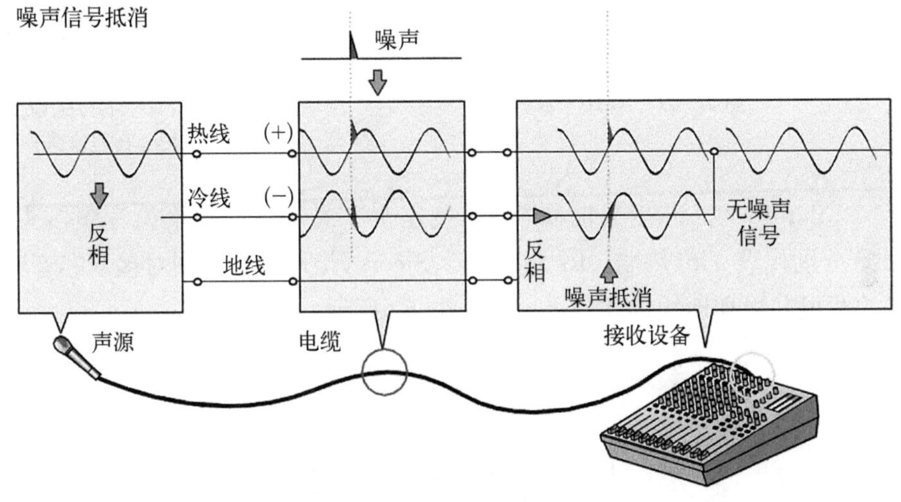

图 2－47　平衡传输原理

单芯音频线由屏蔽网(地线)和一根芯线组成，芯线在传输信号的过程中会串入噪声，噪声可能来自电子器件、电源等设备，但单芯传输无法抑制噪声。此种传输方式称为“非平衡传输”(见图 2－48)，多用于短距离信号传输以减少噪声风险。

常用的音频连接头有 XLR 卡农接头、6.35 mm 大三芯接头、6.35 mm 大

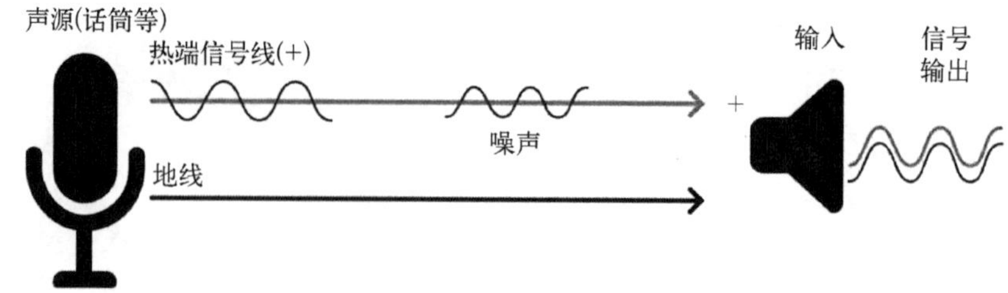

图 2－48　非平衡传输原理①

二芯接头和 3.5 mm 小三芯立体声接头。XLR 卡农接头分为接地端、热端、冷端，分别对接双芯音频线的屏地线和两根芯线，如图 2－49、图 2－50 所示。

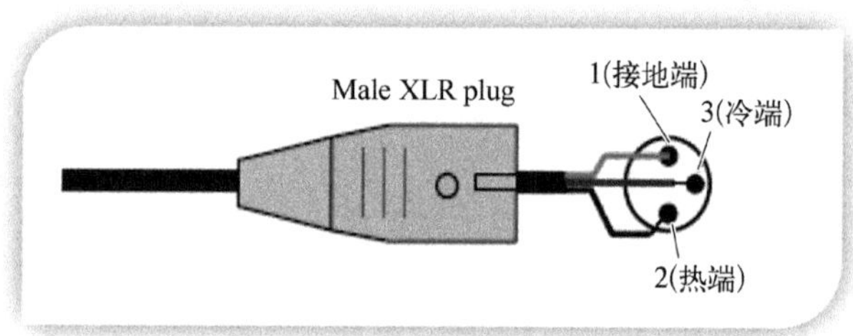

图 2－49　XLR 卡农接头

图 2－50　XLR 卡农接头(左为母头，右为公头)

6.35 mm 大三芯接头也称“TRS 接连头”，属于另一种平衡音频接头。TRS 分别代表 Tip(热端)、Ring(冷端)、Sleeve(接地端)，分别对接双芯音频线的两根芯线和地线，如图 2－51、图 2－52 所示。

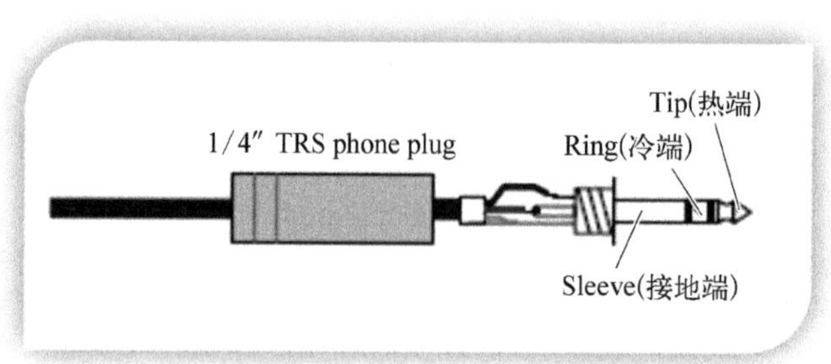

图 2－51　6.35 mm 大三芯接头

① 资料来源：https://www.sohu.com/a/560514611_121124710.

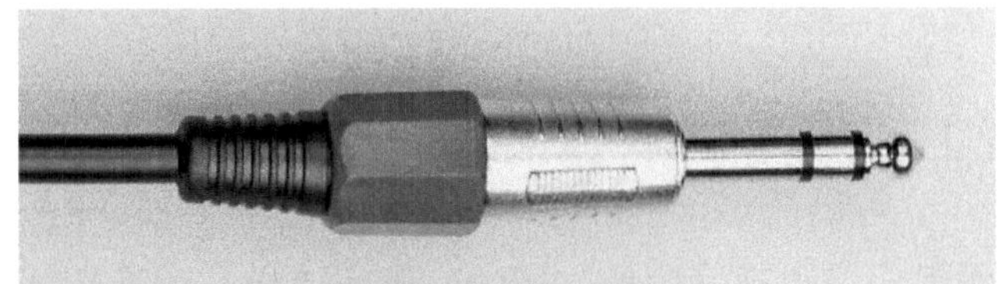

图 2-52 6.35 mm 大三芯接头

6.35 mm 大二芯接头也称“TS 接连头”，属于非平衡音频接头。TS 分别代表 Sleeve(接地端)、Tip(热端)，分别对接双芯音频线的芯线和地线，如图 2-53、图 2-54 所示。

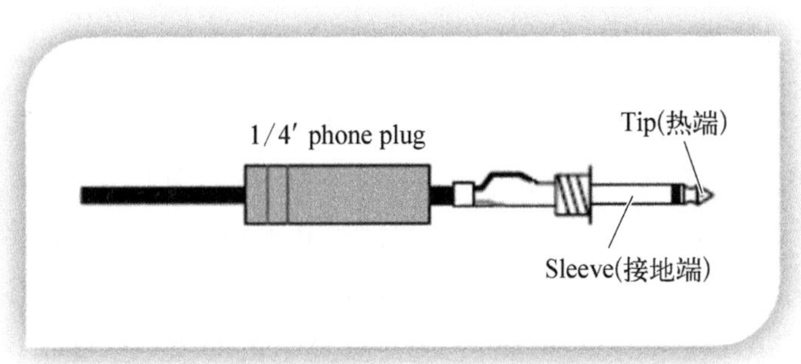

图 2-53 6.35 mm 大二芯接头

图 2-54 6.35 mm 大二芯接头

3.5 mm 小三芯立体声接头与 6.35 mm 大三芯接头原理相同，常用于耳机接头，Tip 端和 Ring 端分别对应传输立体声左声道信号和右声道信号，如图 2-55 所示。

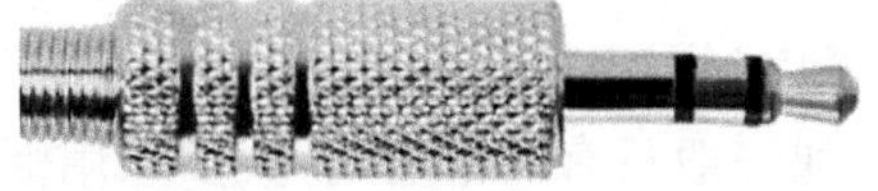

图 2-55 3.5 mm 小三芯立体声接头

2.2 录音工艺

录音工作组成员包括话筒员、录音师、声音指导。话筒员负责操控与话筒拾音相关的技术工作;录音师负责声音信号分配、混合与录制工作;声音指导负责统筹整个项目的声音制作,对最终的声音创作负责,其工作包括前期录音、后期剪辑、声音创意设计等。同期录音涉及的经验性问题较多,经过多年的录音工作,话筒员和录音师接触过不同的录音场景和录音环境,积累了大量的录音经验和技巧。

2.2.1 摄录方式

根据声音和画面的摄录方式,可将同期录音分为单系统方式和双系统方式。单系统方式指将声音信号传输到摄影机的音频模块,声音信号与视频信号同步合成,并记录到摄像机的存储媒介中;双系统方式指将声音信号记录到录音机的存储媒介中,后期再与摄影机的视频信号进行同步合成。单系统方式适用于经费少、时间紧、工作人员不足的小型项目,如纪录片、新闻采访等;双系统方式适用于大型的剧组项目,如电影、微电影、电视剧拍摄。

单系统方式直接生成同步的音视频合成文件,为后期剪辑工作节省了大量的时间和精力。但单系统方式也有一定的缺陷:一是如果声音信号通过音频线缆传输到摄影机模块,录音组和摄影组在行动上需要默契配合,尤其在移动摄制过程中要避免相互影响。二是单系统方式需要摄影师监听声音,一身二任,在一定程度上影响了摄影师的本职工作。也可以通过摄影机音频模块返送监听至录音师,但这提升了系统的复杂程度,进一步影响了拍摄工作。三是在音质方面,摄影机音频模块与录音机的话筒放大器、模数转换器在品质上有一定差距。四是声音信号的记录受控于摄影机,如果摄影机开启录制,声音会同步录制,如果摄影机关闭录制,声音也会停止录制。因此,摄影师不仅要考虑到画面的录制节点,也要考虑到声音的录制节点。五是摄影机的音频模块一般只有两个通道,大多采用混合录音的方式记录为一组立体声音频,对白、动效和环境声在后期无法分离编辑。

双系统方式的音频信号和视频信号是独立记录的。相比于单系统方式的捆绑式工作，双系统方式有以下优点：一是录音组和摄影组互不干扰、独立工作；二是高品质的话筒放大器、模数转换器以及高采样频率和量化精度等为声音制作提供了音质保障；三是独立的声音制作系统有更大的创作空间，如环绕制式录音、多通道分轨录音为声音设计以及环绕立体声制作提供了可独立编辑的素材，为后期电影工业级别的声音创作提供了保障。在工艺流程上，双系统方式需要在后期进行音视频素材的同步、合成，因此在同期录音时需要详尽的声音记录单以及同步时间码，否则会耗费大量的时间和精力同步音视频素材。

2.2.2　录音技巧

2.2.2.1　同期录音录什么

同期录音需要录制对白、动作声、环境声、空气声以及对白补录。其中，对白是最重要的声音元素，录音组首先要确保对白的录音质量，因为演员的声音表演、情绪、状态在现场是最好的，如果同期对白没有录制好，在后期需要耗费更多的人力、物力去弥补前期工作的失误。此外，专业演员要进行声、台、形、表的系统化训练，声乐和台词表演都是基本素养，他们可以快速、高效地完成配音工作。但是，在微电影、短视频制作中大多是非专业演员，他们没有经历过专业的配音训练，后期很难把握对白的节奏、语调和情绪。

动作声和环境声一般没有特别的声音纹理，通过后期拟音可以很容易地制作出类似的声音，如脚步声、倒水声、键盘声、电话声等。在拍摄现场，对白、动作声和环境声几乎同时存在，为了拾取到高质量的对白声音，录音组要避免一切杂音，包括动作声和环境声。在一般的故事电影（非纪录片）中，画面中人物动作、群演聊天、物品碰撞等声音大多是后期制作贴合上去的。因此，对于动作声和环境声，不管是同期录制，还是后期补录，在拍摄现场都要首先确保对白的录音质量。

“空气声”指静默条件下的现场声音，它描述了每个镜头所处的空间（室内或室外）特质。在拍摄现场，当一场戏的镜头拍摄完毕后，录音组要求所有人员保持静默，不能发出或制造出任何声音，在相对安静的条件下，录音师录制约一分钟的空气声。空气声不能带有特殊标识性的声音纹理，如突然串入的杂音、固定的音调等。空气声在后期声音剪辑中有着重要的作用，如连接同一场戏中不同的镜头；减轻近景镜头和全景镜头之间的跳跃感；填补因剪辑而造成的时间间隙，使断裂的声音片段变成一个整体；为“精纯”的后期配音素材营造真实的空间氛围。

同期对白补录是指当一场戏的镜头拍摄完毕后，录音师要求演员根据现场的情绪、节奏、语调再次演绎一遍台词。话筒员可以在不考虑画面拍摄的前提下，在适当的位置进行补录，补录的对白可以作为后期声音的备选方案。

2.2.2.2 录音勘景技巧

地理环境、录音时间是影响录音的重要因素。不同的地理环境和时间条件，噪声强度及频率成分完全不同，如清晨的乡村静谧、宁静，对白录制清晰度高、声音通透；早晨八点钟的菜市场嘈杂、喧闹，对白录制信噪比低，环境噪声大。录音团队作为摄制组的重要组成部分需要参与前期的勘景工作，实地考察录音环境，制订录音计划。如果现场环境达不到录音条件，要及时与制片、导演沟通，以制定备选方案。录音勘景需要注意以下四点：

一是同一地理环境，不同时间段的噪声源不同，噪声强度也不同。因此，录音师要了解场景环境不同时间段的噪声情况。二是录音师在勘景过程中，可以边说话边听音测试，也可以携带简易的录音设备，现场实测录音效果。三是如果在室内录音，要了解房间结构、墙面和地面材质、家具等相关物品的数量。四是关注可能产生噪声的物体，如空调、电脑机箱、相关道具等。

2.2.2.3 拾音距离与增益控制

从录音技巧来说，拾音距离和增益控制是影响录音质量的两个决定性因素。拾音距离指话筒与声源的距离，这个距离决定了声源直达声的能量，直达声能量越大，其与背景声的比例越大，信噪比越高。例如，在安静的室内录音，如果话筒与声源距离太远，直达声的能量就会变弱，话筒也就会拾取到更多的混响声，严重影响声源的清晰度。纪录片导演常常为摄影机配置高端的外接话筒，其实摄影机位置就已经先在性地决定了拾音距离，从而决定了录音质量。

当话筒拾取到信号后，信号会传输到下一级接收设备。声音信号的传输类似引水渠，水源会经过水渠的一道道闸门，闸门开启越大，水量就越大，闸门开启越小，水量就越小。在录音系统中，录音机的增益是声音信号经过的第一道闸门，增益的大小直接影响到下一级元件所接收的信号强度：如果增益过大，声音信号会过载失真；如果增益过小，声音的信噪比太小，导致噪声淹没声音信号。因此，适度控制增益的大小才能获得饱满而不失真的声音信号，具体操作步骤如下：第一步，在确定了话筒的拾音距离后，增益在不失真的前提下要尽可能的大，从而获得一个饱满而不失真的声音信号；第二步，微量回调增益，给予峰值信号一定的余量，以防止信号强度陡增导致信号过载。例如，演员情绪爆发、话筒与声源距离变近等，如果峰值没有余量空间，声音信号很容易失真。由此，可以得出结论：从录音技巧来说，拾音距离是影响录音质量的第一因素，增益控制是影响录音质量的第二因素。在权衡拾音距离与增益控制的关系时，"近距离拾音"是前提，然后才能通过增益控制信号强度。

为了得到饱满而不失真的声音信号，有些高端录音机支持同一声音信号源以不同的增益进行同时录音，信号源被分配到两个通道，一路通道以较高的增益进行录音，另一路通道以相对较低的增益进行录音。如果较高增益通道的信号失真，则可以采用较低增益通道的音频数据。

此外，在录制过程中，录音机的增益是不能随意调整的。因为，增益大小在一定程度上决定了声音的信噪比，不同的增益对于对白声与环境声的比例是不同的，在录制中改变增益会导致信噪比波动，背景环境声的强度会随之发生变化，人耳能够马上辨识出来这种变化。在电影、电视剧中，对白声与环境声的比例通常是保持不变的，哪怕是某一场戏的环境噪声较大，但观众会自动适应这种声音环境，通过心理效应屏蔽、抑制噪声，把注意力集中在对白的内容上。如果背景环境声的强度突然发生变化会让观众马上意识到声音的存在，从而造成观众"出戏"，这种现象类似于汽车闪光灯容易引起路人注意一样。

值得注意的是，无论是录音机，还是摄影机的音频模块都设计了"自动增益"功能，自动增益是一种自动跟随信号强度而实时调整增益量的控制技术，这种技术实质上是在录音过程中改变增益大小：当弱信号输入时，增益量会自动调大，以保证输出信号的强度；当强信号输入时，增益量会自动调小，以防止信号过载失真。"自动增益"功能不适用于电影、电视等对白录音，其大多在会议记录的场景下才会启用。

2.2.2.4　录音机常规设置及问题排查

同期录音设备大致分为拾音设备、混音—录音设备和周边设备。其中，混音—录音设备是整个系统的核心。在拍摄现场，当录音系统组装完毕后，就需要对录音机进行常规设置，主要步骤如下：

① 开启幻象供电（Phantom）；② 设置低切（Low cut）、限制器（Limiter）；③ 设置录音通道的信号源，如外接话筒、内置话筒、数字信号灯；④ 设置采样率、采样精度、录音格式，常规格式如 48 kHz、24 bit、Wav；⑤ 设置录音声道制式，如单声道（mono）、立体声（stereo）；⑥ 设置工作时间；⑦ 设置监听通道、监听方式，如推子前监听（PFL）；⑧ 开启预录音，设置输入增益（sens）、输入电平旋钮（level）。

在录音系统中，声音信号是单向传输的，如果录音系统出现问题，可以按照信号传输的顺序依次排查问题。例如，如果话筒没有信号输出，可以排查音频线是否损坏、录音机是否开启幻象供电、话筒是否损坏等；如果通道电平表没有电平显示，可以排查话筒问题、信号源是否选择对应输入端等；如果话筒底噪声偏大，可以检查音频线是否损坏、增益设置是否过大、话筒是否电容头是否受潮等；如果监听耳机没有声音，可以检查监听源是否对应的输入端、耳机音量是否开启等。

2.2.3　拾音技巧

2.2.3.1　话筒员的职责与工作要领

一个优秀的话筒员能够高效率、高质量地辅助录音师完成录音工作，话筒员主要负责操控录音系统最前端的拾音设备，包括无线话筒安装调试、枪式话筒安装调试、话筒杆操作、拾音系统装配等。在拍摄现场，话筒员的工作琐碎、繁杂，但每一个细节都关系到最终的录音效果，也关系到其他部门工作是否能正常开展。话筒员在拍摄前和拍摄中要注意以下五点：一是熟悉摄影剧本与场景设计，提前规划话筒方案；二是熟悉角色台词与分镜设计，了解演员对白次序、调度以及走位轨迹；三是预防操作噪声，如话筒杆与手摩擦、调整举杆姿势、跟拍运动等都可能产生噪声；四是与摄影师沟通，了解画幅边界，寻找最合适的录音位置；五是了解灯光布局，预防话筒阴影投射到演员脸部。

举杆（枪式话筒）是话筒员一项重要的工作，经过长期的经验积累，话筒员一般采用“吊杆”方式操作。所谓“吊杆”是指话筒员手握话筒杆的姿势就像人“吊”在树杈上，将话筒放置在画幅上方，向下指向声源（见图 2－56）。这是因为：一是从画幅的上、下、左、右各方位来说，上方位离声源最近，也便于随时调整话筒位置，避免入画；二是话筒在声源的上方位录制，声音不是直接冲入振膜，而是经过振膜，能够避免爆破音冲击和产生严重的齿音。

图 2－56　举杆①

2.2.3.2　无线话筒的优缺点

无线话筒的优点及适用场景：一是无线话筒体积小、近距离录音、远距离传输的特点使其能在复杂环境下仍能录制到高信噪比的声音，如人流量大、活动空间小、高噪声的环境；二是当被摄对象需要经过多个不同的空间场景时，如由外景拍摄进入室内拍摄必然会经过门，门的高度限制了吊杆枪式话筒的录音位置，工作人员不方便站位，话筒也很容易被摄入画面中，此时，采用无线话筒录音既不影响摄制组工作，又能近距离拾音；三是在全景镜头拍摄时，吊杆枪式话筒一般没有合适的录音位置，使用无线话筒可以近距离录制演员的对白声音；四是无线话筒与声源的距离是固定不变的，信号与环境底噪（空间信息）的比例也就相对稳定，这有利于后期声音片段的剪辑衔接。

无线话筒的缺点有以下六点：一是无线话筒在使用过程中，虽然在自由度上给予演员和工作人员极大便利，但无线话筒的声音信号需要经过调制、传输、解调，在这个过程中会产生信号的损失，也会受到其他设备的干扰，而枪式话筒的声音信号通过线缆传输，稳定性好且不易受到干扰；二是

① 资料来源：https://rode.com/en/accessories/boompoles.

微型话筒的小型化得益于驻极体技术的发展,但米粒般大小的微型话筒在设计上必然会受到一些限制,如话筒的振膜面积;三是无线话筒的价格捆绑了发射器和接收器成本,一般情况下,如果以话筒价格作为参考标准,相同价格范围内的枪式话筒要比无线话筒的音质更好;四是无线话筒常佩戴在演员胸前的位置,胸前拾音以及衣服的阻隔会造成声音发闷和中高频损失;五是演员动作可能会造成话筒头、话筒线与衣服之间产生摩擦;六是无线话筒相对于枪式话筒录制的声音缺少了空间特质。

使用无线话筒要注意以下五点:一是无线话筒的发射器与接收器耗电量大,需要提前预估电量以免在录制过程中断电;二是无线话筒安装要注意隐蔽性,但不能过度包裹,以免造成声音沉闷;三是使用无线话筒要注意衣服布料的材质,以免产生摩擦声;四是使用无线话筒要避免信号受到其他设备的干扰;五是无线话筒与枪式话筒的音色区别较大,在后期声音剪辑阶段,如果某一场戏采用无线话筒录音的声音素材,那么这一整场戏都应采用无线话筒的声音素材。两种声音不能混剪使用,否则会有声音听感上的跳跃。

在拍摄现场,每一次录音机会都是非常宝贵的(录音次数是有限的),为了确保“一次性”录音万无一失,录音师会一般会采用无线话筒和枪式话筒同时录制的方式,并采用分轨录音的方式分别记录声音信号,以保留两个声音方案供后期声音剪辑师选择。此外,在后期处理阶段,可以尝试叠加混合两种声音,无线话筒能够保证声音的清晰度,枪式话筒能够获取更多的空间信息,适当地调和二者比例可以得到意想不到的声音效果。近年来,随着产品技术的迭代,无线话筒在稳定性和抗干扰性方面的技术越来越成熟,在同期录音项目中其使用的比重也越来越大。

2.2.3.3 无线话筒安装技巧

纽扣话筒头一般固定在演员胸前的位置,如果演员佩戴帽子,有时也会隐藏在帽檐下面。不同的拾音位置会有细微的音色区别,话筒的最佳拾音位置要根据实际情况不断调试,避免太低或太高:话筒位置太低会影响声音的清晰度,因为话筒离演员发声位置远,直达声的能量将减弱;话筒位置太高会影响声音的音色,因为话筒可能处于演员的下颌遮挡区,造成声学阴影。此外,话筒要固定在胸口中间附近的位置,因为演员可能会侧向一方说话,放置在中间可以避免声音完全偏离话筒轴向。

纽扣话筒头的隐藏方法多种多样，有些录音师使用创可贴来固定话筒，有些录音师采用医用胶带固定话筒。通过大力胶制作三角包固定纽扣话筒在业内使用的情况较多，三角包可以直接粘贴在演员的皮肤或衣服上，这样可以减少话筒头与衣服的摩擦，如图 2－57 所示。

图 2－57　纽扣话筒头三角包

安装无线话筒要注意以下六点：一是大力胶不能完全覆盖话筒头，尽量保证话筒头前端外露，否则会严重影响声音录制；二是为避免话筒线与衣服的摩擦以及演员的拉扯，靠近话筒头的线缆可以打一个小圈，然后用大力胶固定；三是演员衣服的声透性要好，话筒头不能被衣服包裹严实，否则会造成高频损失，声音发闷；四是话筒头的线缆要从衣服的内侧走线，还要避免线缆痕迹突显出来；五是线缆要整理有序，避免线缆影响演员活动或造成不适感；六是发射机安装要隐蔽、稳固，避免暴露入画或跌落损坏。

2.2.3.4　抑制混响的方法

混响指声音在室内传播时，被墙壁、天花板、玻璃等障碍物不断反射，而又逐渐衰减的现象。当声源停止发声后，室内声能衰减 60 dB 所用的时间就是混响时间。混响时间过长会严重影响对白的清晰度。因此在同期录音过程中，不仅要提高声音的信噪比，还要想方设法抑制混响。可以采用以下方法抑制混响：

一是在不影响摄影组工作的前提下，话筒要尽可能地靠近声源，拾取更多的直达声，从而提高直达声与混响声的声能比例，减弱混响声对直达声的掩蔽效应；二是摆放吸声材料，如吸声板、吸声海绵、沙发、棉被等，吸声材料可使入射声能绝大部分被吸收；三是增加房间的物品摆放，使声波偏离原来的传播路径向四周散射，声波经过多次反射和吸收，声能会快速衰减；四是寻找合适的拾音位置，如避免在硬质、平行的两个障碍物之间拾音，或在声反射距离较长的位置拾音，因为声反射的距离越长，声能就越弱。

2.3 实训案例

2.3.1 话筒指向性实验

1. 实验目的

一是了解不同话筒的指向性特征及拾音范围；

二是对比不同指向性话筒录制人声的音色；

三是分析不同指向性话筒所适用的录音场景。

2. 实验器材

视频器材：Sony Alpha 7S 微单相机、三脚架、便携式 LED 灯。

音频器材：Rode NTG3 枪式话筒、Sennheiser EW 112P G4 无线话筒、ZOOM H6 录音机、话筒杆、话筒防风三件套、监听耳机、音频线材。

编辑软件：Adobe Premiere Pro 视频编辑软件。

3. 实验设计

设计一段个人独白场景(室内)，景别为中景，使用固定镜头或运动镜头。使用 Sony Alpha 7S 微单相机录制视频信号，尺寸为 1 920×1 080，帧速率为 25 p，拍摄时长约 1 分钟。声音录制采用以下四种方案：一是 Sony Alpha 7S 微单相机内置话筒录音，声音信号同步合成到视频信号中；二是 Sennheiser EW 112P G4 无线话筒录音(全指向性)，声音信号记录到 ZOOM H6 录音机中；三是 ZOOM H6 录音机 XY 立体声话筒录音(120 度拾音角)，声音信号记录到 ZOOM H6 录音机中；四是 Rode NTG3 枪式话筒录音(超心形指向性)，声音信号记录到 ZOOM H6 录音机中。

音视频摄录完成后，在 Adobe Premiere Pro 视频编辑软件中分别将第二、三、四方案的声音文件与视频文件合成。在监听环境下进行声音对比，并撰写声音分析报告。

4. 声音分析报告(见表2-1)

表2-1　声音分析报告

	人声清晰度	环境声声强	混响量大小
Sony Alpha 7S 微单相机内置话筒			
Sennheiser EW 112P G4 无线话筒			
ZOOM H6 录音机 XY立体声话筒			
Rode NTG3 枪式话筒			
结论:			

2.3.2　话筒音色对比分析

1. 实验目的

一是对比枪式话筒与无线话筒录制人声的音色的区别;

二是分析、判断不同话筒录制的人声能否顺序混接,并阐明原因。

2. 实验器材

视频器材: Sony Alpha 7S微单相机、三脚架、便携式LED灯。

音频器材: Rode NTG3枪式话筒、Sennheiser EW 112P G4无线话筒、ZOOM H6录音机、话筒杆、话筒防风三件套、监听耳机、音频线材。

编辑软件: Adobe Premiere Pro视频编辑软件。

3. 实验设计

设计一段个人独白场景(室内),景别为中景,使用固定镜头或运动镜头。使用Sony Alpha 7S微单相机录制视频信号,尺寸为1 920×1 080,帧速率为 25 p，拍摄时长约 1 分钟，声音录制同时采用以下两种方案：一是使用 Sennheiser EW 112P G4 无线话筒拾音（全指向性），声音信号记录到 ZOOM H6 录音机中；二是使用 Rode NTG3 枪式话筒拾音（超心形指向性），声音信号记录到 ZOOM H6 录音机中。

音视频摄录完成后，在 Adobe Premiere Pro 视频编辑软件中将第一方案的声音文件同步合成到视频文件的 00：00：00：00 至 00：00：10：00 的位置；将第二方案的声音文件同步合成到视频文件的 00：00：10：00 至 00：00：20：00 的位置；再将第一方案的声音文件同步合成到视频文件的 00：00：20：00 至 00：00：30：00 的位置；依此顺序重复混接。在监听环境下进行声音对比，分析、判断不同话筒录制的对白能否按顺序混接，并撰写声音分析报告。

4. 声音分析报告（见表 2－2）

表 2－2　声音分析报告

	音色	频率特征	空间特征	环境声声强
Sennheiser EW 112P G4 无线话筒				
Rode NTG3 枪式话筒				
结论：				

备注：音色分析指声音的整体品质，是人对组成声音的各个物理成分的感受的混合。音色是一个全局概念，或是声音的总体特征。① 频率特征分析指声音各频率成分的能量分布，其反馈到人耳所造成的刺耳、明亮、厚重、低沉等主观感受。空间特征分析指声音信号重放时，声音元素内在地包含了空间环境的信息，使听音者能够辨识声场的大致物理尺寸，如大厅、走廊、玻璃房等。

2.3.3　防风罩抑制风噪测试

1. 实验目的

一是测试话筒对风的敏感度；

---

① William Moylan. 混音艺术与创作[M]. 吴潇思，熊思鸿译. 北京：人民邮电出版社，2010：19.

二是测试防风罩抑制风噪的效果。

2. 实验器材

音频器材：Rode NTG3 枪式话筒、ZOOM H6 录音机、话筒杆、话筒防风三件套、监听耳机、音频线材。

编辑软件：Adobe Audition 音频编辑软件。

其他：电风扇。

3. 实验设计

设计一段个人独白场景（室内），使用 Rode NTG3 枪式话筒拾音，声音信号记录在 ZOOM H6 录音机中。开启电风扇，声源距离电风扇约 60 厘米，根据现场情况确定好话筒的拾音距离和录音机的增益大小，分两次录音（相关参数保持不变）：第一次录音，话筒不装配防风罩和防风毛衣；第二次录音，话筒装配防风罩和防风毛衣。将两次录音文件导入 Adobe Audition 音频编辑软件，在监听环境下进行声音对比，并撰写声音分析报告。

4. 声音分析报告（见表 2－3）

表 2－3　声音分析报告

	人声清晰度	风噪声大小
第一次录音		
第二次录音		
结论：		

2.3.4　话筒离轴录音测试

1. 实验目的

一是了解枪式话筒拾音的主轴方向（灵敏度最高）；

二是分析、对比话筒主轴方向拾音与“零输出”方向（灵敏度最低）拾音的对白音色。

2. 实验器材

视频器材：Sony Alpha 7S 微单相机、三脚架、便携式 LED 灯。

音频器材：Rode NTG3 枪式话筒、ZOOM H6 录音机、话筒杆、话筒防风三件套、监听耳机、音频线材。

编辑软件：Adobe Premiere Pro 视频编辑软件。

3. 实验设计

设计一段个人独白场景(室外)，演员按照固定路线匀速行走，景别为中景，使用运动镜头跟拍。使用 Rode NTG3 枪式话筒拾音，将声音信号记录在 ZOOM H6 录音机中。使用 Sony Alpha 7S 微单相机录制视频信号，尺寸为 1 920×1 080，帧速率为 25 p，拍摄时长约 1 分钟。分三次摄录(相关参数保持不变)：第一次录制，将话筒的主轴方向对准声源拾音；第二次录制，将话筒的主轴方向略偏离声源(离轴录音)拾音；第三次录制，将话筒的零输出方向对准声源拾音。

音视频摄录完成后，在 Adobe Premiere Pro 视频编辑软件中将三组音视频文件同步、合成。在监听环境下进行声音对比，并撰写声音分析报告。

4. 声音分析报告(见表 2-4)

表 2-4　声音分析报告

	人声清晰度	频率特征	环境声声强
第一次录音(主轴方向)			
第二次录音(离轴方向)			
第三次录音(零输出方向)			
结论：			

2.3.5　不同的拾音距离录音测试

1. 实验目的

一是分析、对比不同拾音距离录制的人声音色；

二是探析拾音距离与混响大小的关系；

三是探析拾音距离对录音质量的影响。

2. 实验器材

视频器材：Sony Alpha 7S 微单相机、三脚架、便携式 LED 灯。

音频器材：Rode NTG3 枪式话筒、ZOOM H6 录音机、话筒杆、话筒防风三件套、监听耳机、音频线材。

编辑软件：Adobe Premiere Pro 视频编辑软件。

3. 实验设计

设计一段个人独白场景(室内)，景别为中景，运用固定镜头或运动镜头。使用 Rode NTG3 枪式话筒拾音，声音信号记录在 ZOOM H6 录音机中。使用 Sony Alpha 7S 微单相机录制视频信号，尺寸为 1 920×1 080，帧速率为 25 p，拍摄时长约 1 分钟。分三次摄录(相关参数保持不变)：第一次录制，话筒距离声源约 30 cm 拾音，录音机的增益在不失真的前提下要尽可能地大；第二次录制，录音机的增益值保持不变，话筒距离声源约 100 cm 拾音；第三次录制，录音机的增益值保持不变，话筒距离声源约 200 cm 拾音。

音视频摄录完成后，在 Adobe Premiere Pro 视频编辑软件中将三组音视频文件同步、合成。在监听环境下进行声音对比，并撰写声音分析报告。

4. 声音分析报告(见表 2-5)

表 2-5　声音分析报告

	人声清晰度	环境声声强	混响量大小
第一次录音 (拾音距离为 30 cm)			
第二次录音 (拾音距离为 100 cm)			
第三次录音 (拾音距离为 200 cm)			
结论：			

2.3.6 不同的增益控制录音测试

1. 实验目的

一是分析、对比录音机不同增益值录制的人声音色；

二是探析增益对录制声音质量的影响。

2. 实验器材

视频器材：Sony Alpha 7S 微单相机、三脚架、便携式 LED 灯。

音频器材：Rode NTG3 枪式话筒、ZOOM H6 录音机、话筒杆、话筒防风三件套、监听耳机、音频线材。

编辑软件：Adobe Audition 音频编辑软件、Adobe Premiere Pro 视频编辑软件。

3. 实验设计

设计一段个人独白场景(室内)，景别为中景，使用固定镜头或运动镜头。使用 Rode NTG3 枪式话筒拾音，声音信号记录在 ZOOM H6 录音机中。使用 Sony Alpha 7S 微单相机录制视频信号，尺寸为 1 920×1 080，帧速率为 25 p，拍摄时长约 1 分钟。分三次摄录：第一次录制，话筒距离声源约 50 厘米拾音，录音机的增益在不失真的前提下要尽可能地大；第三次录制，拾音距离保持不变，适当衰减录音机的增益；第三次录制，拾音距离保持不变，再次适当衰减录音机的增益。

音视频摄录完成后，在 Adobe Audition 音频编辑软件中将三次录制的声音文件进行标准化处理，使声音文件在大致相同的响度范围内进行对比，具体操作：执行菜单“效果>振幅与压限>标准化”，弹出“标准化”窗口，点选“dB”，输入 dB 值为−6，点击“应用”。在 Adobe Premiere Pro 视频编辑软件中将三个音视频文件同步、合成。在监听环境下进行声音对比，并撰写声音分析报告。

4. 声音分析报告(见表 2-6)

表 2-6 声音分析报告

	直达声声强	环境声声强	混响量大小
第一次录音(增益设为最大值)			
第二次录音(增益设为中间值)			

续　表

	直达声声强	环境声声强	混响量大小
第三次录音(增益设为最低值)			
结论:			

2.3.7　双增益录音实验

1. 实验目的

掌握同一声源以两个增益值同时录音的方法。

2. 实验器材

视频器材：Sony Alpha 7S 微单相机、三脚架、便携式 LED 灯。

音频器材：Rode NTG3 枪式话筒、ZOOM F8n 多轨录音机、话筒杆、话筒防风三件套、监听耳机、音频线材。

编辑软件：Adobe Premiere Pro 视频编辑软件。

3. 实验设计

设计一段个人独白场景(室内),景别为中景,使用固定镜头或运动镜头。使用 Rode NTG3 枪式话筒拾音,声音信号记录在 ZOOM F8n 多轨录音机中,在 ZOOM F8n 的菜单中设置"两路音轨以不同电平(增益)进行同时录音"。使用 Sony Alpha 7S 微单相机录制视频信号,尺寸为 1 920×1 080,帧速率为 25 p,拍摄时长约 1 分钟。音视频摄录完成后,在 Adobe Premiere Pro 视频编辑软件中将两个声音文件分别同步、合成,在监听环境下进行声音对比。

2.3.8　不同空间场景录音音色对比

1. 实训目的

一是了解不同空间场景录音的声音特征;

二是探析空间场景中影响声音音色的因素。

2. 实验器材

视频器材：Sony Alpha 7S 微单相机、三脚架、便携式 LED 灯。

音频器材：Rode NTG3 枪式话筒、ZOOM H6 录音机、话筒杆、话筒防风三件套、监听耳机、音频线材。

编辑软件：Adobe Premiere Pro 视频编辑软件。

3. 实验设计

设计一段个人独白场景，景别为中景，使用固定镜头或运动镜头。使用 Rode NTG3 枪式话筒拾音，声音信号记录在 ZOOM H6 录音机中。使用 Sony Alpha 7S 微单相机录制视频信号，尺寸为 1 920×1 080，帧速率为 25 p，拍摄时长约 1 分钟。声音录制设置相同的录音机参数、拾音距离等，以拾取不同空间场景的声学特性。分别在以下空间场景录音：一是 80 平方米的无人教室；二是 80 平方米安静的有人教室；三是 50 平方米的无人教室；四是 50 平方米安静的有人教室；五是 20 平方米的普通房间；六是狭长楼道；七是录音棚；八是校园操场。

音视频摄录完成后，在 Adobe Premiere Pro 视频编辑软件中将八组音视频文件进行同步、合成。在监听环境下进行声音对比，并撰写声音分析报告。

4. 声音分析报告(见表 2-7)

表 2-7　声音分析报告

	人声清晰度	环境声声强	混响量大小
80 平方米的无人教室			
80 平方米安静的有人教室			
50 平方米的无人教室			
50 平方米安静的有人教室			
20 平方米的普通房间			
狭长楼道			
校园操场			
结论：			

2.3.9　高噪声环境下录音解决方案实验

1. 实验目的

探析高噪声环境下的录音解决方案。

2. 实验器材

视频器材：Sony Alpha 7S 微单相机、三脚架、便携式 LED 灯。

音频器材：Rode NTG3 枪式话筒、Sennheiser EW 112P G4 无线话筒、ZOOM H6 录音机、话筒杆、话筒防风三件套、监听耳机、音频线材。

编辑软件：Adobe Premiere Pro 视频编辑软件。

3. 实验设计

设计一段个人独白，拍摄场地在喧闹的菜市场，景别为中景，使用固定镜头或运动镜头。使用 Sony Alpha 7S 微单相机录制视频信号，尺寸为 1 920×1 080，帧速率为 25 p，拍摄时长约 1 分钟，声音录制同时采用以下两种方案：一是使用 Sennheiser EW 112P G4 无线话筒拾音；二是使用 Rode NTG3 枪式话筒拾音，两个话筒的声音信号都记录到 ZOOM H6 录音机中。

音视频摄录完成后，在 Adobe Premiere Pro 视频编辑软件中分别将第一、第二方案的声音文件与视频文件进行合成。在监听环境下进行声音对比，并撰写声音分析报告。

4. 声音分析报告(见表 2－8)

表 2－8　声音分析报告

	人声清晰度	环境声声强
无线话筒拾音 Sennheiser EW 112P G4		
枪式话筒拾音 Rode NTG3		
结论：		

第 3 章
声音剪辑

为了便于讲解说明，本章将后缀为“.wav”“.aiff”“.mp3”等媒体文件称为音频文件；将后缀为“.sesx”文件称为“工程文件”；在“波形编辑模式”下，将“编辑器”的音频数据称为“波形”；在“多轨混音模式”下，将“编辑器”的音频数据称为“区段”或“区段波形”。

3.1 Audition 操作基础

3.1.1 工作界面

Adobe Audition(以下简称 Audition)的工作模式分为“波形编辑模式”和“多轨混音模式”，界面主要包括标题栏、菜单栏、工具面板、文件面板、效果组面板、收藏夹面板、编辑器面板、属性面板、传输面板、电平面板、状态栏等，如图 3-1、图 3-2 所示。

Audition 的界面布局可以根据用户需求切换不同的工作区，执行菜单“窗口＞工作区”，预设的工作区有传统、简单编辑、响度、基本视频混音、母带处理与分析、高级混音、默认等场景，不同的工作区配置不同的功能面板，如图 3-3 所示。

用户可以根据使用习惯在工作区新增、删除、浮动某个面板，也可以自定义界面布局并存储为新的工作区预设。

3.1.1.1　新增面板

在“默认”工作区增加“标记面板”，执行菜单“窗口＞标记面板(勾选)”，如图 3-4 所示。

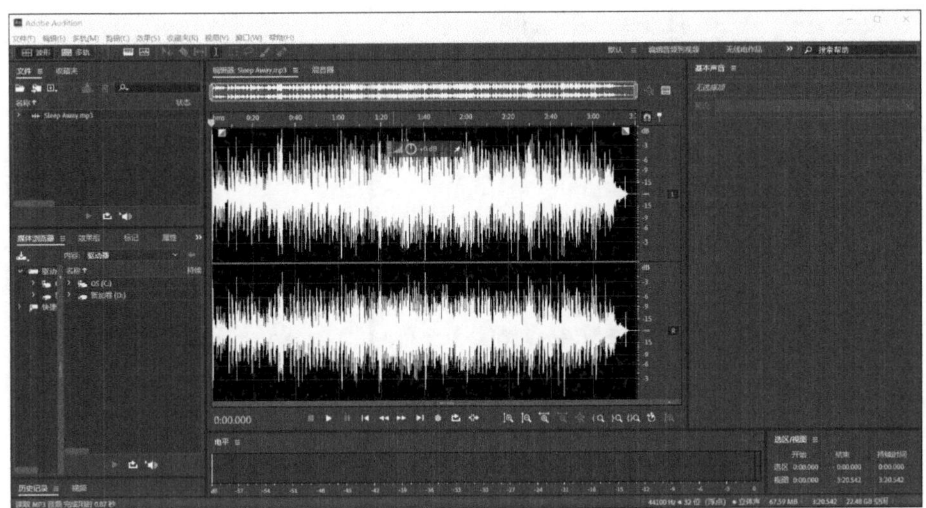

图 3 - 1　**Audition 工作界面(波形编辑模式)**

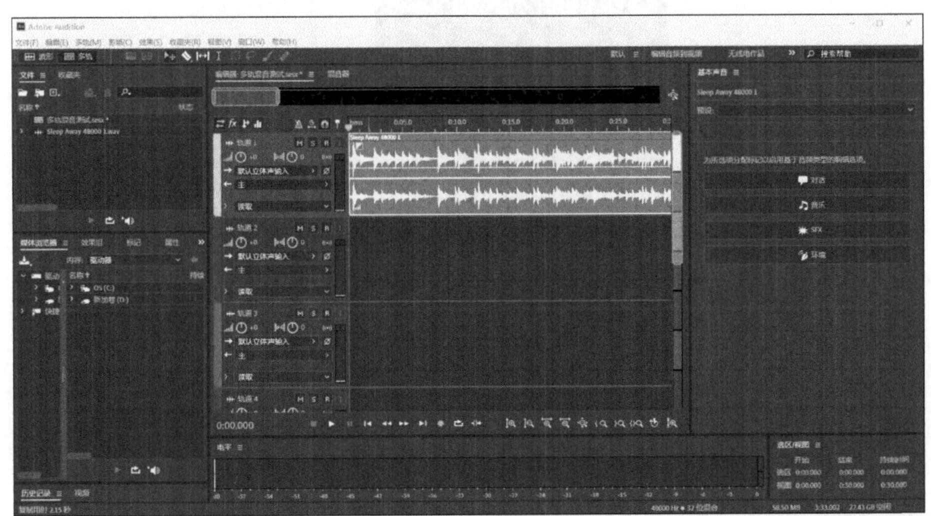

图 3 - 2　**Audition 的工作界面(多轨混音模式)**

3.1.1.2　删除面板

在"默认工作区"删除"编辑器面板",执行菜单"窗口＞编辑器(取消勾选)",如图 3 - 5 所示(方法 1);或者单击面板名称为右侧 ☰ 的按钮,选择"关闭面板",如图 3 - 6 所示(方法 2)。

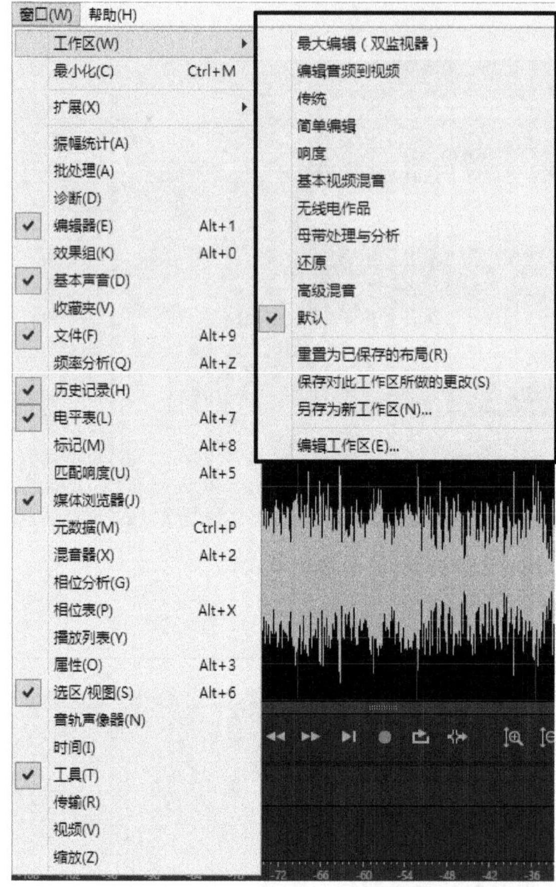

图 3－3　Audition 预设的工作区(默认)

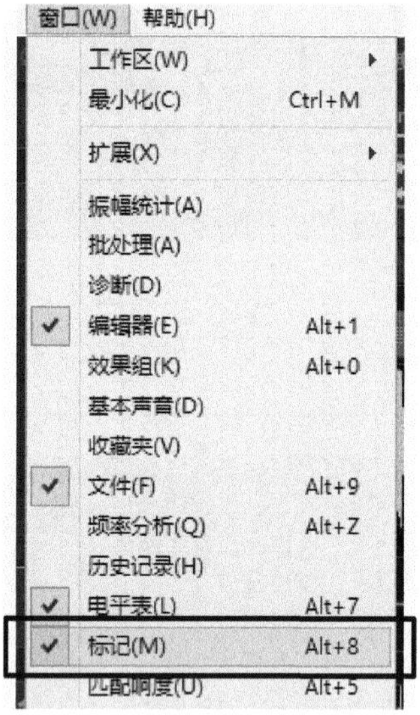

图 3－4　新增面板(标记面板)

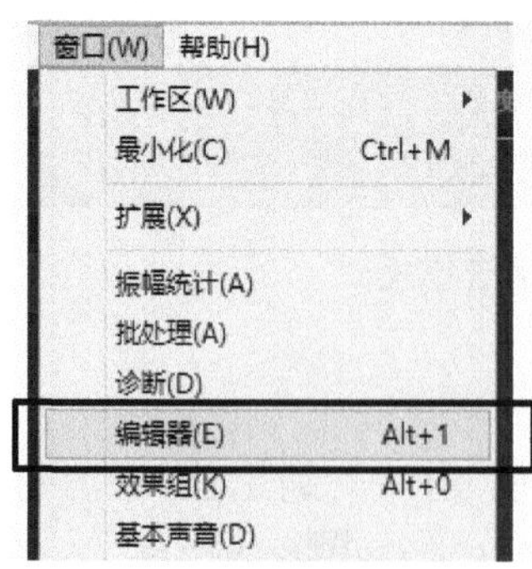

图 3－5　删除面板(方法 1)

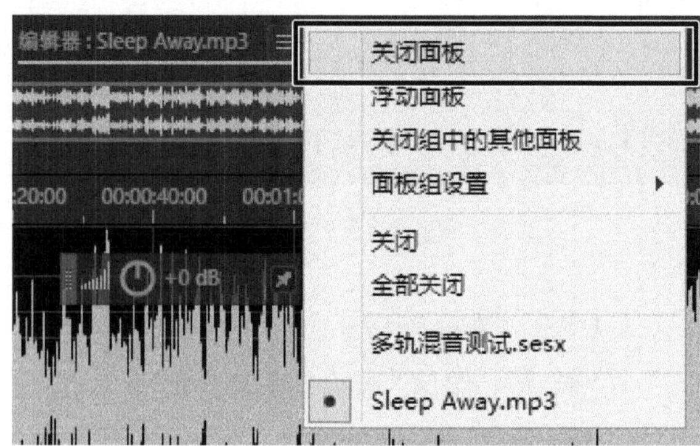

图 3－6　删除面板(方法 2)

3.1.1.3　浮动面板

单击面板名称为右侧 ☰ 按钮，选择“浮动面板”，该面板即可悬浮于背景界面之上，如图 3－7 所示。

图 3－7　浮动面板

3.1.1.4　新建工作区

当用户自定义界面布局后，可执行菜单“窗口＞工作区＞另存为新工作区＞‘新建工作区’窗口＞名称（自定义）”，如图 3－8 所示。

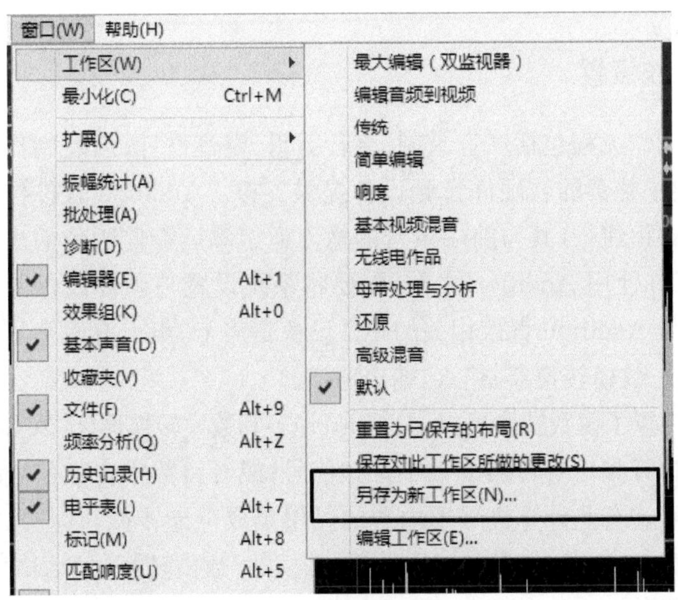

图 3－8　新建工作区

3.1.1.5 重置为已保存的布局

如果用户不满意自己设定的界面布局，还可以还原到初始界面状态，执行执行菜单“文件>窗口>重置为已保存的布局”，如图 3－9 所示。

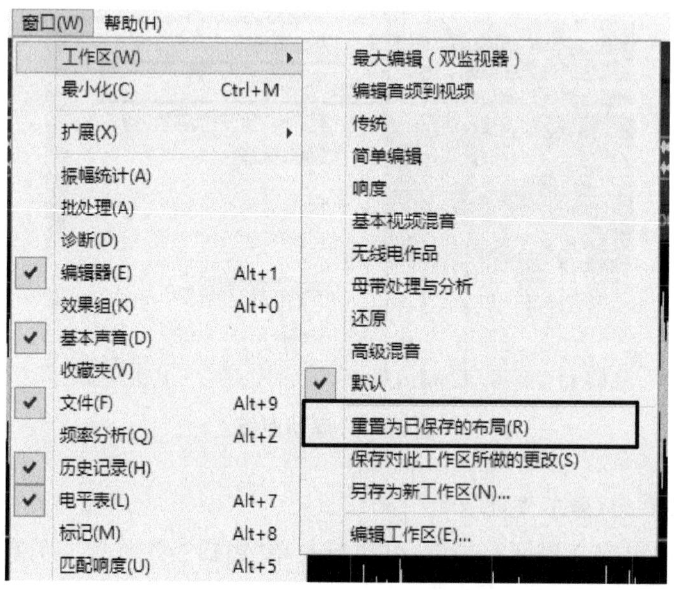

图 3－9 重置为已保存的布局

3.1.2 系统设置

声音制作流程包括声音录制、声音剪辑、声音设计、声效制作和后期混音，这需要一整套的软硬件音频设备提供支撑。Audition 软件作为声音制作系统的中枢纽带，其与前端录音的输入通道和后端监听的输出通道相关联。因此，在使用 Audition 之前，需要将系统设置与硬件设备匹配才能正常工作。与 Audition 直接相关的硬件设备是声卡，声卡有两个重要的技术配置：模数/数模转换器、输入/输出通道。

声卡内置了模数转换器(A/D Converter)和数模转换器(D/A Converter)，它们将模拟音频信号转换成数字音频信号；或者将数字音频信号转换成模拟音频信号。有些计算机采用内置的民用集成声卡转换，有些采用外置的专业音频声卡（也称“音频接口”）转换，其模数/数模转换的精细度与声音的音质直接相关。

声卡输入通道与输出通道的数量决定了其能使用的工作场景。一般情况下，集成声卡有一路（或两路）输入通道，即集成声卡至少能支持一个话筒录音；而专业音频声卡通常具备多路输入通道，能适应乐队录音、多人话剧表演等工作场景。同时，声卡需要支持两路输出才能适应基本需求，因为日常生活的听音环境大多是双声道制式，即两个扬声器或一对耳机。多路输出既能满足双声道制式，又能满足多声道制式。例如，家庭影院或商业影院大多采用5.1及以上的环绕声道，既能支持双声道立体声片源，又能支持多声道环绕立体声片源。

在进行系统设置时，Audition需要识别声卡的输入通道，以便在录音时选择对应的通道号（对应前端连接的话筒）。例如，声卡有1、2、3、4号输入通道，当选择声卡的3号通道进行录音时，话筒必须连接3号通道，Audition的录音轨道也必须选择3号通道，否则录制不到任何信号。值得注意的是，话筒通道与轨道通道不匹配是很多录音学员常犯的错误。另外，Audition还需要识别声卡的输出通道，以便选择不同的监听设备。例如，录音师的监听音箱、歌手返听耳机（伴奏）、5.1环绕立体声与双声道立体声音箱切换等。

由于本章的主要内容是声音剪辑，不涉及多路输入信号录制和多声道输出监听。因此，本章案例采用民用集成声卡Realtek Audio作为技术配置，Realtek Audio支持两路输入通道和两路输出通道。以下是Audition系统设置的具体操作步骤：

第一步，执行菜单“编辑＞首选项＞音频硬件”，弹出“首选项”窗口。如图3-10所示。

①“设备类型”指音频驱动。音频驱动是处理计算机、音频软件和音频硬件之间信息交流的协议，Audition默认的音频驱动是MME（多媒体扩展）。②“默认输入”指当Audition录音时，输入通道会自动选择“麦克风”（Realtek Audio）录制。③“默认输出”指当Audition播放音频文件时，输出通道会自动选择“扬声器/听筒”（Realtek Audio）播放。④“等待时间”指延迟时间，默认值为200毫秒。延迟是因为模数/数模转换需要运算时间，当延迟时间数值较大时，剪辑师会明显感觉到从扬声器听到的声音比播放指示器播放的位置延后很多，在一定程度上影响了工作效率；当延迟时间数值较小时，剪辑师会感觉到从扬声器听到

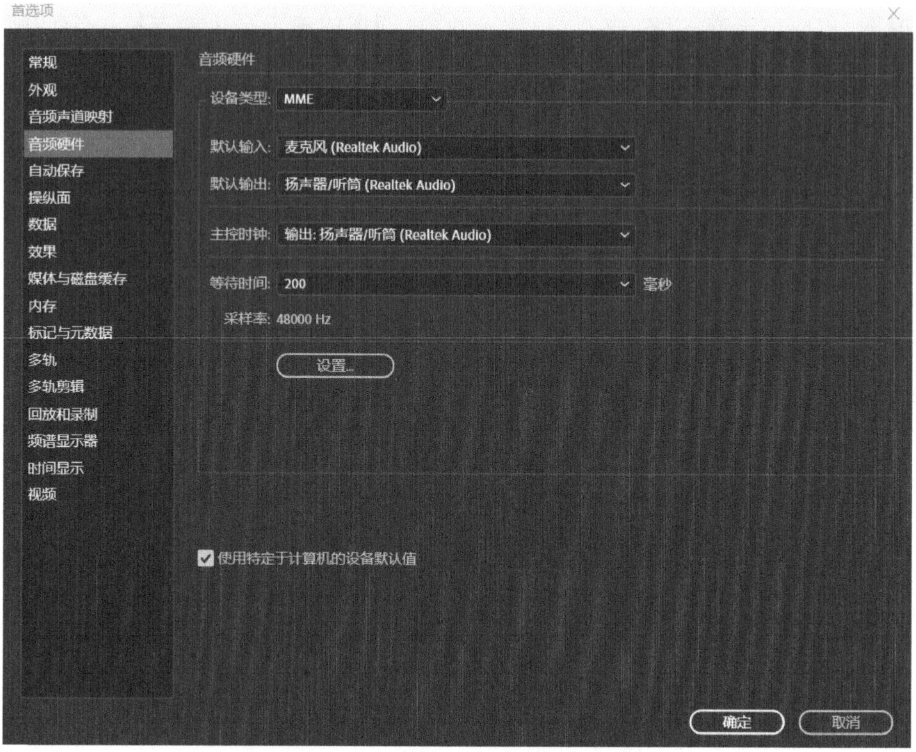

图 3－10 “首选项—音频硬件”窗口

的声音与播放指示器播放的位置同步，但这会增强了运算负担和系统的不稳定性。因此，剪辑师会权衡工作效率与运算负担，从而设定一个中间值。⑤“采样率”指模数/数模转换的采样频率和量化精度（位深度）。高采样率能提高信号的保真度，专业音频领域通常采用 48 000 Hz、24 bit。

第二步，点击“设置”按钮，弹出“声音”窗口，点击“录制”按钮，窗口会显示所有的输入通道，选择“麦克风”，点击“设为默认值”，“麦克风”显示为默认设备，如图 3－11 所示。

点击“麦克风”，再点击“属性”按钮，会弹出“麦克风属性”窗口，点击“高级”按钮，在“默认格式”下，下拉菜单中选择“2 通道，24 位，48 000 Hz（录音室音质）”，点击“确定”。输入信号的采样频率变更为 48 000 Hz，量化精度（位深度）变更为 24 位，如图 3－12 所示。

图 3 - 11　“声音—录制”窗口

图 3 - 12　“麦克风属性—高级”窗口

第三步，在“声音”窗口点击“播放”按钮，窗口会显示所有的输出设备，选择“扬声器/听筒”，再点击“设为默认值”，“扬声器/听筒”显示为默认设备，如图 3－13 所示。

图 3－13 “声音—播放”窗口

点击“扬声器/听筒”，再点击“属性”按钮，弹出“扬声器/听筒属性”窗口，点击“高级”按钮，在“默认格式”下，下拉菜单中选择“24 位，48 000 Hz（录音室音质）”，点击“确定”。输出信号的采样频率变更为 48 000 Hz，量化精度（位深度）变更为 24 位，如图 3－14 所示。

3.1.3 快速入门案例

3.1.3.1 新建工程与声音录制

Audition 工作模式分为“波形编辑模式”和“多轨混音模式”。“波形编辑模式”是针对单个音频文件进行编辑处理；“多轨混音模式”是针对多个音频文件进行混音处理。“多轨混音模式”也可以对单个音频文件进行简单的编辑处理，但更加细致的编辑通常是在“波形编辑模式”下进行操作的。

图 3－14　“扬声器/听筒属性—高级”窗口

1. 波形编辑模式：创建音频文件与单轨录音

第一步，打开 Audition 软件，将工作区设置为“默认”场景，执行菜单“窗口＞工作区＞默认”。

第二步，执行菜单“文件＞新建＞音频文件”，弹出“新建音频文件”窗口。

第三步，将“文件名”设置为“波形编辑测试”，“采样率”设置为“48 000 Hz”，将“声道”设置为“Mono”(单声道)，将“位深度”设置为“24 位”(bit)，点击“确定”，如图 3－15 所示。此时“文件”面板显示新建的“波形编辑测试”文件及相关参数，“编辑器：波形编辑测试”面板显示空白的波形视图。

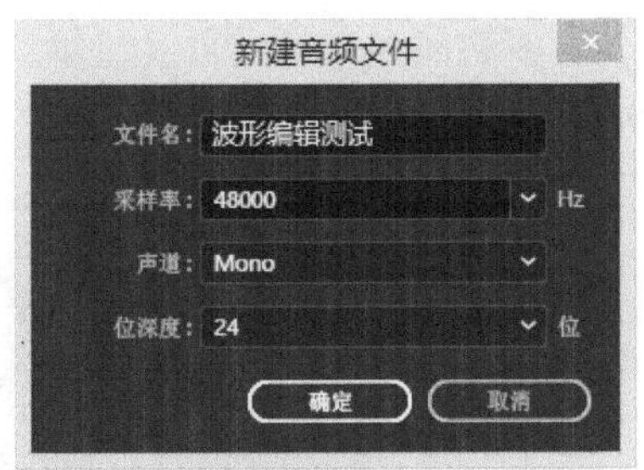

图 3－15　“新建音频文件”窗口

第四步，执行“编辑＞首选项＞音频硬件”，在“默认输入”选项选择“麦克风”，点击“确认”。点击“编辑器：波形编辑测试”面板下方的 “录制”按钮开始录音，点击 “停止”按钮结束录音，如图 3－16 所示。

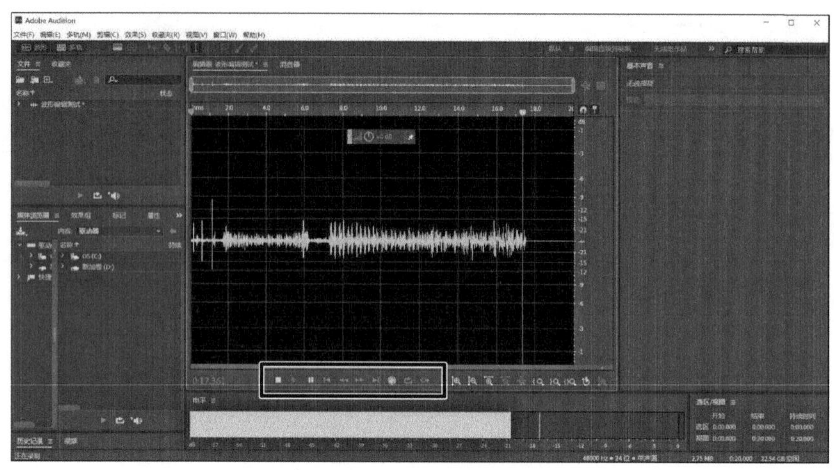

图 3－16　单轨录音测试

2. 多轨混音模式：创建混音工程与多轨录音

第一步，打开 Audition 软件，将工作区设置为“默认”场景，执行菜单“窗口>工作区>默认”。

第二步，执行菜单“文件>新建>多轨会话”，弹出“新建多轨会话”窗口。

第三步，将“会话名称”设置为“多轨混音测试”，“文件夹位置”设置为“桌面”，“采样率”设置为“48 000 Hz”，“位深度”设置为“24 位”，“主控”设置为“立体声”，点击“确定”，如图 3－17 所示。此时工作模式会切换至“多轨混音模式”，“文件”面板显示新建“多轨测试.sesx”文件及相关参数，“编辑器：多轨测试.sesx”面板显示空白的多轨视图。同时，Audition 会在计算机“桌面”建立名为“多轨测试”文件夹，以便进行项目管理。

图 3－17　“新建多轨会话”窗口

第四步，在“编辑器：多轨混音测试.sesx”面板点击“输入/输出”按钮。在轨道 1 的“输入”端口选择“单声道>[01M]麦克风(Realtek Audio)1”，在轨道 1 的“输出”端口选择“立体声>[01S]扬声器/听筒(Realtek Audio)1”。

第五步，点击轨道 1 的“录制准备”按钮，点击“编辑器：多轨混音测试.sesx”面板下方的“录制”按钮开始录音，点击“停止”按钮结束录音，如图 3－18 所示。

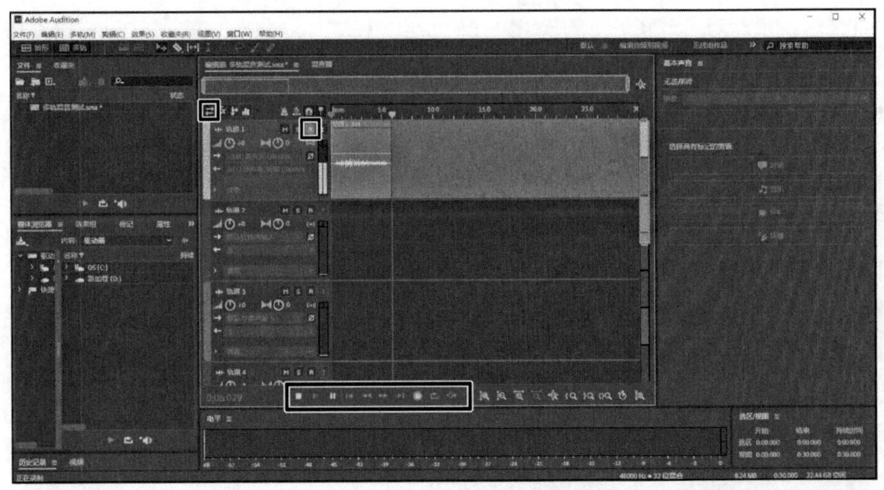

图 3－18　多轨录音测试

3.1.3.2　音频导入与基础编辑

Audition 可以通过麦克风收录声音，也可以直接导入音频素材进行波形编辑和多轨混音。

1. 波形编辑模式

执行菜单“文件>导入>文件”，选择需要导入的音频文件，点击“打开”，“编辑器”面板的“波形编辑区”会显示所选音频的波形，或者将鼠标移至“文件”面板区域，点击右键执行“导入”指令，选择需要导入的音频文件，如图 3－19 所示。

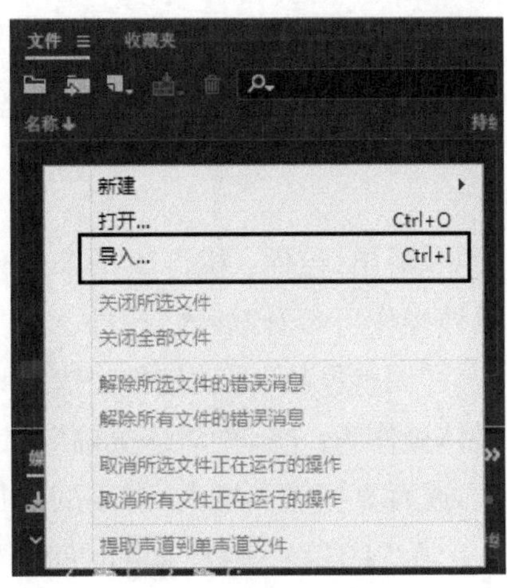

图 3－19　“导入”指令

“淡入”控件：执行该指令可使音频音量（振幅）随时间推移由小变大。具体操作为：用鼠标拖动“波形编辑区”左上角的“淡入”控件，横向拖动的距离决定了音量淡入的持续时间；纵向拖动的距离决定了音量淡入的“线性值”（加速、匀速、减速变化），松开鼠标即操作完毕。在操作过程中，波形以可视化效果显示音量变化的结果，如图 3－20 所示。

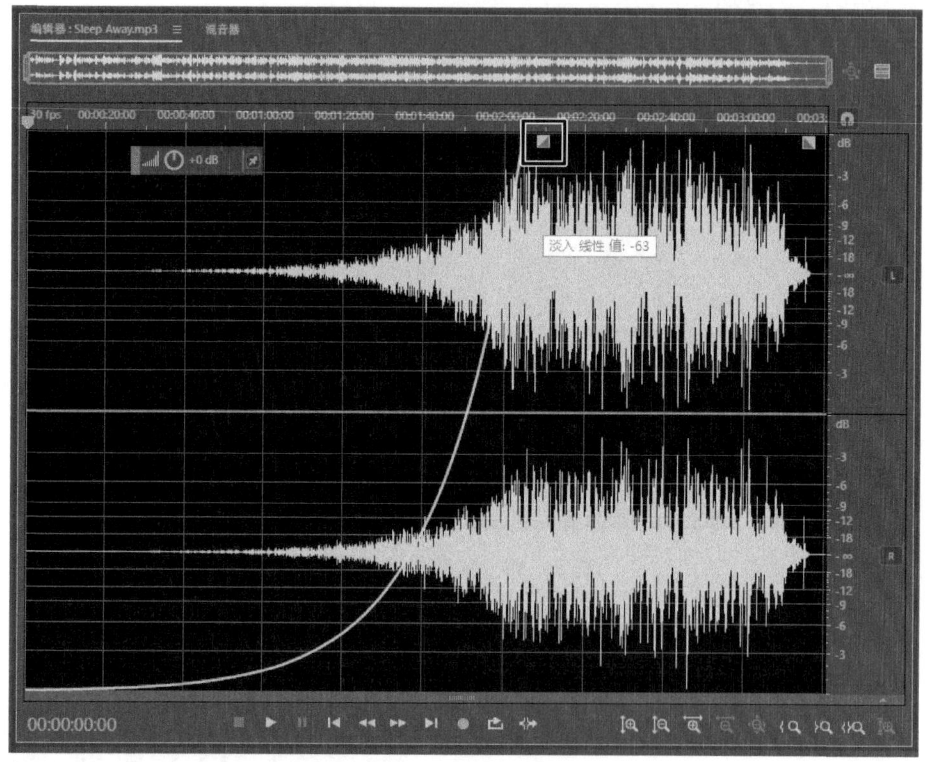

图 3－20 “淡入”控件

“淡出”控件：执行该指令可使音频音量（振幅）随时间推移由大变小。具体操作可参看“淡入”控件。

“调整振幅”浮动控件：执行该指令可使音频音量（振幅）变大或变小。具体操作为：拖动“调整振幅”旋钮，向左拖动，音量变小，向右拖动，音量变大，或者直接输入增大/减小的分贝值，如图 3－21 所示。

在“工具栏”选择“时间选择工具”，将鼠标移至“波形编辑区”框选部分区域，对“选取区域”的波形可以执行删除（Delete）、复制（ctrl＋C）等指令。

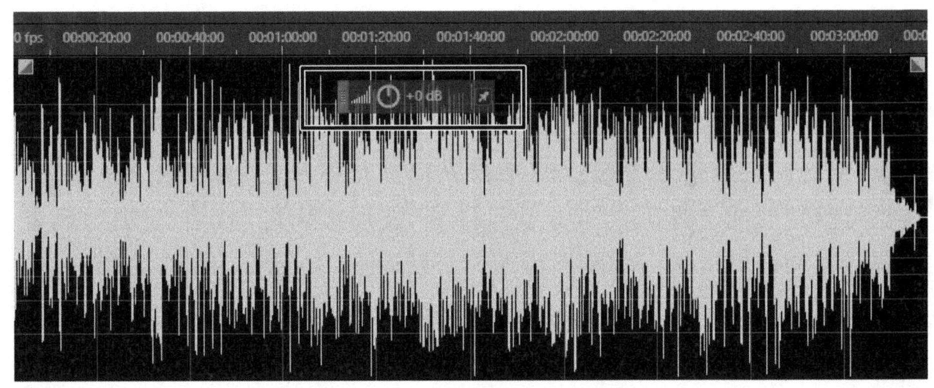

图 3－21　“调整振幅”浮动控件

2. 多轨混音模式

在“多轨混音模式”下，素材导入的方式与“波形编辑模式”相同，但需要将素材拖入相应的轨道中才能进行编辑。

“淡入”“淡出”命令：操作方式与“波形编辑模式”相同。但是，在“多轨混音模式”下，波形不会以可视化效果显示音量变化的结果，如图 3－22 所示。

图 3－22　“淡入”控件

轨道“音量”：在“多轨混音模式”下，单个轨道可以放置多个区段波形。当更改轨道“音量”时，该操作针对的是轨道内的所有区段波形。具体操作为：将鼠标移至“编辑器”面板轨道 1 的“音量”控制旋钮，向左拖动，音量变小，向右拖动，音量变大，或者直接输入增大/减小的分贝值，如图 3－23 所示。

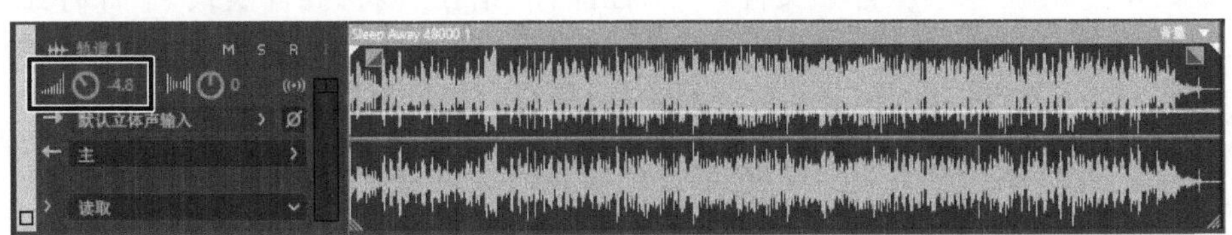

图 3－23　轨道“音量”

“选择轨道”：单击某个轨道的“轨道参数区”或“波形编辑区”即可选中该轨道，此时“轨道参数区”呈高亮显示。

“选取区域”：在“多轨混音模式”下，可以选择单个轨道的某段波形区域，也可同时选择多个轨道的某段纵向波形区域，具体操作为：在“工具栏”选择“时间选择工具”，将鼠标移至“波形编辑区”轨道1的区域，长按鼠标拖动即可框选一段波形范围；当鼠标框选轨道2的波形区域时，松开鼠标即选定两个轨道的纵向波形区域。将鼠标移至选区边界的位置，鼠标变成“双箭头”图标，拖动鼠标可更改选区的范围大小，如图3-24所示。对“选取区域”的波形可以执行删除（Delete）、复制（ctrl+C）等操作指令。

图3-24　选取区域

3.1.3.3　音频导出与工程保存

“音频导出”指将编辑好的工程导出成为音频文件，如WAV、MP3等格式的单声道或多声道音频文件。“工程保存”指在“多轨混音模式”下保存工程项目，以便对工程进行过程性管理，如暂存、备份、工程转移等，文件格式为“.sesx”。

1. 波形编辑模式：音频导出

在“波形编辑模式”下，对原音频文件进行编辑处理后才能激活“保存”指令。执行菜单“文件>保存”，弹出“Audition”窗口，点击“是”，编辑后的新音频文件会直接替换原音频文件。如果需要保留原音频文件，可执行菜单“文件>另存为”，弹出“另存为”窗口，可更改“文件名”“位置”“格式”“采样类型”，点击“确定”保存，如图 3-25 所示。

图 3-25 “另存为”窗口

2. 多轨混音模式：音频导出与项目保存

音频导出：执行菜单“文件>导出>多轨混音>整个会话”，“整个会话”指“编辑器”内有区段波形的整个时间范围，弹出“导出多轨混音”窗口。也可以导出选定时间范围，用“时间选择工具”在“波形编辑区”框选一段时间范围，执行菜单“文件>导出>多轨混音>时间选区”，弹出“导出多轨混音”窗口。两种导出方式都可以更改“文件名”“位置”“格式”“采样类型”等参数，点击“确定”即可导出音频文件，如图 3-26 所示。

项目保存：执行菜单“文件>保存”可保存工程文件。如果某些关联的音频文件并没有在工程文件夹内备份，当执行菜单“文件>保存”时，会弹出“Audition”窗口，询问是否要将工程文件夹之外的媒体文件复制到工程文件夹内。点击“是”，这些媒体文件将会被自动备份到工程文件夹中(有利于工程管理)，如图 3-27 所示。

如果需要保留之前的“.sesx”工程文件，可执行菜单“文件>另存为”，弹出“另存为”窗口，可更改“文件名”“位置”，如图 3-28 所示。

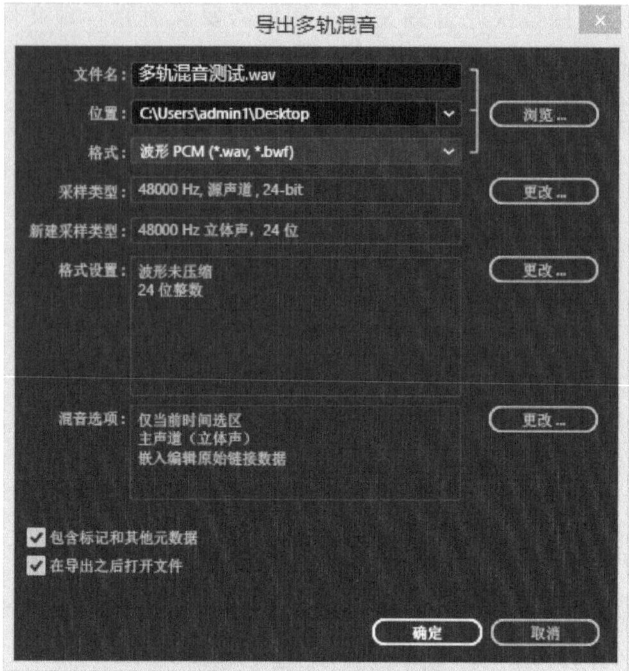

图 3－26　“导出多轨混音”窗口

图 3－27　“Audition”询问窗口

图 3－28　多轨混音模式“另存为”窗口

3.2　Audition 面板详解

在“窗口”菜单可以查看 Audition 软件所有的功能面板，进行勾选即可在主界面显示功能面板。功能面板集合了 Audition 软件的大部分操作指令，例如，编辑器面板提供了音频编辑、多轨混音功能；效果组面板能够提供效果器加载功能；电平表面板能够实时监测音频振幅变化等。下面按照“窗口”菜单的列表顺序，介绍一些常用的功能面板。

3.2.1　批处理面板

当用户需要对多个音频文件执行相同的操作处理时，可以采用批处理方式快速完成。例如，以相同的参数指令对多个音频文件执行降噪、淡入淡出、转换格式等。“批处理”面板如图 3－29 所示。

图 3－29　“批处理”面板

1.“ 添加文件”

添加需要批处理的音频文件。

2.“ 移除所选文件”

删除选择的音频文件。

3.“移除所有文件”

删除所有的音频文件。

4.“收藏”框

点击收藏框下拉菜单，可查看 Audition 软件提供的批处理操作预设，如标准化为－0.1 dB、电话语言、降调等，用户还可以自己进行批处理预设。详情可参看“3.3.11 录制批处理指令”。

5.“批处理文件区”

显示待处理的音频文件及相关参数，包括名称、采样类型、导出采样类型、导出名称、导出位置和导出格式。

6.“导出”选项

当处于“非勾选”状态时，点击“运行”，音频文件被批处理；当处于“勾选”状态时，“导出设置”被激活，点击“运行”，音频文件被批处理并导出生成新的音频文件。

7.“导出设置”

设置导出音频文件的名称(添加前缀/后缀)、位置、格式、采样类型、格式设置等，如图 3－30 所示。

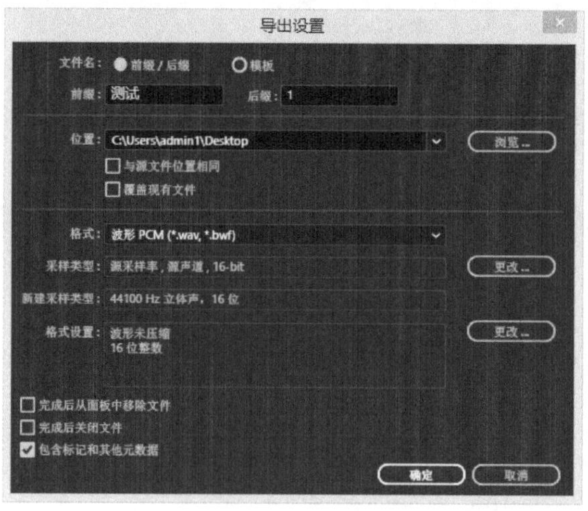

图 3－30 “导出设置”窗口

8.“撤销”

当执行批处理“运行”后，可点击“撤销”，即取消前一步操作指令。

9.“运行”

执行批处理指令。具体操作为：点击“添加文件”按钮，导入需要批处理的音频文件，在收藏框选择批处理预设，勾选“导出”，设置导出参数，点击“运行”，进行批处理。

3.2.2　波形编辑器面板

在“波形编辑模式”下，编辑器的主要功能是波形编辑。波形“编辑器”面板如图 3－31 所示。

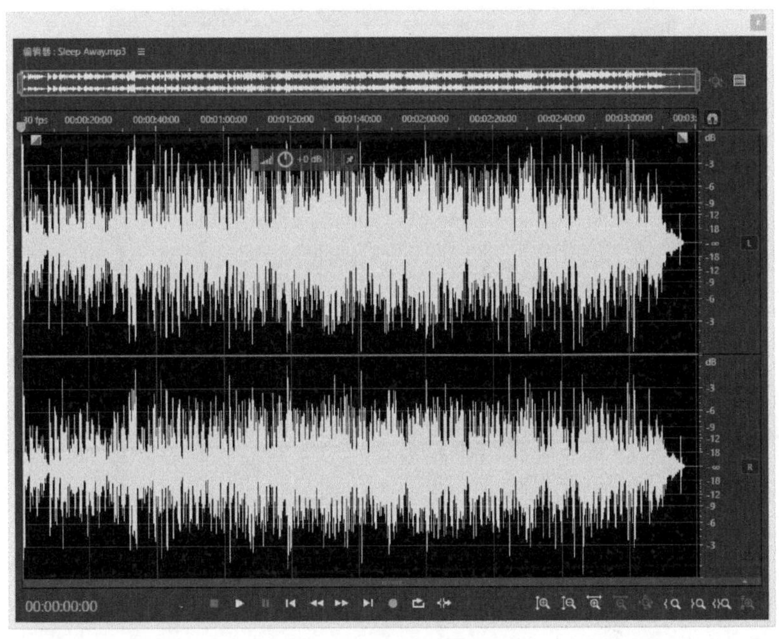

图 3－31　“编辑器”面板

1.“名称”

以“编辑器：素材名称”命名，以便让用户知道当前编辑的是哪个音频文件。

2.“横向缩略导航”

以缩略形式显示音频文件的整段波形，“灰色方框”范围代表“波形编辑区”当前显示的波形区域，可以让用户知道当前编辑区域在全局的位置。单击“横向缩略导航”右侧的“ 全部缩小（所有坐标）”按钮，显示音频全局范围，如图 3－32 所示。

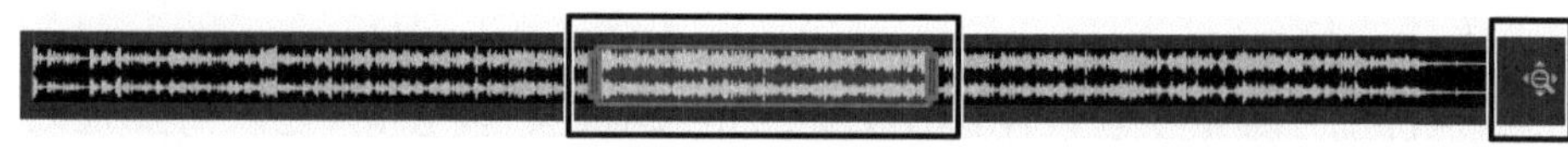

图 3-32　横向缩略导航

3. “时间标尺”

标示“波形编辑区”的时间轴，时间标尺支持多种格式，将鼠标移动至“时间标尺”区域范围，点击右键选择“时间显示”，进入下级菜单后可以选择多种时间格式，如 SMPTE 30 fps、时：分：秒：帧(30)等，如图 3-33 所示。

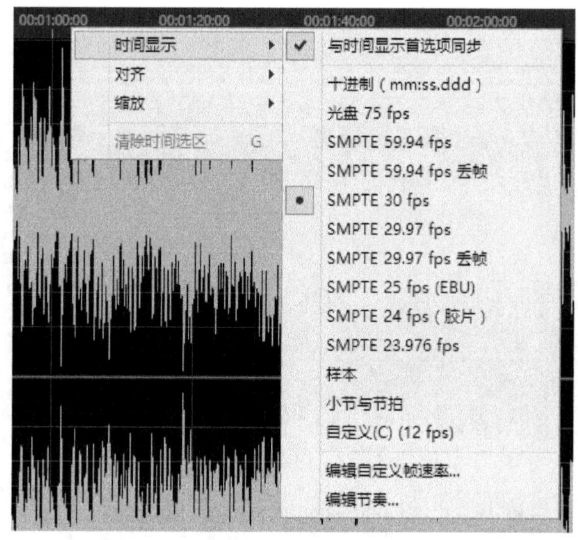

图 3-33　时间显示

将鼠标移至“时间标尺”区，滚动鼠标滚轮，可放大或收缩时间区间的显示范围。也可以在英文输入法的前提下，使用快捷键“＋”或“－”放大或收缩时间区间显示范围。

4. “振幅标尺”

标示波形振幅值，以 dBFS 为单位。数字音频的最大电平值是 0 dBFS，超过 0 dBFS 的信号会产生失真效果(瞬态失真听感不明显)，小于 0 dBFS 的振幅值采用负值表示，所以振幅标尺的默认显示范围为－∞～0 dBFS。将鼠标移至“振幅标尺”区，滚动鼠标滚轮，可放大或收缩振幅区间显示范围。单击“ 全部缩小(所有坐标)”按钮，振幅区间显示范围恢复为－∞～0 dBFS。

5.“波形编辑区”

波形显示及编辑区域。“波形编辑区”有一个“调整振幅”浮动控件，拖动旋钮可以增大或减小选区波形的振幅值。点击“全部缩小”按钮显示音频全局范围，“波形编辑区”的左上角和右上角会出现“淡入”“淡出”控件，拖动控件可产生音量淡入、淡出效果。具体操作可参看“3.1.3.2 音频导入与基础编辑”章节。

6.“时间”控件

与“时间面板”的功能相同，显示播放指示器所在位置的时间。在“时间”控件显示区点击右键可以更改时间格式，此操作会同步更改“时间标尺”的时间格式。详情可参看“3.2.14 时间面板”章节。

7.“传输”控件

与“传输面板”的功能相同，也称“走带控制”。主要有“停止”“播放”“暂停”“将播放指示器移到上一个”“快退”“快进”“将播放指示器移到下一个”“录制”“循环播放”等操作指令。详情可参看“3.2.16 传输面板”章节。

8.“缩放”控件

与“缩放面板”的功能相同，控制波形横向（时间）与纵向（振幅）显示的区间范围。有“放大（振幅）”“缩小（振幅）”“放大（时间）”“缩小（时间）”“全部缩小（所有坐标）”等操作指令，详情可参看“3.2.17 缩放面板”章节。

3.2.3 多轨编辑器面板

在多轨混音模式下，编辑器的主要功能是多轨混音及区段波形编辑，编辑器面板分为“轨道参数区”和“波形编辑区”两大部分。另外，多轨编辑器的“名称”“横向缩略导航”“时间标尺”“时间”控件、“传输”控件、“缩放”控件与波形编辑器功能相同，此处不再赘述。

3.2.3.1　轨道参数区（见图 3－34）

1.“轨道类型”

轨道类型分为音轨（单声道/立体声/5.1）、总音轨（单声道/立体声/5.1）、视频轨和主控轨，不同的图标代表不同的轨道类型。单击“轨道类型”图标可

图 3－34　轨道参数区

将轨道纵向缩放最小化。下面以“音轨”作为范例讲解：

2.“ 轨道名称”

双击“轨道名称”框可更改轨道名称。

3. M“静音”

单击“M”按钮，按钮呈绿色为激活状态，该轨道被静音，轨道内所有的区段波形呈灰色。

4. S“独奏”

单击“S”按钮，按钮呈黄色为激活状态，该轨道可以正常播放，但其他轨道被自动静音，区段波形呈灰色。

5. R“录制准备”

单击“R”按钮，按钮呈红色为激活状态，该轨道处于录制准备状态。当设置好该轨道的“输入/输出”端口后，点击“传输”控件的“录制”按钮即可进行录音。

6.“ 音量”控件

向左拖动“音量”旋钮可减小轨道音量，向右拖动“音量”旋钮可提升轨道音量。用户也可以双击参数框，输入数值，设定音量大小，数值范围为$-\infty \sim +15$。

7.“ 声像”控件

拖动“声像”旋钮，可将音轨声像定位在极左、左、中、右、极右。用户也可双击参数框，输入数值，设定声像定位，设定范围为L100～0～R100。

8.“ 合并到单声道”

单击“合并到单声道”按钮，按钮图标自动隐去一半且呈绿色表示被激活，此时音轨中的双声道立体声会被混合为单声道输出，音频中的所有声源定位会集中在中间。因此，只有立体声音轨才有此功能。值得注意的是，此功能需要在标准的监听环境下，通过声像效果对比才能分辨出处理前后的差异。

9.“ 极性反转”

极性反转指令可以将音轨波形在振幅轴向上整体反转，即波峰变成波谷，波谷变成波峰。单击“极性反转”按钮，按钮呈绿色为激活状态。

当同时播放两个单声道音频信号时，音量没有增大反而减小了，说明这两个音轨的信号极性相反，两者发生了相位抵消。激活其中一个音轨的“极性反转”功能，音量可恢复正常，如图3-35所示。

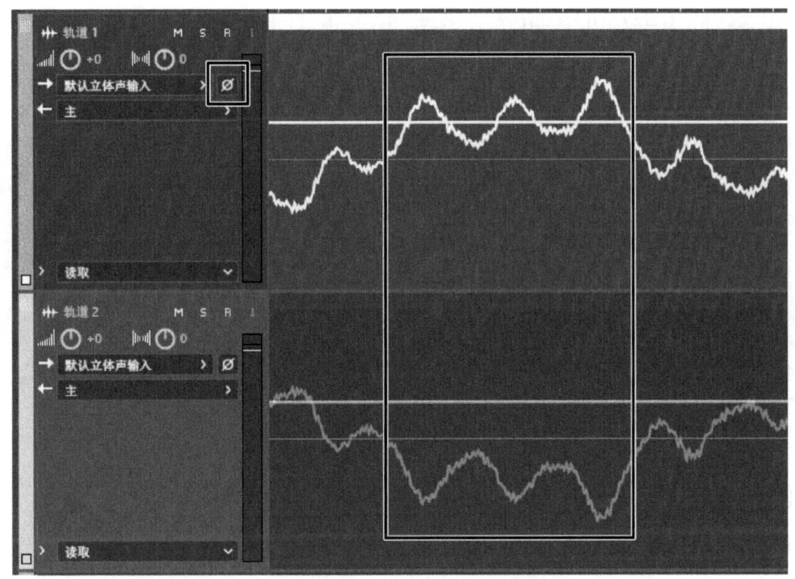

图 3－35　极性反转

10.“➡ 输入”框与“⬅ 输出”框

此选项需激活轨道“⇄ 输入/输出”总控件，单击按钮呈蓝色为激活状态，轨道参数区显示“输入”框与“输出”框。

“输入”框：对应声卡(硬件)输入端口，声卡输入端可外接麦克风。点击音轨“输入”框右侧的“＞”按钮，弹出下拉菜单，可选择指定的输入端口，如图 3－36 所示。

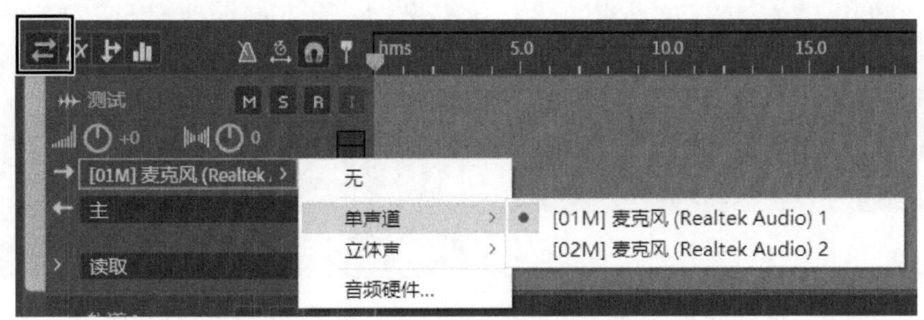

图 3－36　音轨输入设置

“输出”框：可将音轨输出至主控轨、总音轨或对应声卡(硬件)输出端口。在默认情况下，音轨输出至主控轨，然后由主控轨输出至对应声卡(硬件)输出端口,声卡输出端可外接扬声器。点击主控轨“输出”框右侧的“>”按钮,弹出下拉菜单,可选择指定的输出端口,如图 3－37 所示。

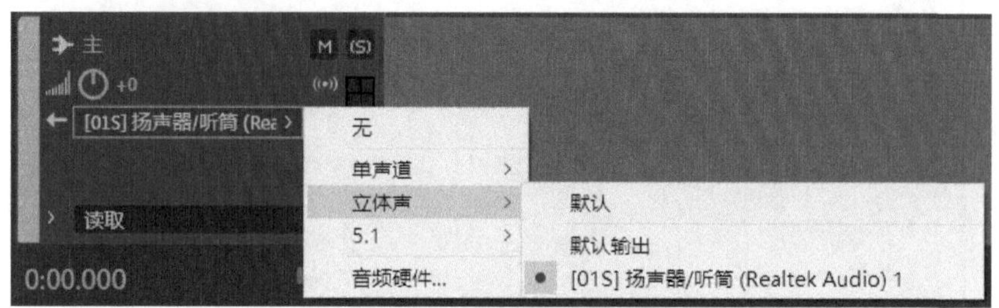

图 3－37　主控轨输出设置

11. “效果组”控件

此选项须激活轨道“fx 效果”总控件,单击按钮呈蓝色为激活状态,轨道参数区显示“效果组”控件,如图 3－38 所示。“效果组”控件的具体操作请参看“3.2.4 效果组面板”章节。

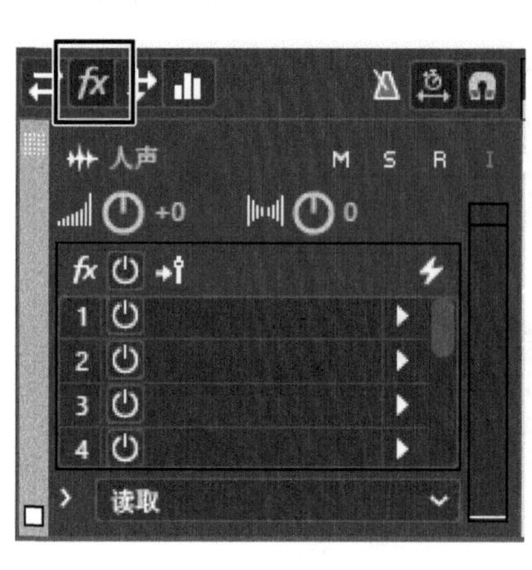

图 3－38　“效果”控件

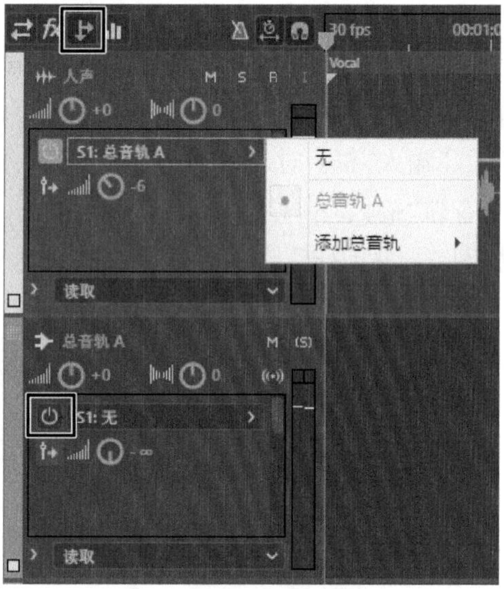

图 3－39　“发送”控件

12. “发送”控件

此功能需激活轨道“ 发送”总控件,单击按钮呈蓝色为激活状态,轨道参数区显示“发送”控件。

“发送”控件主要用于以并联方式添加效果器，例如为人声音轨添加“混响”效果：新建立体声“总音轨 A”，激活“发送”总控件，点击人声音轨“发送”框右侧的“>”按钮，弹出下拉菜单，将信号发送至“总音轨 A”，在“总音轨 A”插入混响效果器，如图 3 - 39 所示。播放人声音轨，此时听到的是原音轨声音与总音轨混响效果声音的混合声。

单个音轨支持将信号发送至 16 个“总音轨”，每个“发送”控件有独立的“ 开关”按钮，可选择开启或关闭发送信号。拖动旋钮，可以控制音轨信号的发送量。

13. “EQ”效果器控件

此功能需激活轨道“ EQ”总控件，按钮呈蓝色为激活状态，轨道参数区显示“EQ”效果器控件，如图 3 - 40 所示。

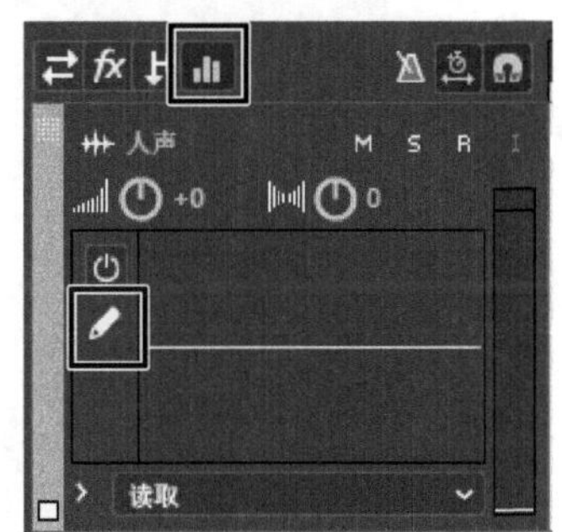

图 3 - 40　“EQ”效果器控件

Audition 为每个音轨添加了“EQ”效果器（快速通道），点击“ 开关”按钮可开启或关闭 EQ 效果器。单击“EQ”画笔或双击图示区，会弹出“音轨 EQ”窗口，调节参数可以改变高、中、低频能量的比例，从而改变声音的音色，如图 3 - 41 所示。

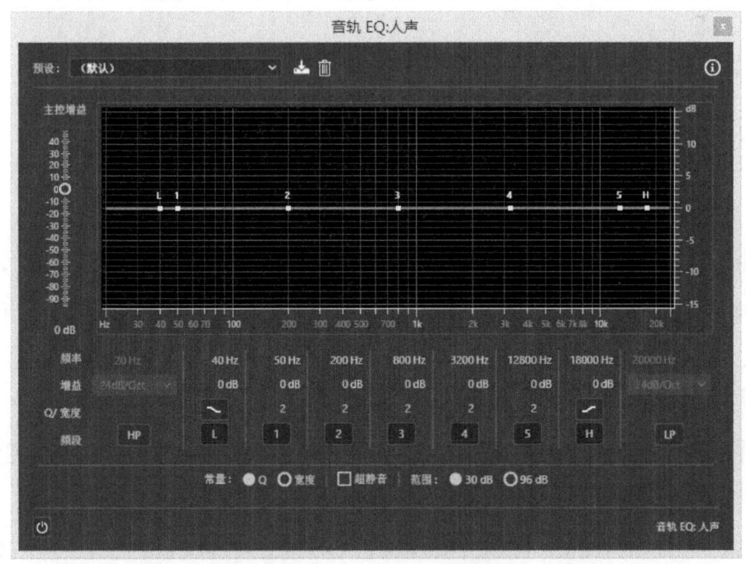

图 3 - 41　“EQ”效果器窗口

14.“自动混音”控件

Audition 通过相关协议可以与关联的硬件控制器交换数据，硬件控制器发送音量、声像等指令，Audition 可以记录、读取相关数据。激活轨道“输入/输出”总控件，点击“自动混音”框右侧的“v”按钮，弹出下拉菜单，可以选择“关”“读取”“写入”“闭锁”“触动”五种控制模式，如图 3－42 所示。

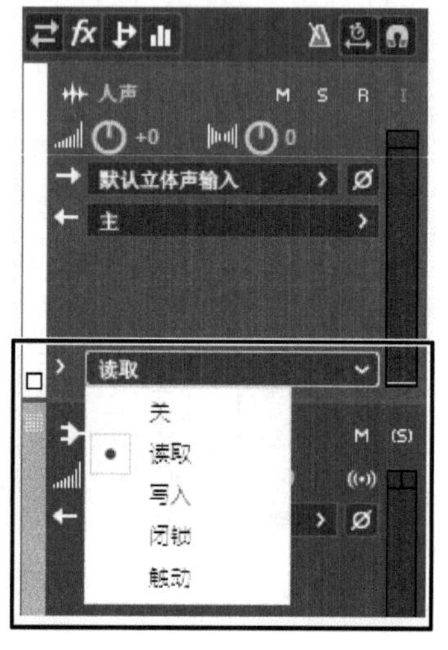

图 3－42 “自动混音”控件

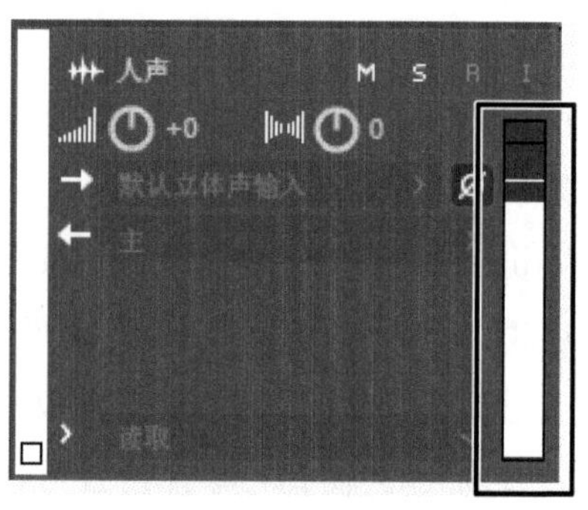

图 3－43 电平表

15.“电平表”

实时监控输入、输出信号振幅峰值。如果振幅值超过 0 dBFS，过载指示灯红色常亮显示表示警示信号失真，使用鼠标单击过载指示灯即可关闭，如图 3－43 所示。

当音轨播放单声道音频文件时，只有一条电平柱；当音轨播放双声道音频文件时，有两条电平柱，分别对应左、右声道；当音轨播放 5.1 音频文件时，有六条电平柱，分别对应前左、中置、前右、左环绕、右环绕和超低音声道。

16.“音轨颜色”控件

单击“音轨颜色”控件的小方框，会弹出“音轨颜色”窗口，可更改音轨颜色。如图 3－44、图 3－45 所示。将鼠标移至“音轨颜色”条，鼠标变成“抓手”工具，拖动音轨可改变音轨的排列顺序。

在默认情况下，同一音轨中的区段波形颜色与音轨颜色相同，但也可以通过“属性”面板改变某个区段波形的颜色。

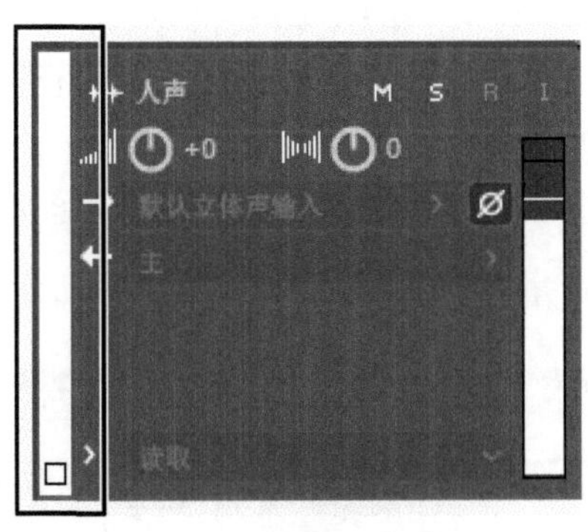

图 3－44　“音轨颜色”控件

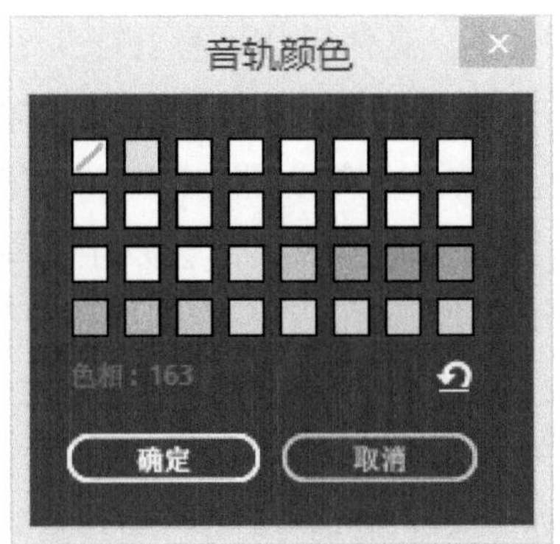

图 3－45　“音轨颜色”窗口

3.2.3.2　波形编辑区

1. “区段波形名称”

显示区段波形的名称，如图 3－46 所示。

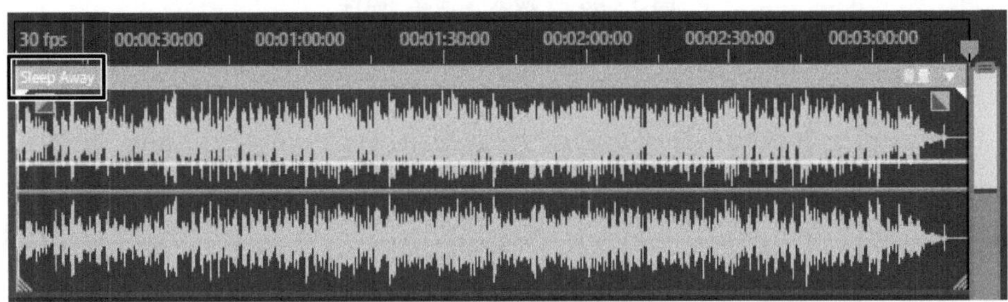

图 3－46　区段波形名称

2. “伸缩”控件

执行菜单“剪辑＞伸缩＞启用全局剪辑伸缩（勾选）”，此时区段波形的左上角和右上角会显示三角形“伸缩”控件图标。将鼠标移至“伸缩”控件后，鼠标变成“双箭头＋时钟”图标，拖动控件可拉伸或压缩区段时长。执行完“伸缩”指令后，伸缩比会被标示在区段左下角，同时会显示伸缩比（原速度为 100%），如图 3－47 所示。

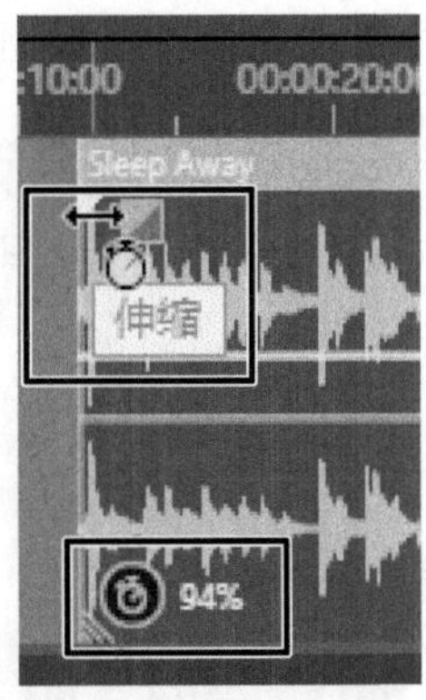

图 3－47　“伸缩”控件

3. “淡入”“淡出”控件

执行该指令可使区段音量随时间推移由小变大或

由大变小。具体操作可参看“3.1.3.2 音频导入与基础编辑”章节。

在“波形编辑模式”下,“淡入”“淡出”操作会对音频文件产生“破坏性”处理,音频波形会产生相应变化。在“多轨混音模式”下,“淡入”“淡出”操作是输出运算指令,音频文件不会发生改变,属于“非破坏性”处理。拖动“淡入”或“淡出”控件,区段以可视化“线条”,显示音量变化的结果,如图 3－48 所示。

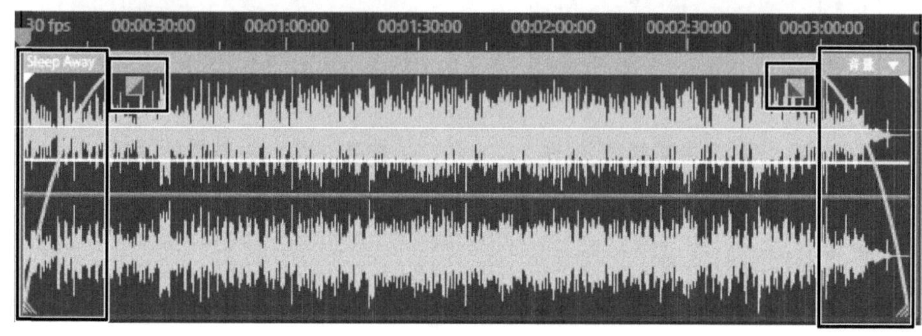

图 3－48 “淡入”“淡出”控件

4.“音量包络线”

实时控制音量变化的线条被称为“音量包络线”。“音量包络线”贯穿区段波形,默认是米黄色直线线条,处于 0 dB 位置。执行菜单“多轨＞启用剪辑关键帧编辑”,激活“音量包络线”的编辑功能。具体操作为:在工具栏选择“移动工具”,单击“音量包络线”可添加多个关键帧,上下拖动关键帧可增加或衰减音量,最上方为增加 15 dB,最下方为衰减至－∞ dB。在“关键帧”点击右键,会弹出下拉菜单,可以删除所选关键帧,或选择所有关键帧、曲线(直线变为曲线),如图 3－49 所示。

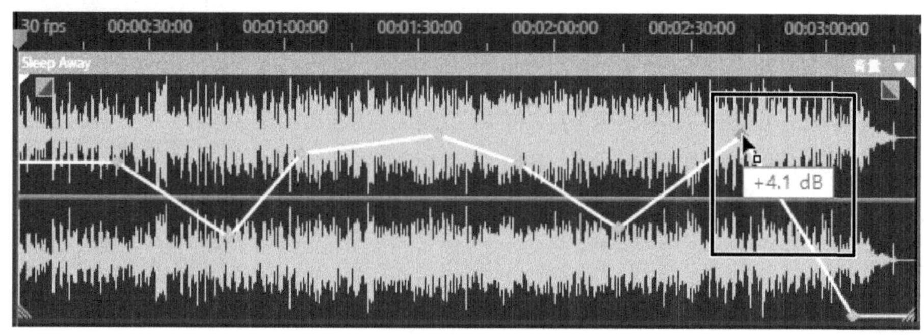

图 3－49 音量包络线

5."声像包络线"

实时控制声像变化的线条被称为"声像包络线"。"音量包络线"贯穿区段波形,默认是浅蓝色直线线条,处于 0.0 中间声像位置。执行菜单"多轨>启用剪辑关键帧编辑",激活"声像包络线"的编辑功能。在工具栏中选择"移动工具",单击"声像包络线"可添加多个关键帧,上下拖动关键帧可改变声像位置,最上方为 L100.0 极左(将声音定位在左扬声器),最下方为 R100.0 极右。其他操作与"音量包络线"的操作相同,如图 3-50 所示。

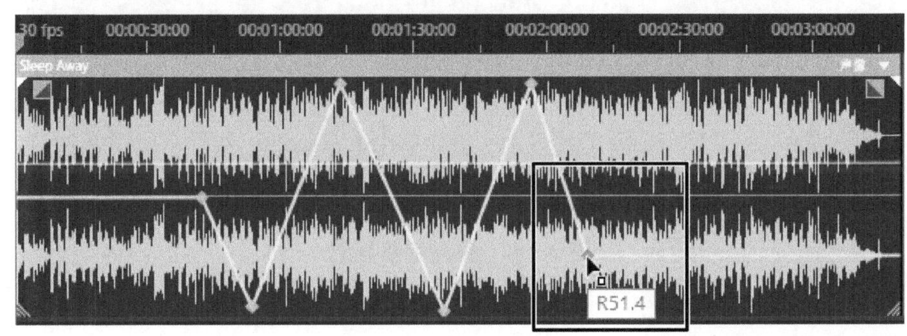

图 3-50　声像包络线

6."修剪"控件

用于调整区段波形的边界范围,但不会移动区段波形的位置。将鼠标移至区段边界的左侧或右侧,鼠标会变成"修剪"控件,拖动鼠标即可调整区段的边界范围,如图 3-51 所示。

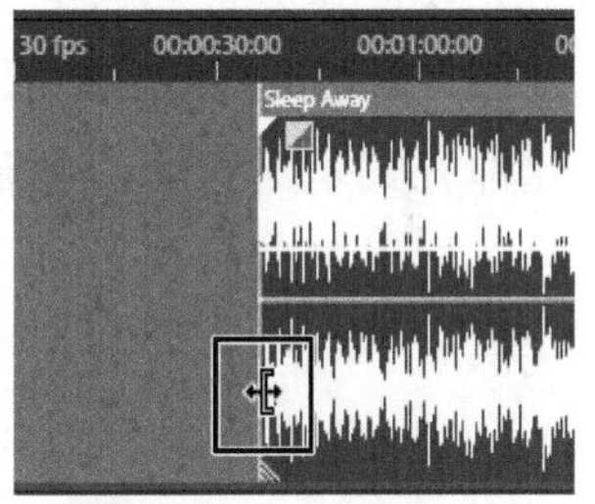

图 3-51　"修剪"控件

7."纵向缩略导航"

以缩略形式显示所有轨道,轨道之间以颜色区分。"灰色方框"代表轨道和波形当前显示的区域,可以让用户知道当前纵向区域在全局的位置,如图 3-52 所示。

拖动"灰色方框"可查看其他轨道和波形区域,或者将鼠标移至"波形编辑区",滚动鼠标滚轮也可查看其他区域。将鼠标移至"纵向缩略导航"条,滚动鼠标滚轮可以扩大轨道和区段波形纵向宽度;或者将鼠标移至"轨道参数区",滚动鼠标滚轮也可扩大纵向宽度。双击"灰色方框",显示轨道纵向全局范围。

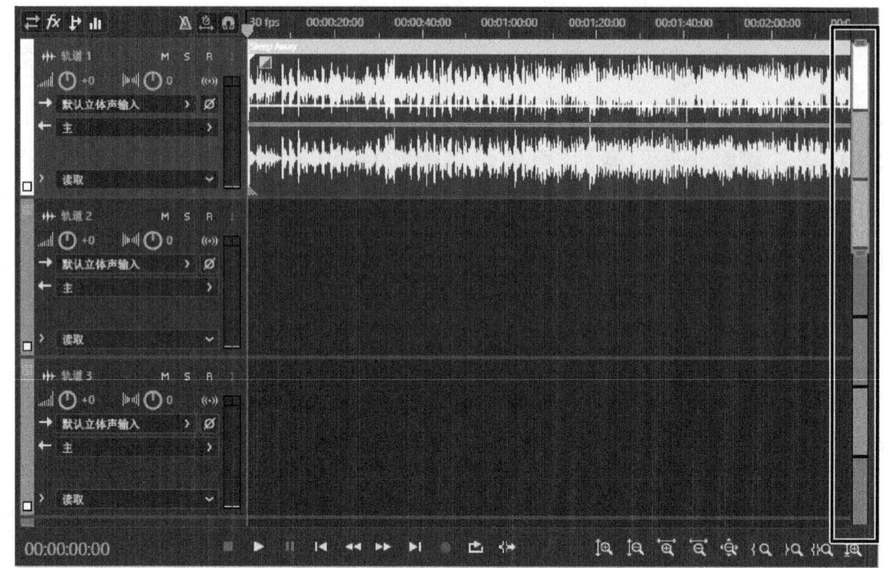

图 3-52　纵向缩略导航

3.2.4　效果组面板

Audition 针对音频信号的处理有两种方式：第一种是“破坏性”处理，此种方式直接对音频文件进行非实时效果渲染；第二种是“非破坏性”处理，此种方式是对音频数据流进行实时运算，根据反馈的声音效果还可以随时更改效果参数，处理过程不会修改原始音频数据。“效果组”面板的处理方式都属于“非破坏性”处理。

“波形编辑模式”与“多轨混音模式”都可以使用效果组面板加载效果器。“效果组”面板如图 3-53 所示。

1. “剪辑效果”与“音轨效果”

在“多轨混音模式”下，既可以针对指定的“区段波形”单独加载效果器，也可以针对“轨道”加载效果器。点击“剪辑效果”，在“波形编辑区”选择任意区段波形，“效果组”面板会显示区段名称及其所在的轨道，表示效果器将加载至该区段波形；点击“音轨效果”，选择任意音轨，“效果组”面板会显示轨道名称，表示效果器将加载至该轨道内的所有区段波形。

2. “效果框”

效果组面板支持插入 16 个效果器，信号以串联方式处理音频，即效果

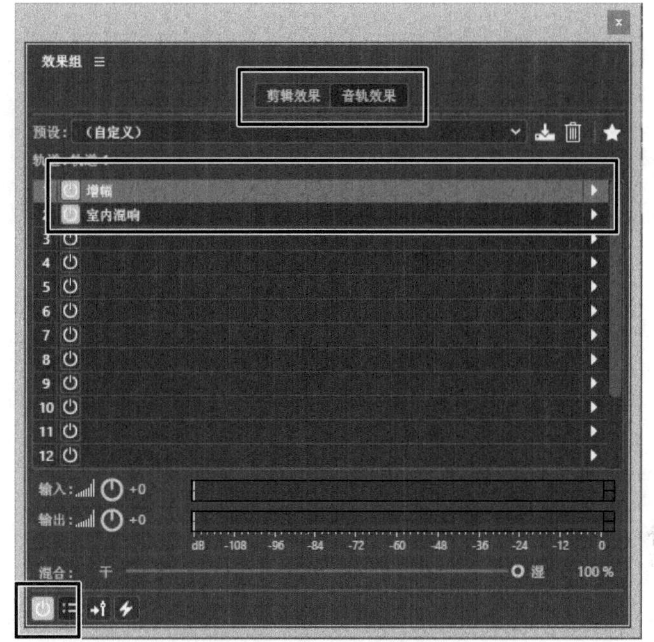

图 3－53　“效果组”面板

器 1→效果器 2→……效果器 16。点击效果框 1 右侧的“＞”按钮，弹出下拉菜单，可选择效果器，如增幅、混响效果等。

3. 效果框“开关”

每个效果框有独立的“开关”设置，通过开/关效果器可以对比处理前后的声音区别。

4. 效果组“开关”

效果组面板“开关”总控通过开/关全部效果器可以对比处理前后的声音区别。

3.2.5　文件面板

文件面板的主要功能是存放工程文件和媒体素材，可执行“导入文件、新建文件、关闭所选文件”等指令。“文件”面板如图 3－54 所示。

1. “ 打开文件”

可以导入音频文件，也可以打开多轨混音模式下的工程文件。点击“打开文件”图标，弹出“打开文件”窗口，选择音频文件，点击“打开”，音频被导

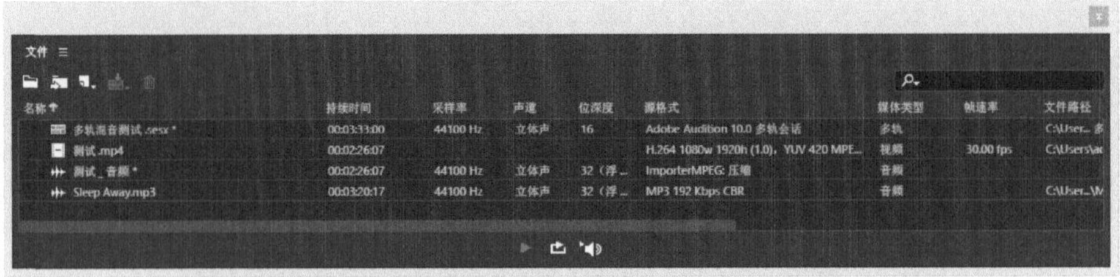

图 3-54 “文件”面板

入文件面板；选择“.sesx”工程文件，点击“打开”，多轨混音工程被打开，并自动链接工程嵌入的媒体文件。也可以将鼠标移动至“文件”面板区域，点击鼠标右键执行“打开文件”指令。

2. “ 导入文件”

“导入文件”与“打开文件”指令基本相同，可参看“打开文件”的操作。

3. “ 新建文件”

点击“新建文件”图标，可执行“新建多轨会话”和“新建音频文件”。具体操作可参看“3.1.3.1 新建工程与声音录制”章节。

4. “ 插入多轨混音中”

在多轨混音模式下，将鼠标移至某个轨道所属的“轨道参数区”或“波形编辑区”，单击鼠标选中该轨道(高亮显示)。在文件面板单击选择需要插入的音频文件，点击“插入多轨混音中”图标，选择“当前工程文件名”，即可将音频插入到该轨道。

5. “ 关闭所选文件”

单击鼠标，选中媒体素材，点击“关闭所选文件”图标，可删除该素材。

6. “素材属性查看”

在文件面板可以查看素材的具体参数，如媒体文件或工程文件的“名称”“持续时间(时长)”“采样率”“声道”“位深度”“源格式”“媒体类型”“帧速率”“文件路径”。“源格式”指素材的格式及参数。“媒体类型”有音频、多轨(工程“.sesx”)、视频三种类型。Audition 软件支持视频格式，在导入视频时会将音、视频分离。“帧速率”指视频每秒显示的帧数(静态图片)，常用的帧速率有 25 fps、30 fps。

另外，在“多轨混音模式”下，如果素材的格式与工程文件设定的采样频率和位深度不一样，Audition 会自动复制该素材，并将格式转换成工程文件设定的格式。同时，文件面板会显示这个新增加的素材，新素材也会自动存储到工程文件夹的 Conformed Files 子文件夹中。

3.2.6　频率分析面板

“频率分析”面板可以实时监测音频文件的各频段能量分布的情况，主要在混音阶段进行频率均衡分析时使用。频谱分析“横轴”是频率范围，“纵轴”是能量（电平）范围，播放文件即可实时查看各频段的能量分布情况。“频率分析”面板如图 3－55 所示。

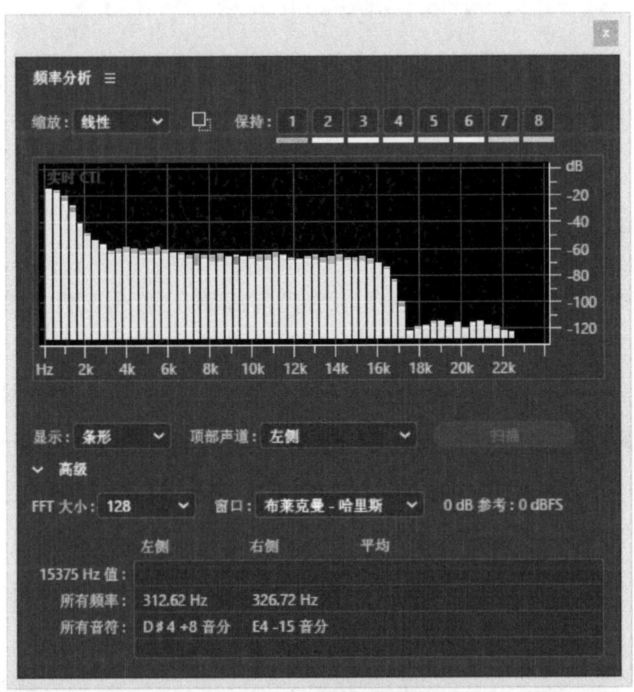

图 3－55　“频率分析”面板

3.2.7　历史记录面板

历史记录面板保存了工程执行的操作指令，可在历史记录中单击任意一条记录，恢复至将工程文件该操作记录之前的编辑状态。值得注意的是，当选定某条历史记录后，如果执行新指令，该条记录之下的所有历史记录会被删除。“历史记录”面板如图 3－56 所示。

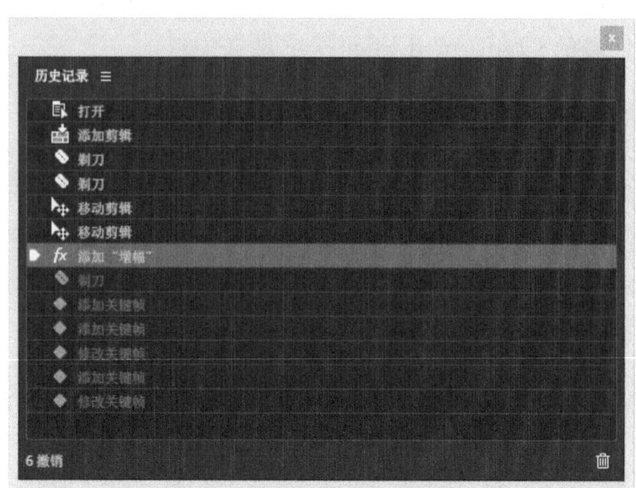

图 3-56 “历史记录”面板

3.2.8 电平表面板

在“波形编辑模式”下，电平表显示当前编辑的音频文件的实时振幅；在“多轨混音模式”下，电平表显示主控轨信号输出的实时振幅。电平表以 dBFS 为单位，0 dBFS 是电平表的最大振幅值，小于 0 dBFS 的振幅值以负值表示。在默认情况下，低于－18 dBFS 的信号呈绿色显示，范围在－18～－6 dBFS的信号呈橙色显示，范围在－6～0 dBFS 的信号呈红色显示。超过 0 dBFS 的信号，过载指示灯被激活，呈红色常亮显示，单击可关闭过载指示灯。“电平表”面板如图 3-57 所示。

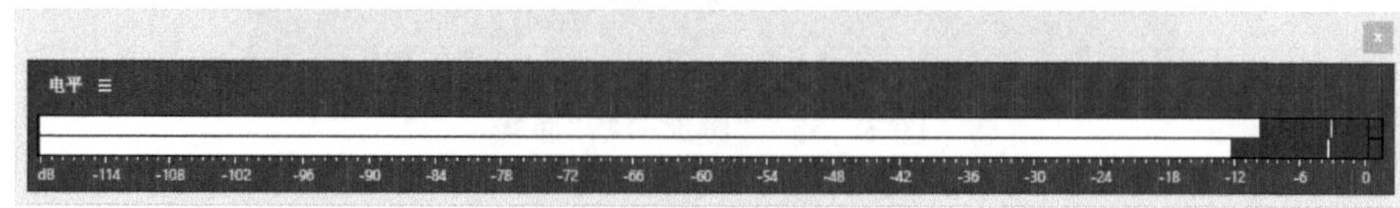

图 3-57 “电平表”面板

3.2.9 标记面板

用户可以在“时间标尺”插入标记，以便系统提示关键信息。将播放指示器移至指定时间点，单击“ 添加提示标记”即可插入标记点；使用“时间选择工具”在“波形编辑区”框选一段时间范围，单击“添加提示标记”即可插入一个范围标记点。“标记”面板如图 3－58 所示。

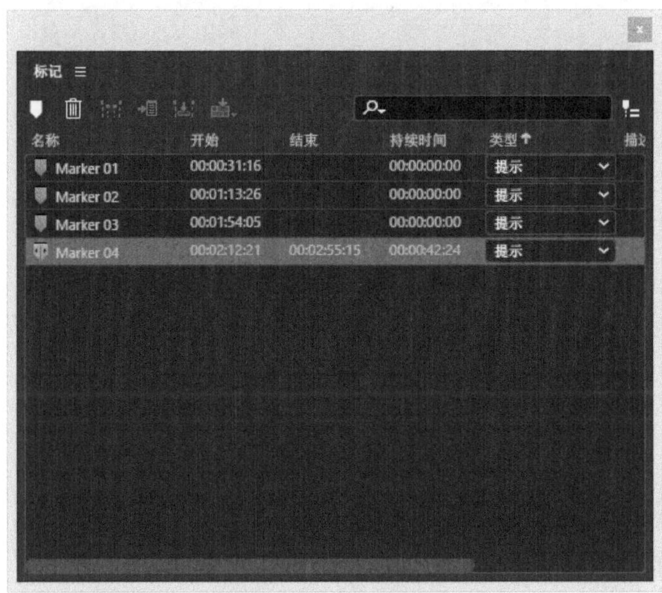

图 3－58　“标记”面板

在“标记”面板可查看、修改标记的“名称”“开始”时间、“结束”时间、“持续时间”，还可以在描述框记录提示信息。

3.2.10　匹配响度面板

匹配响度是将音频文件的响度值调整到标准化组织制定的响度标准，如国际广播电讯联盟（International Telecommunication Union）、欧洲广播联盟（Europe Broadcast Union）制定的响度标准，这些响度标准是音频领域的行业制作规范。当前，国内外通行的响度标准是 ITU－R BS.1770－3 标准（2012 年制定）。

匹配响度面板与批处理面板相同，可参照批处理面板执行基础操作。Audition 软件提供了九个响度标准，如 ITU－R BS.1770－3 响度、ATSC A/85 响度、EBU R128 响度、峰值幅度等。“匹配响度”面板如图 3－59 所示。

图 3－59 “匹配响度”面板

3.2.11 混音器面板

“混音器”面板在“多轨混音模式”下才能被激活。“混音器”面板与“多轨编辑器”的功能部分重合：“多轨编辑器”面板分为“轨道参数区”和“波形编辑区”，可以进行波形编辑、分轨录音、混音处理等；“混音器”面板只有“轨道参数区”，以纵列方式展开轨道参数，主要用于混音处理，如音量平衡、声像控制、效果器加载等。“混音器”面板的相关参数控件与“多轨编辑器”面板的“轨道参数区”等同，详情可参看“3.2.3.1 轨道参数区”章节。“混音器”面板如图 3－60 所示。

“混音器”面板设计类似于硬件调音台，且 Audition 软件与大多数调音台有协议支持，混音器的操作指令可实时在调音台上得到反馈，调音台的操作也可在 Audition 软件上同步数据，这大大提高了工作效率。

3.2.12 属性面板

属性面板会显示所选音频/区段/工程文件的相关参数信息，如“音频/区段/工程文件名称”“持续时间”“采样率”“声道”“位深度”“格式”“文件路径”等，部分参数可以编辑修改。“属性”面板如图 3－61 所示。

图 3 - 60　“混音器”面板

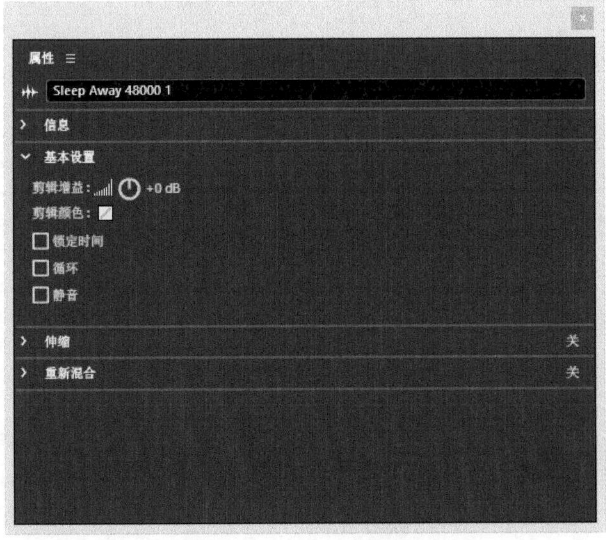

图 3 - 61　“属性”面板

3.2.13 选区/视图面板

1.“选区”

当“波形编辑区”没有框选任何范围时，“开始”时间指播放指示器所在位置的时间，“结束”时间指播放指示器所在位置的时间，持续时间为 0。当“波形编辑区”有框选范围时，“开始”时间指选区的“入点”时间，“结束”时间指选区的“出点”时间，持续时间指选区范围的时长。

2.“视图”

“开始”时间指“波形编辑区”当前显示的起始点时间，“结束”时间指“波形编辑区”当前显示的结束点时间，持续时间指“波形编辑区”当前显示的时间范围总时长。“选区/视图”面板如图 3-62 所示。

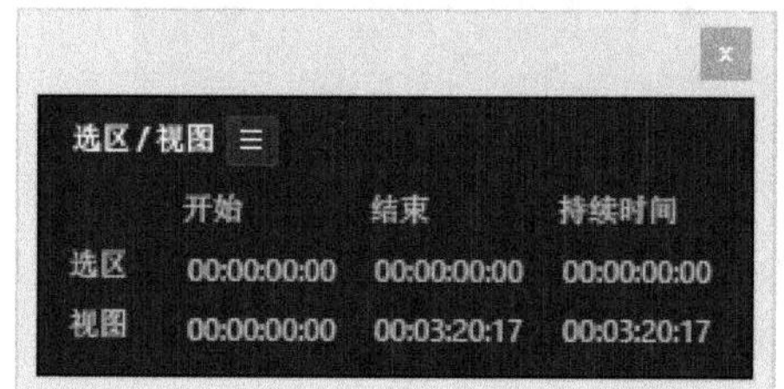

图 3-62 “选区/视图”面板

图 3-63 “时间”面板

3.2.14 时间面板

时间面板显示当前播放指示器所在位置的时间点。单击“时间面板”可直接输入时间，确认后播放指示器移至指定位置。“时间”面板如图 3-63 所示。

将鼠标移至时间面板区域，点击右键，可以更改时间格式，常用格式有：十进制、SMPTE、样本、小节与节拍等，如图 3-64 所示。

图 3-64 时间格式

1.“十进制”

以分、秒、毫秒作为时间计数方式。十进制格式为 mm：ss：ddd，1 000 毫秒等于 1 秒。

2. “SMPTE”

以时间码作为时间计数方式。时间码被广泛应用于影音设备时间计数、时间同步，时间码格式为“时：分：秒：帧”。传统电影放映的标准是每秒 24 帧（静态图片），广播电视行业的帧率惯用每秒 25 帧、30 帧。

3. “样本”

以采样频率作为时间计数方式。例如，某音频文件的采样频率为 48 000 Hz，即每秒钟有 48 000 个采样点。当播放指示器位于 48 000 样本位置时，即十进制的 1 秒钟位置；当播放指示器位于 48 0000 样本位置时，即十进制的 10 秒钟位置，如图 3－65 所示。

图 3－65　“样本”时间格式

4. “小节与节拍”

以音乐节拍、速度为时间计数方式。例如，拍子记号（拍号）为 4/4、节奏（速度）为 60 bpm 的音乐文件指以四分音符为一拍，四拍为一小节，每分钟有 60 个四分音符。将鼠标移至“时间”面板区域，点击右键，选择“编辑节奏”，弹出“首选项时间显示”窗口，选择时间格式为“小节与节拍”，可更改拍子的记号、节奏，如图 3－66 所示。

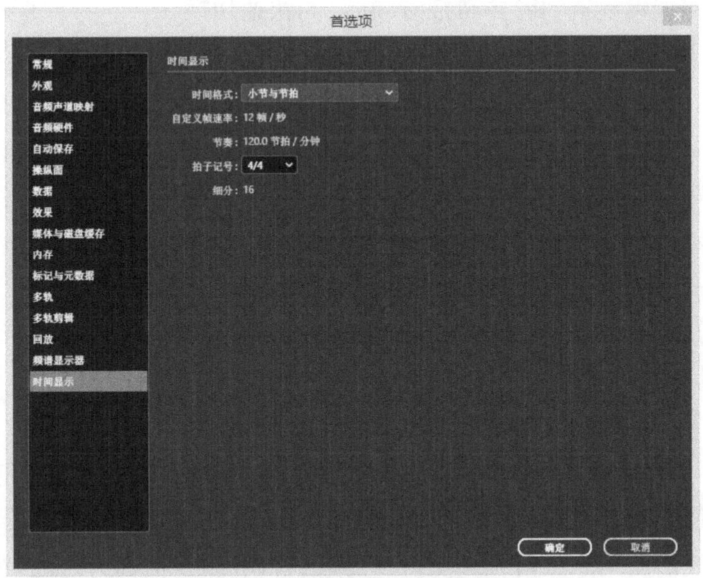

图 3－66　“首选项时间显示”窗口

3.2.15 工具面板

工具面板集合了 Audition 软件的快捷工具，“工具”面板如图 3－67 所示。

图 3－67 “工具”面板

1.“波形 查看波形编辑器”

开启 Audition 软件后，点击“查看波形编辑器”，弹出“新建音频文件”窗口，可以新建音频文件并进入“波形编辑模式”。

2.“多轨 查看多轨编辑器”

开启 Audition 软件后，点击“查看多轨编辑器”，弹出“新建多轨会话”窗口，可以新建工程文件并进入“多轨混音模式”。当“文件”面板既有音频文件，又有工程文件时，单击“查看波形编辑器”或“查看多轨编辑器”按钮可以在“波形编辑模式”和“多轨混音模式”间快速切换。

3.“ 显示频谱频率显示器”

显示当前音频文件的频谱频率图，频谱频率图可以查看音频在时间轴上各个频率的能量分布。“显示频谱频率显示器”按钮在“波形编辑模式”下才能被激活，在默认状态下，“编辑器”面板仅显示“波形图”。点击“显示频谱频率显示器”，“编辑器”面板同时显示“波形图”和“频谱频率图”。在频谱频率图中，横轴为时间，纵轴为频率，如图 3－68 所示。

此时，工具栏的“框选工具”“套索选择工具”“画笔选择工具”“污点修复画笔工具”被激活。

4.“ 显示频谱音调显示器”

显示当前音频内容的音高，如人声演唱的音高变化。“显示频谱音调显示器”按钮在“波形编辑模式”下才能被激活，点击该按钮，“编辑器”面板同时显示“波形图”和“频谱音调图”。在频谱音调图中，横轴为时间，纵轴为音高，如图 3－69 所示。

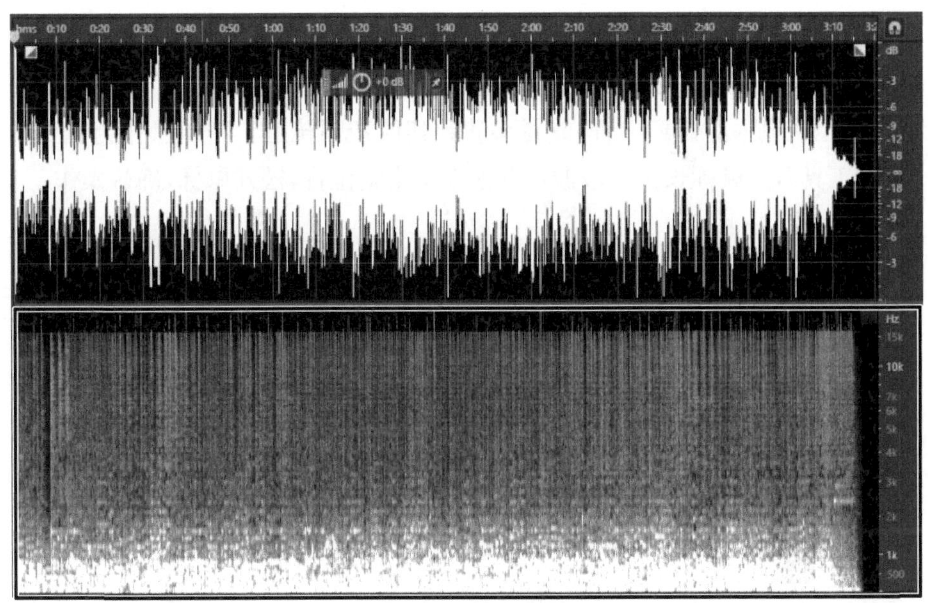

图 3－68　频谱频率图

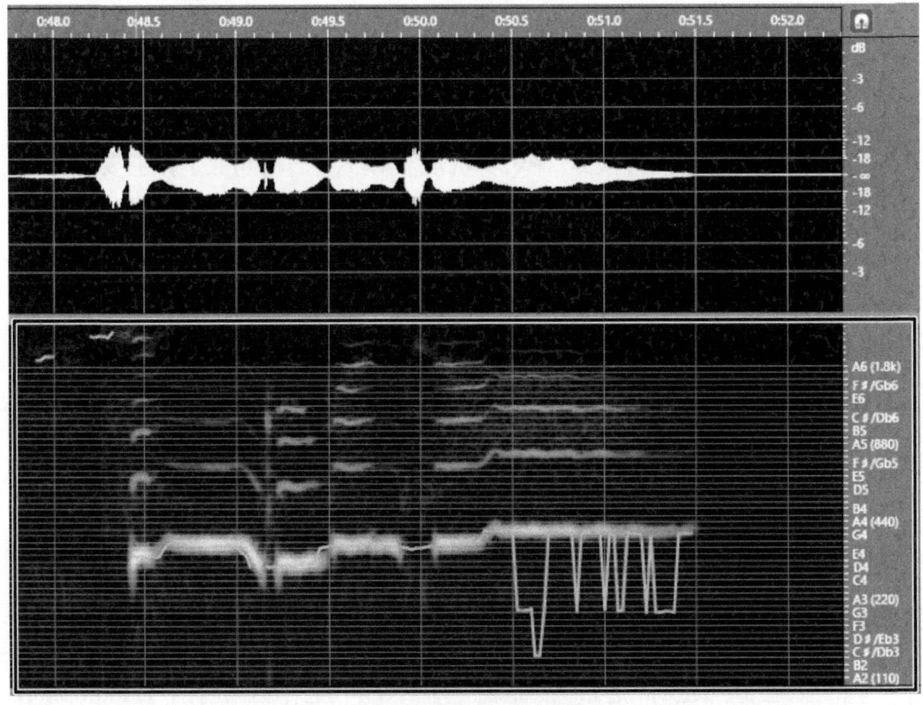

图 3－69　频谱音调图

5. “移动工具”

该工具在“多轨混音模式”下才能被激活。使用“移动工具”可将区段波形移动至轨道内的任意位置，或者移动到其他音频轨道。具体操作为：选择“移动工具”，用鼠标长按区段波形并拖动至指定位置，松开鼠标，确认操作。

6. “切断工具”

该工具在“多轨混音模式”下才能被激活。“切断工具”分为“切断所选剪辑工具”和“切断所有剪辑工具”。具体操作为：使用“移动工具”单击选中区段波形，点击“切断工具”右下角的三角形符号，选择“切断所选剪辑工具”，鼠标变成刀片形状，将鼠标移至分割位置，单击即可分割区段；如果需要将纵列轨道上的区段波形一起分割，可以选择“切断所有剪辑工具”，鼠标变成双刀片形状，将鼠标移至分割位置，单击即可分割纵列轨道上的区段波形。

7. “滑动工具”

该工具在“多轨混音模式”下才能被激活。当区段波形被切割后，使用“滑动工具”可在不改变区段边界的前提下将音频内容前后移动。具体操作为选择“滑动工具”，将鼠标移动至切割后的区段，拖动鼠标即可调整区段内的音频内容。

8. “时间选择工具”

该工具在“波形编辑模式”和“多轨混音模式”下均可使用，主要用于确定播放指示器的位置，或框选时间范围，针对范围内的波形数据可执行循环播放、复制、删除、导出等指令。

9. “框选工具”“套索选择工具”“画笔选择工具”“污点修复画笔工具”

在“波形编辑模式”下，激活“显示频谱频率显示器”才能使用这四个工具。这些工具可在“频谱频率图”中选择部分频率内容后执行删除或抹除指令，只是它们选择频率内容的方式不同，类似于 Adobe Photoshop 的同名工具，如框选、套索（自由勾画）、画笔。

3.2.16 传输面板

“传输”控制器也称“走带”控制器。在“默认”工作区场景下，Audition 有两个“传输”控制器，一个位于“波形编辑器”面板下方，另一个是独立的“传输”

面板。“传输”面板如图 3－70 所示。

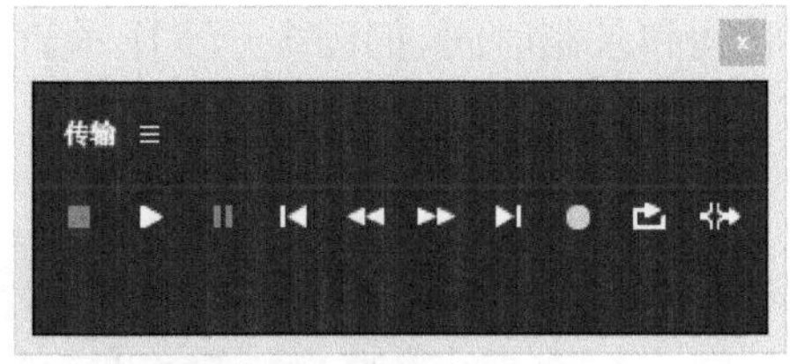

图 3－70　“传输”面板

1. “ 停止”

单击“停止”按钮，播放或录制指令被停止，播放指示器自动回到播放起始位置。（执行“停止”指令后，也可设置播放指示器为停留在当前播放位置，执行菜单“编辑＞首选项＞回放”，弹出“首选项”窗口，取消勾选“停止时将播放指示器返回到开始位置”。）

2. “ 播放”

单击“播放”按钮，执行播放指令，播放指示器跟随播放位置移动；再次点击该按钮，播放指示器回到播放起始位置重新播放。

3. “ 暂停”

单击“暂停”按钮，播放或录制指令被停止，播放指示器停留在当前播放位置；再次点击该按钮，继续执行播放指令。

4. “ 将播放指示器移到上一个”

单击该按钮，播放指示器会按顺序退回至相关位置，如播放起始位置、上一个标记点位置或音频/工程起始位置。在“多轨混音模式”下，如果“波形编辑区”内有多个区段波形，单击该按钮，播放指示器会按顺序退回至最近区段的首或尾边界位置；连续点击该按钮，播放指示器会不断移动至前一个区段的边界位置，最后回到工程的起始位置。

5. “ 快退”

长按“快退”按钮，播放指示器快速后退播放。

6. “ 前进”

与“快退”指令相反。

7. “ 将播放指示器移到下一个”

与“将播放指示器移到上一个”指令相反。

8. “ 录制”

在“波形编辑模式”下，单击“录制”按钮可执行录音工作。在“多轨混音模式”下，当音轨激活了“录制准备”后，单击“录制按钮”可进行录音工作。在“录制”按钮处点击右键，会弹出下拉菜单，可选择“ 定时录制模式”，再次单击“录制”按钮，会弹出“定时录制”窗口，可以设定“定时录制”的起始时间和录制时间,如图 3-71 所示。

图 3-71 “定时录制”窗口

9. “ 循环播放”

单击“循环播放”按钮,图标呈蓝色为激活状态,点击“播放”按钮可循环播放整段音频或工程。还可以选定区域循环播放,具体操作为:使用“时间选择工具”在波形编辑区框选一段时间范围,单击“循环播放”按钮,点击“播放”按钮即可循环播放选区范围。

10. “ 跳过所选项目”

单击“跳过所选项目”按钮,图标呈绿色为激活状态,使用“时间选择工具”在波形编辑区框选一段时间范围,点击“播放”按钮,当播放指示器播放至选区入点时,播放指示器会直接跳至选区出点,然后继续播放。

3.2.17 缩放面板

在“默认”工作区场景下,Audition 有两个“缩放”控件,一个位于“波形编辑器”面板下方,另一个是独立的“缩放”面板。“缩放”面板如图 3-72 所示。

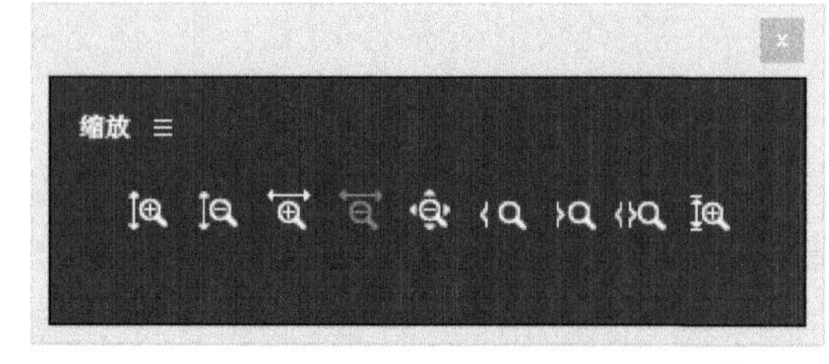

图 3-72 “缩放”面板

1. “ 放大(振幅)”与“ 缩小(振幅)”

在“波形编辑模式”下，振幅标尺默认显示范围为 $-\infty \sim 0$ dBFS，点击“放大(振幅)”按钮，振幅标尺显示范围局部放大。点击“缩小(振幅)”按钮，振幅标尺显示范围收缩，振幅标尺出现正数分贝。值得注意的是，这里的“放大”“缩小”仅指显示放大或缩小，波形振幅本身并没有发生变化。

在“多轨混音模式”下，点击“放大(振幅)”按钮，轨道纵向宽度扩大。点击“缩小(振幅)”按钮，轨道纵向宽度收缩。

2. “ 放大(时间)”与“ 缩小(时间)”

点击“放大(时间)”按钮，时间标尺以播放指示器为中心局部放大。点击“缩小(时间)”按钮，时间标尺以播放指示器为中心收缩。

3. “ 全部缩小(所有坐标)”按钮

在“波形编辑模式”下，点击“全部缩小(所有坐标)”按钮，横向时间轴收缩显示音频文件全局时段，纵向振幅轴收缩至 $-\infty \sim 0$ dBFS 范围。在“多轨混音模式”下，点击“全部缩小(所有坐标)”按钮，横向时间轴、纵向轨道轴收缩显示工程全局范围。

4. “ 放大入点”与“ 放大出点”

选择“时间选择工具”在“波形编辑区”框选一定范围，“时间标尺”会显示选区的“入点”和“出点”。点击“放大入点”按钮，时间标尺以“入点”为中心，局部放大；点击“放大出点”按钮，时间标尺以“出点”为中心，局部放大。

5. “ 缩放至选区”

选择“时间选择工具”在“波形编辑区”框选一定范围，点击“缩放至选区”按钮，“波形编辑区”横向最大化显示选区范围。

6. “ 缩放所选音轨”

“缩放所选音轨”在“多轨混音模式”下才会被激活。在“多轨混音模式”下，单击选中某一轨道，点击“缩放所选音轨”按钮，“波形编辑区”纵向最大化显示该轨道。

3.3　波形编辑技术详解

“波形编辑”是学习音视频制作必须掌握的基本功。一般情况下，波形处理都是在“波形编辑模式”下完成的，人们可以利用波形编辑器快速且精细地处理波形，如裁剪、淡入/淡出、格式转换等。本节将详细讲解一些常用的波形编辑技巧。

3.3.1 撤销、重做、重复上一个命令

1.“撤销”

当执行完一个指令后，可执行菜单“编辑>撤销”，取消前一个操作指令。

2.“重做”

当执行完“撤销”指令后，可执行菜单“编辑>重做”，取消前一个“撤销”指令。

3.“重复上一个命令”

该指令仅针对“效果”菜单的相关指令及效果器有效。例如，在“波形编辑区”框选任意范围，执行菜单“效果>延迟与回声>回声”，弹出“效果—回声”窗口，选择默认预设，点击“应用”按钮。此时，“重复上一个命令”被激活，执行菜单“编辑>重复上一个命令”，“效果—回声”窗口再次弹出，点击“应用”按钮可重复加载回声效果。

3.3.2 声道启用、冻结与提取

“波形编辑器”可以编辑处理单声道、双声道和5.1声道音频文件。单声道有一个通道，双声道有两个通道，编辑器面板右侧会显示“L”和“R”声道控件，分别对应左声道和右声道；5.1声道有六个通道，对应“L”前左、“R”前右、“C”中置、“LFE”超低音、“Ls”左环绕和“Rs”右环绕六个声道控件。在默认情况下，声道控件呈蓝色，对应声道“波形”呈绿色高亮显示，表示该通道处于启用(激活)状态。单击声道控件，控件颜色变成灰白色，对应声道“波形”，变成暗灰色，表示该通道处于冻结状态，无法进行任何操作。声道冻结如图3-73所示。

Audition可将多声道音频文件提取为独立的单声道文件。具体操作为：在“文件”面板双击，选择一个双声道音频文件(文件名呈蓝色)，执行菜单“编辑>将声道提取为单声道文件”，原音频文件的左、右声道被单独提取为新的单声道文件，保存至“文件”面板。

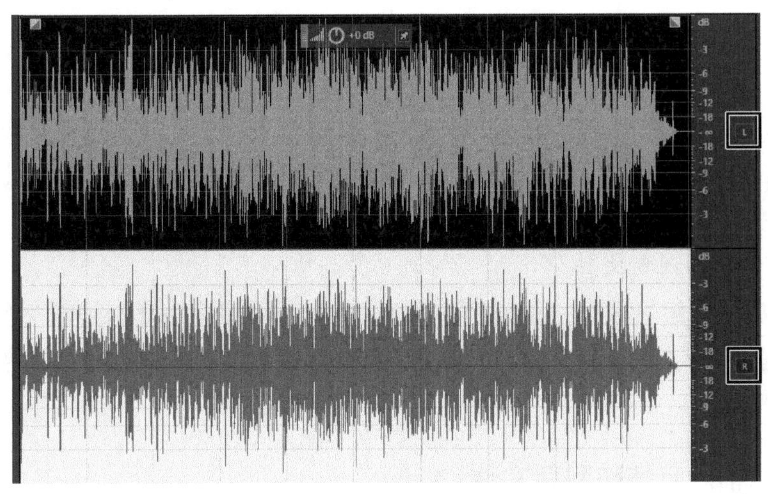

图 3 - 73　声道冻结

3.3.3　剪切与剪切板

1. “剪切”

在“波形编辑区”框选任意范围，执行菜单“编辑＞剪切”，选区波形被删除，但波形数据暂存至“剪切板”，选区之后的波形自动前移，音频总时长变短。

2. “剪切板”

Audition 提供了五个空白剪切板，用户可以将波形数据分别暂存至剪切板中，以便随时调用剪切板数据。具体操作为：执行菜单“编辑＞设置当前剪切板”，选择剪切板(当前正在使用的剪切板标有圆点符号)，在选区执行剪切或复制指令，数据被写入该剪切板(没有数据的剪切板标有“空”的字符)；当后续需要执行粘贴指令时，可以调用该剪切板数据。剪切板所在界面如图 3 - 74 所示。

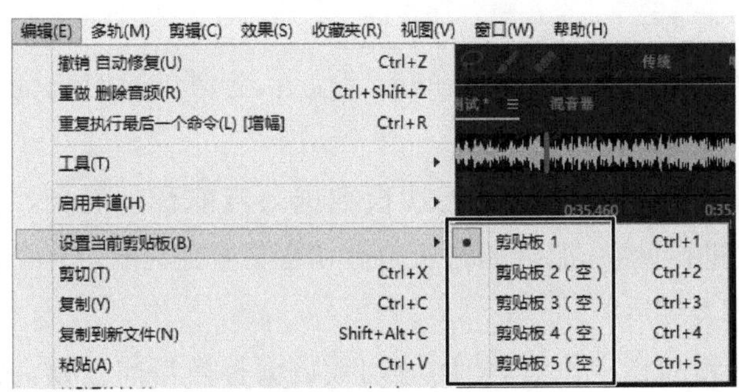

图 3 - 74　剪切板

3.3.4 复制与复制到新文件

1. “复制”

在“波形编辑区”中框选任意范围，执行菜单“编辑>复制”，选区数据被写入“剪切板”暂存。

2. “复制到新文件”

在“波形编辑区”中框选任意范围，执行菜单“编辑>复制到新文件”，选区数据被写入“剪切板”暂存，且选区数据被生成为“新音频文件”，并保存至“文件”面板。

3.3.5 粘贴与粘贴到新文件

1. “粘贴”

执行“粘贴”指令，可将“剪切板”暂存数据调取并插入音频文件的指定位置。“剪切板”数据既可以被粘贴到当前正在编辑的音频文件中，也可以被粘贴到其他音频文件中。

2. “粘贴到新文件”

执行菜单“编辑>设置当前剪切板”，选择存有数据的“剪切板”，执行菜单“编辑>粘贴到新文件”，“剪切板”数据被生成为“新音频文件”，保存至“文件”面板。

3.3.6 混合式粘贴

Audition 提供了四种不同的粘贴类型，分别是插入、重叠、覆盖和调制。“混合式粘贴”窗口如图 3-75 所示。

1. “插入”类型

将剪切板数据插入当前音频的指定位置，音频的总时长变长。

2. “重叠”类型

在当前音频的指定位置，将剪切板数据与当前音频混合，混合比例可在“音量”参数区进行调整，混合的时长是剪切板数据的时长，音频总时长不变。

3. “覆盖”类型

在当前音频的指定位置，使用剪切板数据替换当前音频，被替换的时长是剪切板数据的时长，音频总时长不变。

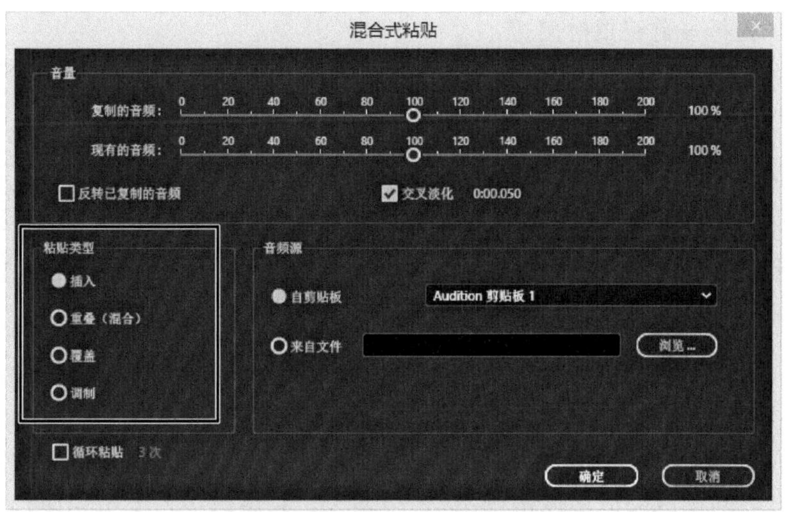

图 3－75　“混合式粘贴”窗口

4.“调制”类型

调制与覆盖方式相同。但是，剪切板数据首先会被添加“调制”声音效果，然后才会覆盖当前音频中，音频总时长不变。

3.3.7　删除与裁剪

1.“删除”

在“波形编辑区”框选任意范围，执行菜单“编辑>删除”，选区范围内的波形被删除，选区之后的波形自动前移，音频总时长变短。

2.“裁剪”

在“波形编辑区”框选任意范围，执行菜单“编辑>裁剪”，选区范围之外的波形被删除，仅留下选区范围内的波形。

3.3.8　建立选区

1. 选择时间区域

使用“时间选择工具”在“波形编辑区”进行框选即可选择时间区域，选区范围内呈白底显示，单击鼠标可以清除时间选区。将鼠标移至“时间标尺”的“入点”或“出点”，或者将鼠标移至选区范围的边界，鼠标变成“双箭头”，拖动鼠标可以更改选区范围。

2. 选择当前视图时间

将鼠标移至“波形编辑区”，双击鼠标可以选取当前的视图区域，再次单击可以清除时间选区。

3. 选择所有时间

将鼠标移至“波形编辑区”，连续点击鼠标三次可以选取所有时间区域，再次单击可以清除时间选区。（如果“波形编辑区”当前视图区域为所有时间区域，双击即可选择所有时间区域。）

3.3.9 静音与插入静音

1. “静音”

将时间选区的波形振幅调至－∞ dBFS。具体操作为使用“时间选择工具”在“波形编辑区”框选一段时间范围，执行菜单“效果＞静音”，选区波形振幅变为－∞ dBFS，音频总时长不变。

2. “插入静音”

“插入静音”是在指定位置插入一段时间范围，该时间范围内的波形振幅为－∞ dBFS。具体操作为将播放指示器移动至指定位置，或在“时间”面板输入时间数值，执行菜单“编辑＞插入＞静音”，弹出“插入静音”窗口，输入静音的持续时长，点击确认。执行“插入静音”后，音频总时长变长。“插入静音”窗口如图 3－76 所示。

图 3－76 “插入静音”窗口

3.3.10 过零与对齐到过零

波形包括波峰、波谷和波节。波节也称为“过零点”，是振幅为－∞ dBFS的点。将两段波形进行拼接时，如果接合处不是“过零点”，则可能产生“咔哒”声。因此，选取波形时间范围时，常使用“过零”指令微调选区范围。“过零点”如图 3－77 所示。

1. “过零”

任意划定的选区边界较难精准到“过零点”，这就需要通过软件识别功能来调整选区边界。具体操作为：在“波形编辑区”任意框选时间选区，执

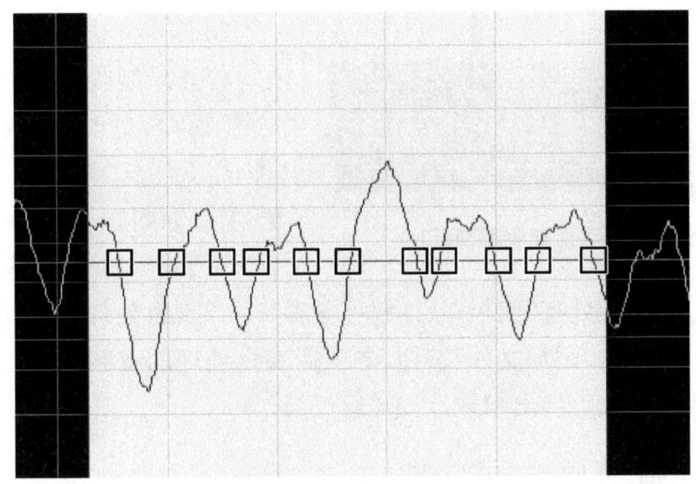

图 3 - 77　过零点

行菜单“编辑>过零>向内调整选区”,选区的“入点”和“出点”会自动相向移动到最近的过零点。在实际操作中,用户一般会根据选区声音的完整性确定过零点的位置,“过零”子菜单提供了多种微调方式,如“向内调整选区”“向外调整选区”“将左端向左调整”等。

2.“对齐到过零”

执行菜单“编辑>对齐>对齐到过零(勾选)”,选择时间范围时可以快速自动对齐过零点。“对齐到过零”指令相对于“过零”指令更加快捷、方便。

3.3.11　录制批处理指令

录制批处理指令是将音频处理的操作指令记录下来,并保存至“收藏夹”菜单。当需要以相同的操作指令顺序处理多个音频文件时,可以在“收藏夹”菜单调用录制好的批处理指令,快速执行相同的操作。具体操作步骤如下:

第一步,执行菜单“收藏夹>开始记录收藏”,弹出“Audition”提示窗口,点击确定。

第二步,在“文件”面板导入一个约三分钟时长的音频文件。

第三步,操作指令一:框选波形 00:00:00:00～00:00:10:00 时间范围,执行菜单“效果>静音”;操作指令二:框选波形 00:00:10:00～00:00:20:00 时间范围,执行菜单“效果>延迟与回声>回声”,弹出“效果—回声”窗口,选择默认预设,点击“应用”。

图 3－78　“保存收藏”窗口

第四步，执行菜单“收藏夹＞停止录制收藏”，弹出“保存收藏”窗口，更改“收藏名称”为“测试”，点击“确定”。“保存收藏”窗口如图 3－78 所示。

第五步，执行菜单“窗口＞批处理”，启用“批处理”面板。（详解可参看“～3.2.1 批处理面板”章节。）

第六步，点击“添加文件”按钮，导入需要批处理的音频文件，在“收藏”框选择“测试”，设置导出参数，点击“运行”。

3.3.12　反相、反向与生成

1. “反相”

反相指令类似于“极性反转”（详见“～3.2.3.1 音轨参数区”章节），可以将选区波形在振幅轴向上进行整体反转，即波峰变成波谷，波谷变成波峰。

当两个通道的声音同时播放时，音量没有增加反而减小了，说明这两个通道的信号极性相反，彼此发生了相位抵消。将其中一个通道的波形相位“反相”处理，音量恢复正常。具体操作为：冻结双声道音频文件的“L”左声道，在“波形编辑区”双击鼠标，选择“R”右声道波形，执行“效果＞反相”，右声道波形整体反相，重新激活左声道。处理完毕后，可以通过缩放控件放大横向时间轴，查看波形波峰与波谷的反相变化。

2. “反向”

反向指令可以将选区波形在时间轴向上进行整体反转，即开始（入点）时间变为结束（出点）时间，结束（出点）时间变为开始（入点）时间，处理后的声音效果类似于倒带播放。

3. “生成噪声”

Audition 可以生成噪声。具体操作为：将播放指示器移至需要插入噪声的时间位置，执行菜单“效果＞生成＞噪声”，弹出“效果—生成噪声”窗口，设置“预设效果”“强度”“持续时间”等参数，点击“确定”即可生成噪声。“效果—生成噪声”窗口如图 3－79 所示。

4. “生成语音”

Audition 可以生成噪声。具体操作为：将播放指示器移至需要插入语音

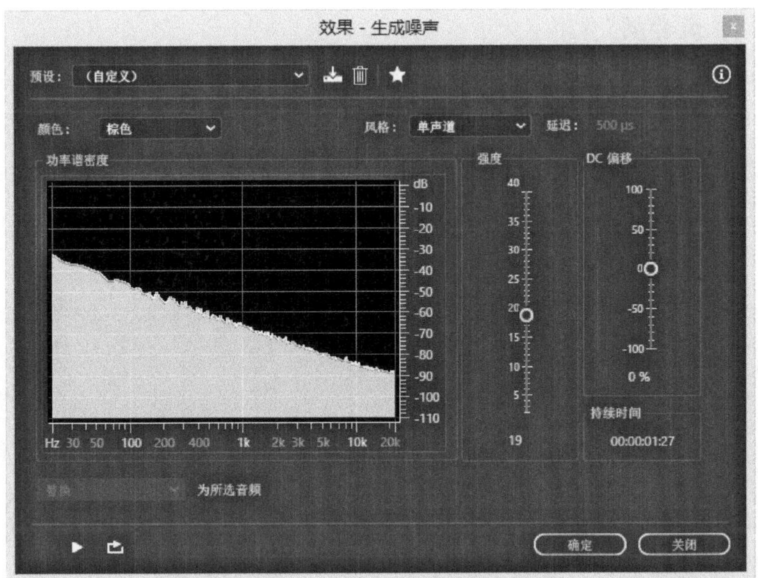

图 3－79　“效果—生成噪声”窗口

的时间位置，执行菜单“效果>生成>语音”，弹出“效果—生成语音”窗口，设置“语言”“性别”“说话速率”“音量”等参数，在文本框输入要转换语音的文本，点击“确定”即可生成语音。“效果—生成语音”窗口如图 3－80 所示。

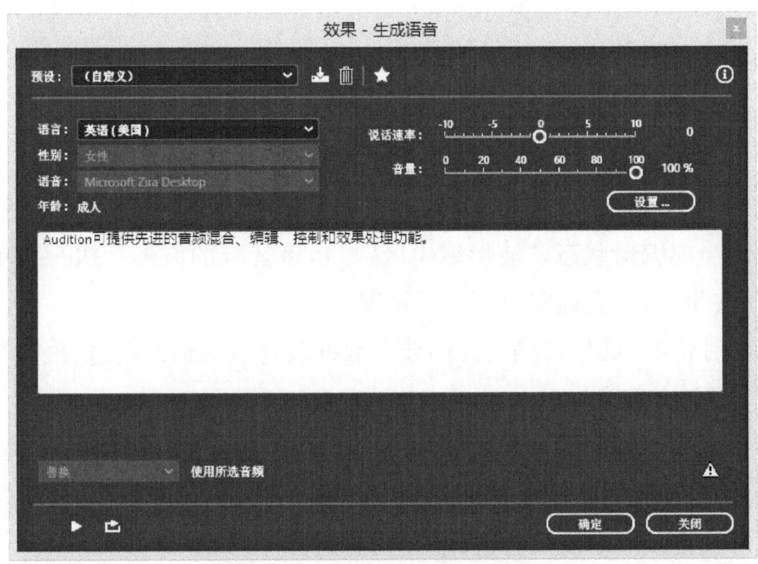

图 3－80　“效果—生成语音”窗口

5. “生成音调”

Audition 可以自生成音调。具体操作为：将播放指示器移至需要插入音调的时间位置，执行菜单“效果>生成>音调”，弹出“效果—生成音调”窗口，设置“预设效果”“频率”“波形形状”“音量”“持续时间”等参数，点击“确定”即可生成音调。“效果—生成音调”窗口如图 3-81 所示。

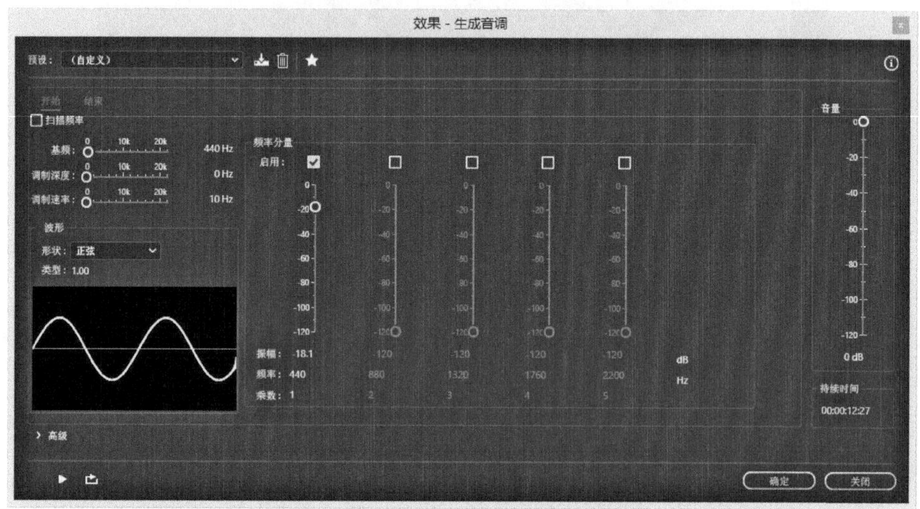

图 3-81　“效果—生成音调”窗口

3.3.13　关闭与保存音频文件

1. “关闭”

双击选中“文件”面板的音频文件，文件名称及参数呈蓝色，表示该音频文件处于当前编辑状态，“波形编辑区”显示该音频的波形。执行菜单中的“文件>关闭”指令会面临以下三种情况：

第一种情况，如果音频文件的波形数据没有被编辑改动过，执行“关闭”指令，音频文件直接关闭。

第二种情况，如果音频文件的波形数据被编辑改动过，执行“关闭”指令，会弹出“Audition”窗口，询问是否保存并更改到当前文件，点击“是”，原音频文件被更改后的新文件替代，并关闭该文件，如图 3-82 所示。

第三种情况，如果是新建、生成或录制的音频文件，执行“关闭”指令，会弹

图 3－82　"Audition"窗口

出"Audition"窗口，询问是否保存并更改到当前文件，点击"是"，弹出"另存为"窗口，设置参数后，文件被保存至指定位置，同时该文件被关闭，如图 3－83 所示。

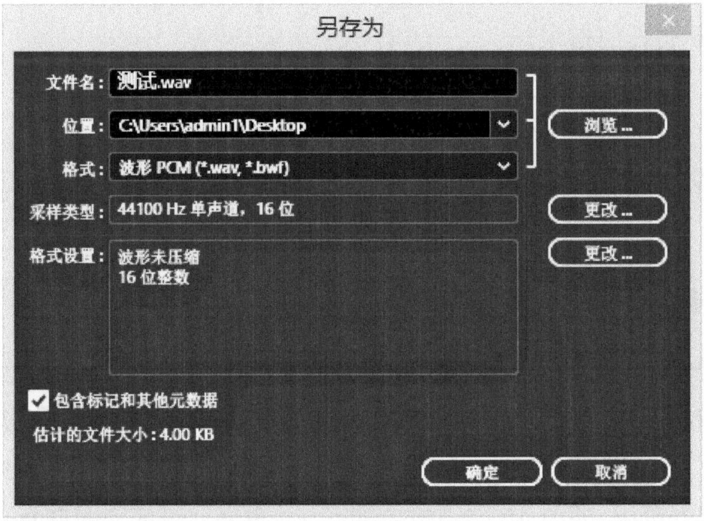

图 3－83　"另存为"窗口

2. "关闭全部"

执行菜单"文件>关闭全部"，将对所有的音频文件执行"关闭"指令。

3. "保存"

如果音频文件的波形数据被编辑改动过，该指令被激活。执行菜单"文件>保存"，弹出"Audition"窗口询问是否保存并更改到当前文件，点击"是"，原音频文件被更改后的新文件替代。

4. "另存为"

采用"另存为"方式保存文件，Audition 会生成为新的音频文件。执行菜单“文件>另存为”，弹出“另存为”窗口，设置“文件名”“位置”“格式”“采样类型”等参数后，文件被保存至指定位置。

5.“将选区保存为”

在“波形编辑区”框选任意波形范围，执行菜单“文件>将选区保存为”，弹出“选区另存为”窗口，设置“文件名”“位置”“格式”“采样类型”等参数，点击“确认”，选区数据以音频文件形式被保存至指定位置。

6.“全部保存”

执行菜单“文件>全部保存”后，如果音频文件的波形数据被编辑改动，将对该音频文件执行“保存”指令；如果是新建、生成或录制的音频文件，将对该音频文件执行“另存为”指令；如果音频文件的波形数据没有被编辑改动，则不执行任何指令。

3.4 多轨编辑技术详解

3.4.1 修剪与拆分

1. 修剪

修剪指令用于调整区段波形的边界范围，但不会移动区段波形的位置。将鼠标移至区段边界左侧或右侧，鼠标变成“修剪”控件，拖动鼠标即可调整区段的边界范围，如图 3-84 所示。此外，还可以通过建立时间选区修剪区段的边界范围，使用“时间选择工具”在所选区段框选一段时间范围，执行菜单“剪辑>修剪到时间选区”，选区范围内的区段波形被保留，选区范围之外的部分被自动删除。值得注意的是，区段边界的最大范围是源音频文件的

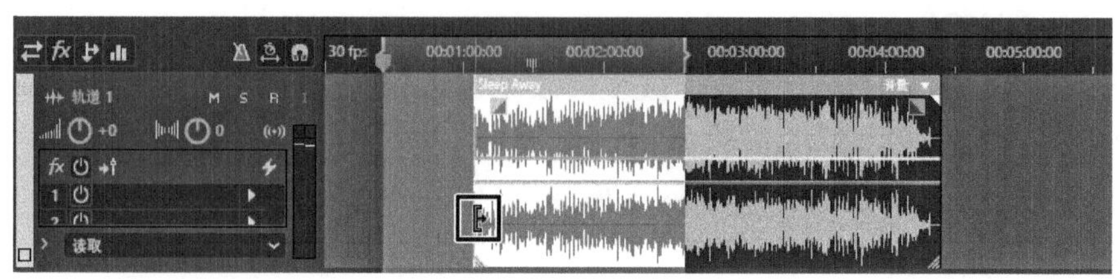

图 3-84 “修剪”控件及区段波形边界

起始范围,“修剪”指令仅能在区段边界的最大范围内执行。

2. 拆分

一个区段可以被拆分为多个区段,被拆分的区段还可以通过“修剪”控件调整边界范围。

拆分单个区段(单轨):使用“时间选择工具”单击选中任意区段,将播放指示器移至拆分时间点,执行菜单“剪辑>拆分”,区段被分割为两个区段。“拆分”指令对应工具栏的“切断所选剪辑工具”(详情可参看“3.2.15 工具面板”章节)。

拆分播放指示器下的所有区段(多轨):将播放指示器移至拆分的时间点,执行菜单“剪辑>拆分播放指示器下的所有剪辑”,纵列波形被全部分割。该指令对应工具栏的“切断所有剪辑工具”(详情可参看“3.2.15 工具面板”章节)。

3.4.2　合并剪辑与变换为唯一拷贝

1. “合并剪辑”

同一音轨内的多个区段可以合并为一个区段。长按 ctrl 控制键,使用“移动工具”选择同一音轨内的多个区段,或者用鼠标框选多个区段(所选区段的声道数必须相同),执行“剪辑>合并剪辑”,多个区段被合并为一个区段。如果原区段之间有时间间隔,这段时间范围会被合并为振幅值为 $-\infty$ dBFS的波形区间。针对原区段波形的编辑,淡入淡出、伸缩、音量/声像自动化包络、区段效果器等指令会渲染到合并的新区段中。

渲染完成后,合并的新区段会显示在“文件”面板中,并存储至工程文件夹中的“Merged Files”子文件夹内。

2. “变换为唯一副本”

选择区段波形,执行菜单“剪辑>变换为唯一拷贝”,所选区段会以当前边界变换为新区段。针对原区段波形的编辑,淡入淡出、伸缩、音量/声像自动化包络、区段效果器等指令不会渲染到变换的新区段中。

渲染完成后,变换的新区段会显示在“文件”面板中,并存储至工程文件夹中的“Bounced Files”子文件夹内。

3.4.3　自动语音对齐

当同期声录音的质量达不到创作者要求时,可以采用后期配音的方式替换原声音素材，即 ADR 自动对白替换。为了保证配音与画面同步，需要参照原声音素材匹配语速和节奏。一般情况下，专业配音员都能高效地完成配音，但有些同步细节还是需要通过“弹性音频”①工具进行微调。相比“弹性音频”工具，Audition 软件提供了更为便捷的“自动语音对齐”功能，能够自动化调整语速和节奏，处理口型不同步的问题。具体操作为：

第一步，将同期声素材与配音素材导入到音轨中，长按“ctrl”控制键，使用“移动工具”，选择这两段素材。

第二步，执行菜单“剪辑＞自动语音对齐”，弹出“自动语音对齐”窗口。

第三步，将同期声素材设置为“参考剪辑”，点击“确定”即可将配音素材对齐到同期声素材。渲染完成后，对齐的新区段会显示在“文件”面板中。“自动语音对齐”窗口如图 3－85 所示。

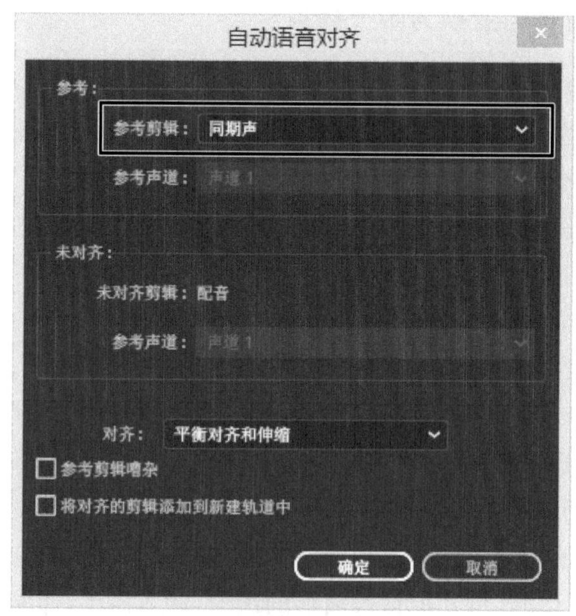

图 3－85 “自动语音对齐”窗口

3.4.4 区段属性基本设置

区段属性基本设置包括“重命名”“剪辑增益”“剪辑/组颜色”“锁定时

① 虞志勇. Pro Tools 音乐制作从入门到精通[M]. 北京：人民邮电出版社，2009：120.

间”“循环”和“静音”，相关参数可以在“剪辑”菜单下设置，也可以在“属性”面板修改，还可以使用鼠标右键“点击区段”选择子菜单进行设置。

1.“重命名”

重命名区段名称。选择任意区段波形(高亮显示)，执行菜单“剪辑＞重命名”，弹出“属性”面板窗口，在“名称”框中输入自定义的名称，该区段左上角的名称会同步变更。“属性”面板如图 3－86 所示。

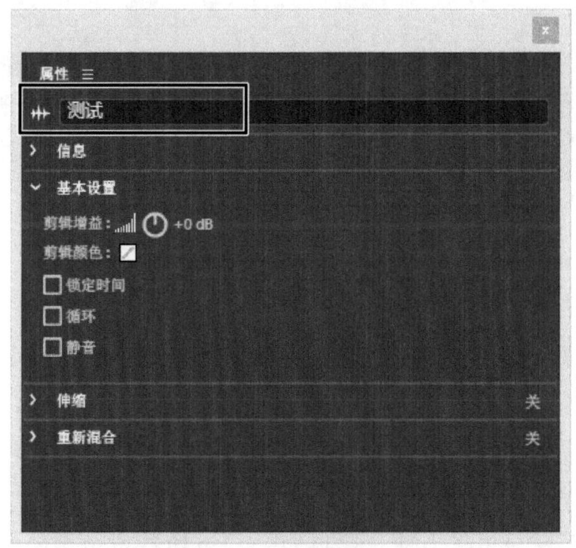

图 3－86　“属性”面板

2.“剪辑增益”

控制区段波形的振幅。选择任意区段波形，执行菜单中的“剪辑＞剪辑增益”，会弹出“属性”面板窗口，拖动“剪辑增益”旋钮可增大或衰减区段波形的振幅(也可直接输入 dB 值)，调整后的 dB 值会显示在区段波形的左下角。

3.“剪辑/组颜色”

更改区段或区段组的颜色。默认情况下，区段波形的颜色与所在轨道的颜色条同步，但也可以单独设置区段波形的颜色。选择任意区段波形，执行菜单中的“剪辑＞剪辑/组颜色”，会弹出“剪辑颜色”窗口，选择颜色即可更改区段波形的颜色。

4.“锁定时间”

锁定区段或区段组的时间位置。选择任意区段或区段组，执行菜单中的“剪辑>锁定时间”，此时，区段纵向的音轨位置仍然可以移动，但区段横向的时间位置会被锁定。同时，区段波形的左下角会显示“锁定”图标，如图3－87所示。

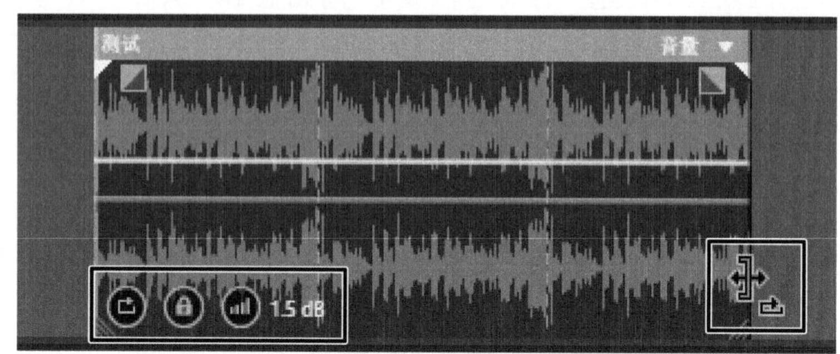

图3－87　循环

5．“循环”

对区段所属源音频文件的起始范围执行循环扩展。如果区段是源音频文件的中间部分，选择该区段，执行菜单中的“剪辑>循环”，通过“修剪”控件拖动区段边界至源文件开始点或结束点之后才会再次循环。如果需要对该区段当前边界范围执行“循环”指令，要先将该区段变换为“新区段”，可执行菜单中的“剪辑>变换为唯一拷贝”指令，再执行菜单中的“剪辑>循环”，拖动区段边界（鼠标变成“修剪/循环”图标）即可循环，如图3－87所示。

6．“静音”

将区段或区段组设置为静音。选择任意区段或区段组，执行菜单中的“剪辑>静音”，波形颜色会变成灰色，区段或区段组被静音。

3.4.5　选择区段与选择时间范围

使用“移动工具”点选区段或搭配“ctrl”控制键加选、减选区段是选择区段最常用的方式；使用“时间选择工具”任意框选范围是选择时间范围最常用的方式。但是，如果涉及全局或区域范围内的数据选择，使用“选择”指令则更为高效。

1．“全选/取消全选”

执行菜单“编辑>选择>全选/取消全选”，可以选择所有区段或取消全选。

2.“所选轨道内的所有剪辑”

将鼠标移至某个轨道所属的“轨道参数区”或“波形编辑区”，单击鼠标选中该轨道（高亮显示），执行菜单中的“编辑＞选择＞所选轨道内的所有剪辑”，可以选中该轨道内的所有区段。

3.“直到会话开头的剪辑”

将播放指示器拖动至时间标尺的中间位置，执行菜单中的“编辑＞选择＞所选轨道内的所有剪辑”，可以选中播放指示器至工程开头之间的所有区段。

4.“直到会话末尾的剪辑”

将播放指示器拖动至时间标尺的中间位置，执行菜单“编辑＞选择＞所选轨道内的所有剪辑”，可以选中播放指示器至工程末尾之间的所有区段。

5.“选择当前视图时间”

执行菜单“编辑＞选择＞选择当前视图时间”，可以选择当前视图显示的时间范围。

6.“选择所有时间”

执行菜单“编辑＞选择＞选择所有时间”，可以选择整个工程的时间范围。

3.4.6　分组

将区段编组便于对素材进行管理，提高工作效率。分组指令可以在菜单“剪辑＞分组”执行，也可以在“波形编辑区”点击鼠标右键进入“分组”菜单执行。

1.“将剪辑分组”

将多个区段编为一个组，可以统一控制区段组的颜色、位移、伸缩等。在工具栏选择“移动工具”，长按“ctrl”键单击选择多个区段，或者用鼠标框选多个区段，执行菜单“剪辑＞分组＞将剪辑分组”，所选区段被编为一个组，区段左下角会显示“ 编组”图标，波形变成统一颜色。

2.“挂起组”

当多个区段编为一个组后，如果需要临时单独编辑某个区段，可使用

“移动工具”单击编组中的任意区段，执行菜单“剪辑＞分组＞挂起组”，区段左下角会显示“挂起组”图标，此时就可以单独编辑该区段了。编辑完成后，取消勾选 “挂起组”即可恢复编组状态。

3.“从组中移除焦点剪辑”

该指令可以将某个区段移除编组。使用“移动工具”单击需要移除的区段，执行菜单中的“剪辑＞分组＞从组中移除焦点剪辑”，该区段脱离编组。

4.“取消分组所选剪辑”

该指令可以将编组解除。使用“移动工具”单击编组中的任意区段，执行菜单中的“剪辑＞分组＞取消分组所选剪辑”，编组被解除。

3.4.7 伸缩

“修剪”控件可以控制区段的边界范围，“伸缩”控件能拉伸或压缩区段的时长。区段时长被拉伸后，音频速度会变慢；区段时长被压缩后，音频速度会变快。伸缩指令可以在菜单“剪辑＞伸缩”执行，也可以在“属性”面板操作。

1.“启动全局剪辑伸缩”

执行菜单“剪辑＞伸缩＞启动全局剪辑伸缩（勾选）”后，所有区段波形的左上角和右上角会显示“伸缩”控件。将鼠标移至伸缩控件后，鼠标变成“双箭头＋时钟”图标，拖动控件可拉伸或压缩区段时长。执行完指令后，区段波形左下角会显示“伸缩”图标以及伸缩比（原速度为100％）。

2.“伸缩模式”

执行菜单“剪辑＞伸缩＞伸缩模式＞实时/渲染（二选一）”，可以选择执行伸缩指令的两种运算模式。“实时”模式是对音频数据流实时运算处理，处理过程不会修改原始音频数据；“渲染”模式是对音频（音源）文件进行非实时效果渲染，原始音频数据被修改。“实时”模式的优势是不破坏原始音频数据，“渲染”模式的优势是提前渲染数据，减轻计算机实时运算负担。

3.“实时呈现所有伸缩的剪辑”

实时呈现所有伸缩的剪辑对应“伸缩模式＞实时”。当伸缩模式处于“渲染”模式时，执行菜单“剪辑＞伸缩＞伸缩模式＞实时呈现所有伸缩的剪辑”，伸缩模式变为“实时”模式。

4. “呈现所有伸缩的剪辑”

实时呈现所有伸缩的剪辑对应“伸缩模式>实时”。当伸缩模式处于“实时”模式时，执行菜单“剪辑>伸缩>伸缩模式>呈现所有伸缩的剪辑”，伸缩模式变为“渲染”模式。

5. “伸缩属性”

选择任意区段波形，执行菜单“剪辑>伸缩>伸缩属性”后，属性面板的伸缩栏被展开，可以调整区段伸缩的“模式”“类型”“持续时间”“伸缩”比例和“音调”等参数，如图 3－88 所示。

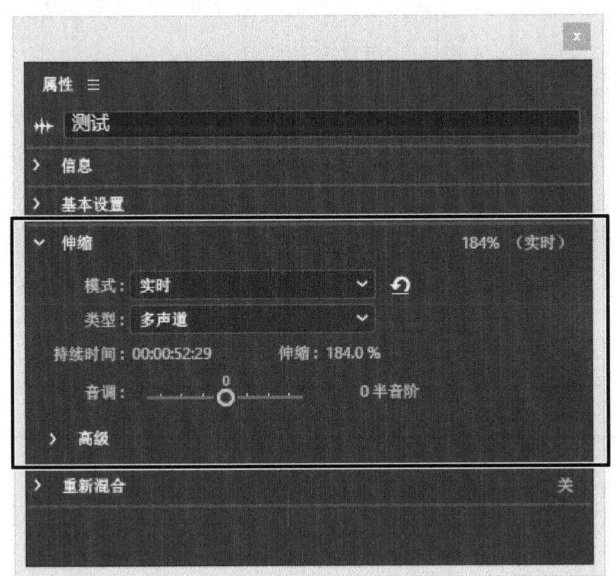

图 3－88　“属性—伸缩”面板

3.4.8　重新混合

“重新混合”是 Audition 软件提供的音乐智能合成功能，该功能通过节拍检测、内容分析等智能技术将音乐片段重新混合为新的乐章组合，以匹配视频或工程的时间长度。具体操作步骤如下：

第一步，使用“移动工具”单击鼠标，选中一个区段波形。

第二步，执行菜单“剪辑>重新混合>启用重新混合”，Audition 自动分析该区段的音频内容。分析完毕后，区段波形的左上角和右上角将变为“重新混合”控件。同时，“属性”面板中的“重新混合”选项被激活。

第三步，将鼠标移至区段波形的“重新混合”控件，拖动控件到需要的长度，Audition 自动将原区段混合为新的乐章组合。或者在“属性”面板的“重新混合”选项输入“目标持续时间”，Audition 将根据设定时间重新混合音频内容。新混合的区段会显示纵向“波纹”，表示该位置范围是重新混合编排的区域，如图 3-89 所示。

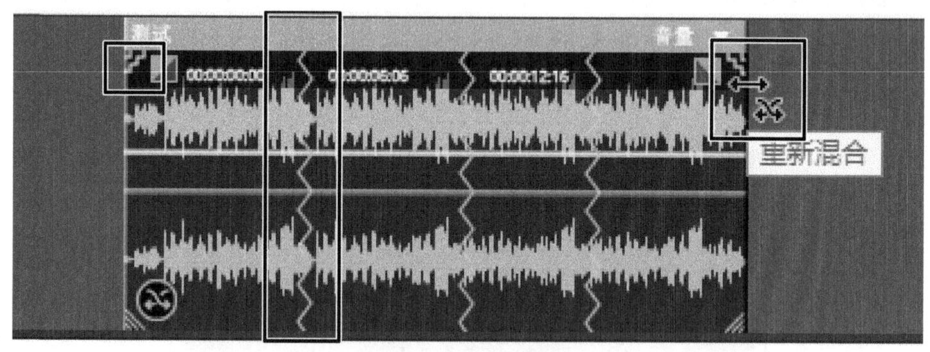

图 3-89　重新混合

3.4.9　淡入、淡出与交叉淡化

3.4.9.1　“淡入”

选择任意区段波形，执行菜单“剪辑>淡入>淡入”，区段音量随时间推移由小变大。具体操作可参看“3.1.3.2 音频导入与基础编辑”章节。

3.4.9.2　“淡出”

选择任意区段波形，执行菜单中的“剪辑>淡出>淡出”选项，区段音量随时间的推移由大变小。具体操作可参看“3.1.3.2 音频导入与基础编辑”章节。

3.4.9.3　“交叉淡化”

该指令用于控制两个区段音量的衔接过渡。将两个区段波形的首尾重叠放置，执行菜单中的“剪辑>启用自动交叉淡化(勾选)”选项，重叠区域会自动执行“交叉淡化”指令，即前一个区段音量逐渐变小，后一个区段音量逐渐变大。重叠范围越大，交叉淡化的时长越长；重叠范围越小，交叉淡化的时长越短。

执行菜单中的“剪辑>淡入/淡出”选项，选择“对称”或“非对称”“线性”或“余弦”指令，这些指令决定了音量淡入/淡出的“线性值”(加速、匀速、减速变化)，如图 3－90 所示。

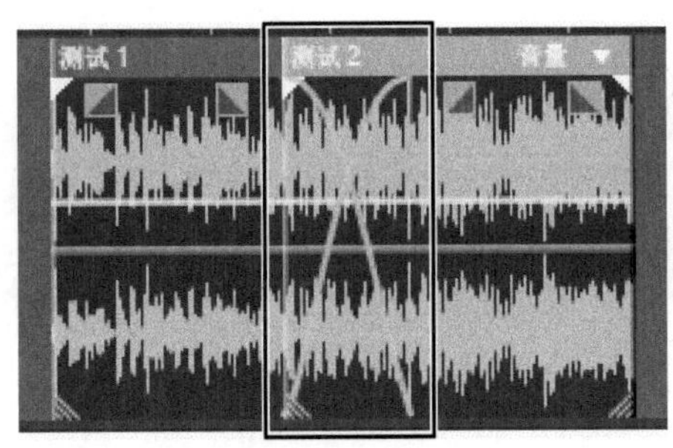

图 3－90　交叉淡化

3.4.10　轨道类型

轨道类型分为“音轨”(单声道、立体声、5.1)、“总音轨”(单声道、立体声、5.1)、“视频轨”和“主控轨”。音频文件只能被插入“音轨”中编辑，其他类型的轨道不支持音频插入。

3.4.10.1　“音轨”用于区段波形编辑、声音录制、效果加载等，如图 3－91 所示。

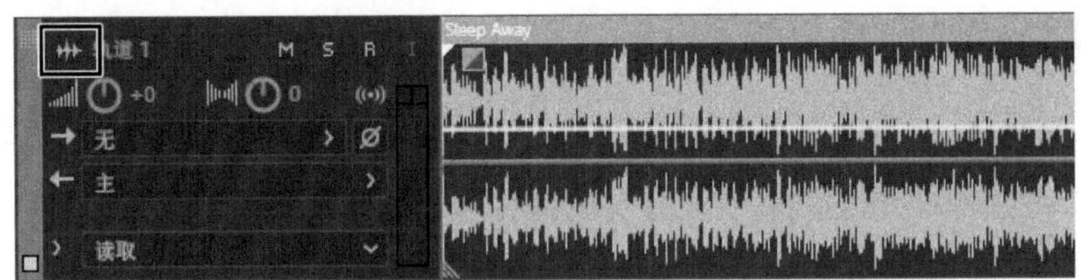

图 3－91　音轨

3.4.10.2　“总音轨”用于内部跳线(辅助输入)、效果加载等，如图 3－92 所示。

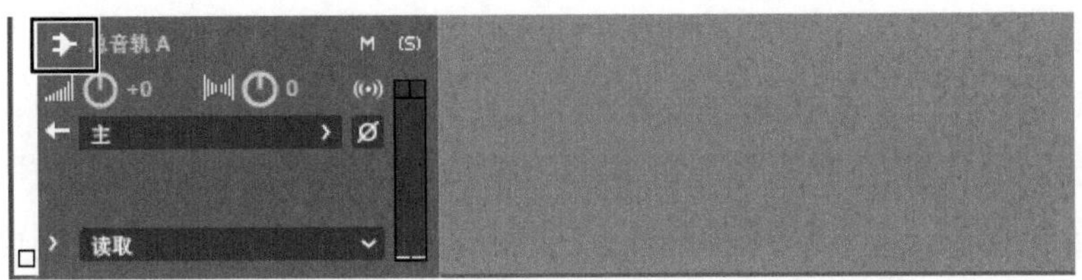

图 3－92　总音轨

3.4.10.3 “视频轨”用于简单的视频处理，如图 3－93 所示。

图 3－93 视频轨

3.4.10.4 “主控轨”用于总输出控制、效果加载，如图 3－94 所示。

图 3－94 主控轨

3.4.11 添加、删除与复制轨道

3.4.11.1 “添加轨道”

执行菜单中的“多轨＞轨道”，选择需要添加的轨道类型；或者在“波形编辑区”中点击鼠标右键，进入轨道菜单，选择需要添加的轨道类型，如图 3－95 所示。

3.4.11.2 “删除轨道”

选择任意轨道，执行执行菜单中的“多轨＞轨道＞删除所选轨道”；或者在所选轨道对应的“波形编辑区”点击鼠标右键，进入轨道菜单，删除已选择的轨道。

3.4.11.3 “复制轨道”

选择任意轨道，执行执行菜单中的“多轨＞轨道＞复制所选轨道”；或者在所选轨道对应的“波形编辑区”，点击鼠标右键进入轨道菜单，复制已选择的轨道。

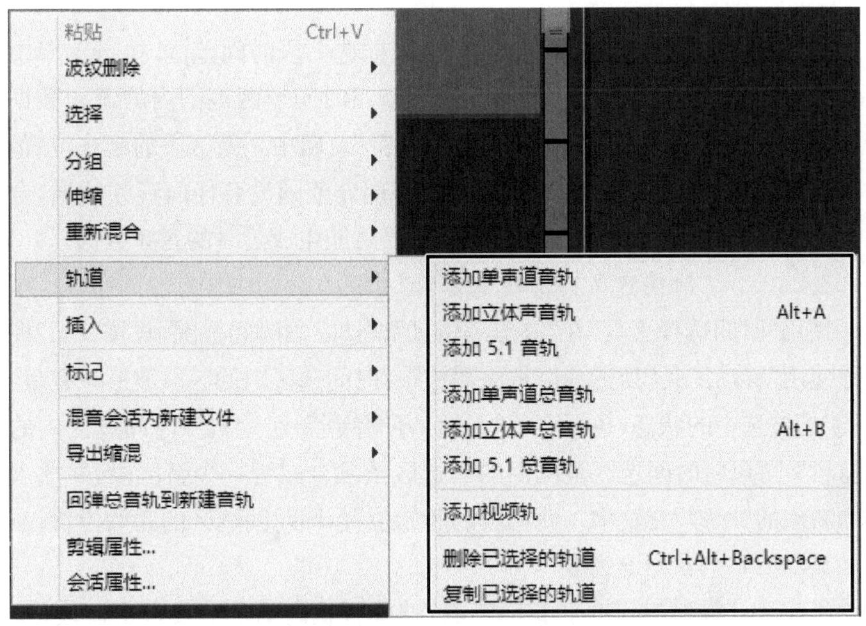

图 3－95　新建轨道

3.4.12　回弹到新建音轨

与“合并剪辑”指令将同一音轨内的多个区段合并为一个区段不同，“回弹到新建音轨”指令用于多轨混音的预合成，可将多轨混音过程中的轨道参数、区段编辑以及效果器处理加载到预合成的新区段中，并插入自动新建的“回弹”音轨。合成的新区段会显示在“文件”面板中，并存储至工程文件夹的“Bounced Files”子文件夹内。“回弹到新建音轨”指令可以预合成所选轨道、所选剪辑或时间选区内的音频数据。

3.4.12.1　“所选轨道”

选择包含区段的任意轨道，执行菜单中的“多轨＞回弹到新建音轨＞所选轨道”，可以将所选轨道内的所有区段预合成为一个新区段，并插入到自动新建的“回弹”音轨中。新区段的起点位置是原轨道时间排序最前的区段的起始位置，新区段的结束位置是原轨道时间排序最后的区段的结束位置。如果原轨道内的区段之间有时间间隔，合成后的这段时间范围为静音状态（部分效果器可能生成延时的音频数据）。

3.4.12.2 “时间选区”

使用“时间选择工具”在“波形编辑区”框选一段时间范围，执行菜单中的“多轨＞回弹到新建音轨＞时间选区”，可以将时间选区范围内的音频数据预合成为一个新区段，并插入自动新建的“回弹”音轨中。新区段的起止位置，即时间选区的起止位置。如果时间选区内有部分范围没有任何音频数据，合成后的这段时间范围为静音状态(部分效果器可能生成延时的音频数据)。

3.4.12.3 “时间选区内的所选剪辑”

使用“时间选择工具”在“波形编辑区”框选一段时间范围，长按“ctrl”控制键并使用“移动工具”加选或减选区段波形，时间选区内的区段波形只有呈“高亮”才是被选中的状态，执行菜单“多轨＞回弹到新建音轨＞时间选区内的所选剪辑”，可以将时间选区范围内的所选区段预合成为一个新区段，并插入到自动新建的“回弹”音轨中。新区段的起始位置，即时间选区的起始位置。

3.4.12.4 “仅所选剪辑”

长按 ctrl 控制键，使用“移动工具”选择音轨内的单个或多个区段，执行菜单中的“多轨＞回弹到新建音轨＞仅所选剪辑”，可以将所选区段组合成为一个新区段，并插入到自动新建的“回弹”音轨中。新区段的起点位置是时间排序最前的区段的起点位置，新区段的结束位置是时间排序最后的区段的结束位置。

3.4.13 导出音频与数据交换

根据项目需要，Audition 工程可以导出音频文件，也可以导出 OMF 或 XML 数据文件用于与其他音视频软件交换数据，如 Adobe Premiere Pro、Final Cut Pro 等。

3.4.13.1 导出音频

1. “时间选区”

使用“时间选择工具”在“波形编辑器”框选一段时间范围，执行菜单“文件＞导出＞多轨混音＞时间选区”，弹出“导出多轨混音”窗口，可设定“文件名”“位置”“格式”“采样类型”等，点击“确定”即可将时间选区范围的多轨混音工程导出为音频文件。

2. “整个会话”

执行菜单“文件＞导出＞多轨混音＞整个会话”，可将多轨混音工程的全局范围导出为音频文件。

3.“所选剪辑”

长按 ctrl 控制键，使用“移动工具”，选择音轨内的单个或多个区段，执行菜单中的“文件>导出>多轨混音>所选剪辑”，可将所选区段导出为音频文件。

3.4.13.2　数据交换

音视频制作是一项复杂的系统工作，数据需要在各个环节、部门之间交换传输。在音视频制作的常规流程中，画面定剪之后，剪辑师需要将视频工程中的音频数据和定剪视频移交给混音师，混音师会用这些文件在音频软件创建一个混音工程，在确保声音质量、声画同步等数据没有问题之后，就可以开展混音工作了。

但是，各类音视频软件的工程数据都有专有格式，数据之间互不兼容，这就需要建立标准化的“交换协议”文件，以便在不同的平台软件中交换数据。例如，OMF 和 XML“交换协议”文件可以存储多轨混音工程的相关数据，这些数据可以在 Adobe Audition、Adobe Premiere、Steinberg Cubase、Avid Pro Tools、Final Cut Pro 等软件中交换使用。随着数字技术的发展，数据交换传输的流程越来越规范，“交换协议”文件不仅提高了音视频制作的效率，也推动了音视频行业数据交换传输的标准化。

1. OMF 文件

OMF 是 Open Media Framework(开放媒体框架)的缩写，是专门为在不同软件平台之间传输媒体数据而设计的文件格式。OMF 本质上是打包音频工程，支持高品质的 WAV、AIFF 无压缩音频格式以及 24 位量化精度。下面以 Adobe Premiere 与 Adobe Audition 交换 OMF 文件为例，具体操作如下：

第一步，视频剪辑工作结束，确认画面定剪。

第二步，在 Premiere 执行菜单“文件>导出>OMF”，弹出“OMF 导出设置”窗口，可设定“OMF 文件名”“采样率”“每采样位数”等参数，“文件”选项一般选择“嵌入音频”(可将音频全部封装在 OMF 文件中，以免数据离线)，点击“确定—保存”即可生成 OMF 文件，如图 3-96 所示。

第三步，在 Audition 执行菜单中的“文件>打开”指令，选择 OMF 文件，将 OMF 封装的音频文件提取至指定位置后，Premiere 工程的音频数据被导入至多轨编辑器中。

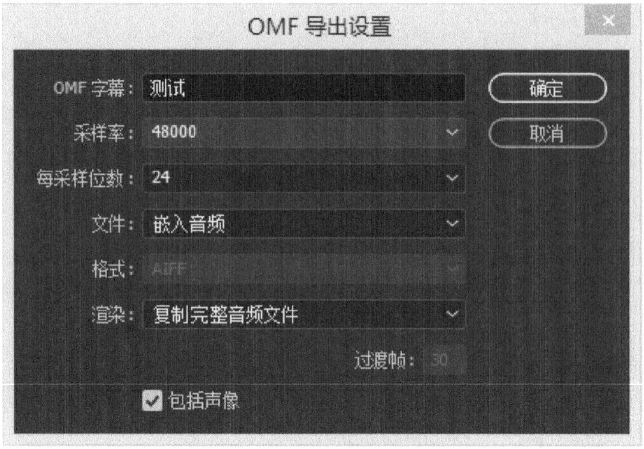

图 3-96 “OMF 导出设置”窗口

第四步，在 Audition 执行菜单中的“文件＞导入”指令，选择定剪视频，点击“打开”。执行菜单“多轨＞轨道＞添加视频轨”，将定剪视频拖入视频轨。

第五步，检查声音质量、声画同步等问题。

第六步，整理工程文件，开展后期混音工作。

2. XML 文件

XML 是 Extensible Markup Language（可扩展标记语言）的缩写，用于描述媒体资产、项目、剪辑事件等信息，形成适用于后期剪辑的标记文本。Audition 软件支持 FCP XML（Final Cut Pro）、Premiere XML 等交换格式，下面以 Adobe Premiere 与 Adobe Audition 交换 XML 文件为例，具体操作如下：

第一步，在 Audition 执行菜单“文件＞导出＞导出到 Adobe Premiere Pro”，弹出“导出到 Adobe Premiere Pro”窗口，如图 3-97 所示。

第二步，设定“文件名”“位置”“采样率”和“选项”等相关参数，点击“导出”即可在指定位置打包音频数据并生成 XML 文件。

第三步，启动 Adobe Premiere Pro，新建项目，执行菜单“文件＞导入”，选择之前生成的 XML 文件，Audition 音频数据被导入 Premiere。

3.4.14 工程保存与工程管理

工程保存是项目工程管理的重要环节。Audition 软件在新建多轨混音

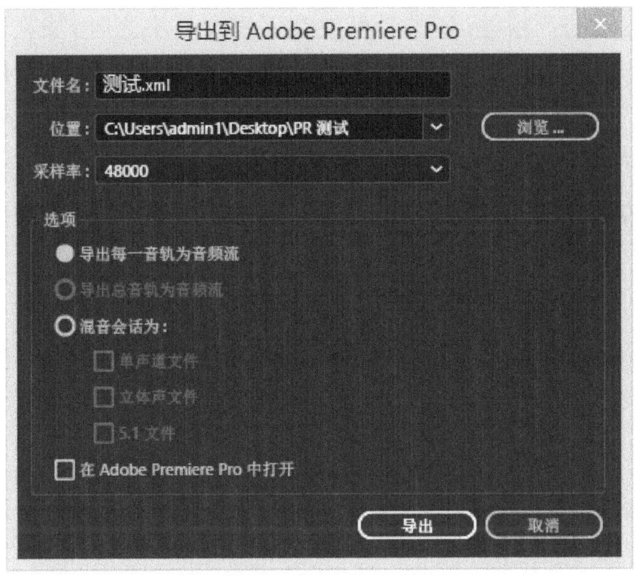

图 3 - 97　"导出到 Adobe Premiere Pro"窗口

工程时，会以"会话名称"创建工程文件夹，所有相关的数据都可以收集、存储在该工程文件夹中。根据不同的工作场景，工程文件夹可能包含以下文件及子文件夹：

1. ".sesx"工程文件

存储工程数据。启动".sesx"工程文件时，Audition 会自动关联相关音视频数据。

2. "Backup"文件夹

自动备份".sesx"工程文件。执行菜单"编辑＞首选项＞自动保存"，可以设置备份间隔时间与备份文件的数量。

3. "Bounced Files"文件夹

当执行"变换为唯一副本"或"回弹到新建音轨"指令后，Audition 会自动创建"Bounced Files"子文件夹存储新合成的音频文件。

4. "Merged Files"文件夹

当执行"合并剪辑"指令后，Audition 会自动创建"Merged Files"子文件夹，存储新合并的音频文件。

5. "Imported Files"文件夹

与工程相关的音视频文件有些会默认存放在工程文件夹内，如录制的音频、采样转换的音频等；有些会存放在工程文件夹之外，如在其他盘符的关联素材。当执行菜单“文件>保存”时，会弹出窗口询问“是否要将工程——文件夹之外的素材复制到工程文件夹内”，点击“是”，工程自动创建“Imported Files”文件夹并复制存储关联素材。“素材丢失”是工程交接常见的问题，将工程相关的数据统一收集到工程文件夹内，有利于工程数据管理。

6. “Recorded”文件夹

当音轨采录音频信号后，Audition 会自动创建“Recorded”子文件夹，存储录制的音频文件。

第 4 章 声效制作

Adobe Audition 提供了 50 多个的声音效果器，选择菜单“效果”可以查看效果组别，如“振幅与压限”“延迟与回声”“滤波与均衡”“调制”“降噪/恢复”“混响”“特殊效果”“立体声声像”“时间与变调”等。此外，Audition 作为宿主软件能够加载第三方效果插件。本章以案例讲解的方式介绍常用效果器的工作原理和操作方法。

4.1 振幅与压限

4.1.1 消除齿音

齿音是舌尖音的一种，是用舌面或舌尖抵住门牙或门牙附近发出的声音，例如“迟”“值”等字音。在人声录制过程中，频率偏高的齿音再加上发音者习惯上的强调就会产生刺耳的齿音。使用“消除齿音”效果器可以适当降低“齿音”的强度，让声音听感变得柔和。“消除齿音”效果器本质上一个针对特定范围频率的压缩器，特定范围，即声源中齿音所在的声域，当齿音的强度超过阈值后，效果器会将探测到的这部分声能“压”下去，从而达到消除齿音的效果。具体操作如下：

第一步，打开“齿音测试”文件，执行菜单“效果>振幅与压限>消除齿音”，弹出“效果—消除齿音”窗口，如图 4－1 所示。

1. “预设”

齿音并不是一个固定的频率范围，因为每个人的音色不同，发声习惯也不同，有些录音设备为了美化音色，会提升某些频段的能量，这些因素造成

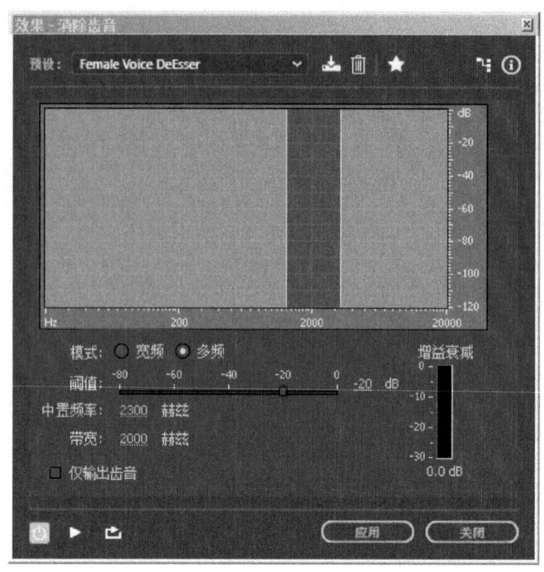

图 4-1 "消除齿音"效果器

齿音所在位置的不确定性。因此,"消除齿音"效果器提供了4 410 Hz～7 000 Hz齿音消除、女声齿音消除、男声齿音消除等预设,预设要根据具体声源的齿音特征选用。

2. "频谱显示器"

横轴为频率范围,纵轴为振幅,边界线区域是选定的齿音频率范围。点击"预览播放"后,会显示声源的动态频谱图。

3. "模式"

选择"宽带"模式,效果器会探测所有频率范围内的齿音;选择"多频段"模式,效果器会探测指定范围的齿音。

4. "阈值"

当齿音的强度超过阈值后,效果器就会将超过阈值的这部分声能部分"压"下去。阈值越低,消除齿音效果越明显,但也会触及非齿音的声能范围,导致声音失真。阈值越高,消除齿音效果越不明显。因此,要根据处理效果适度地调整阈值。

5. "中置频率"与"带宽"

控制效果器探测齿音的频率范围。"中置频率"是所选频段的中心频率点,"带宽"是所选频段的范围值。也可以将鼠标移至所选频段的边界线,鼠标变成双箭头，点击鼠标拖动可调整频率范围。通常情况下，声效师会先选择“预设”确定齿音大致的频率范围，再通过“中置频率”和“带宽”进行微调。

6. “仅输出齿音”

勾选该选项，可以监听被效果器处理过的齿音。

7. “增益降低”

实时显示齿音被压缩处理的衰减量。

第二步，在预设中选择“女声齿音消除”(示例)，点击“预览播放”，根据效果器输出的声音效果调整探测频率范围、阈值。

第三步，点击“应用”，效果器按照设定的参数渲染音频文件。

4.1.2　动态处理

“动态处理”效果器是一个有关“振幅”动态控制的综合效果器，根据不同的功能场景可以作为压缩器、噪声门和拓展器来使用，如图 4 - 2 所示。

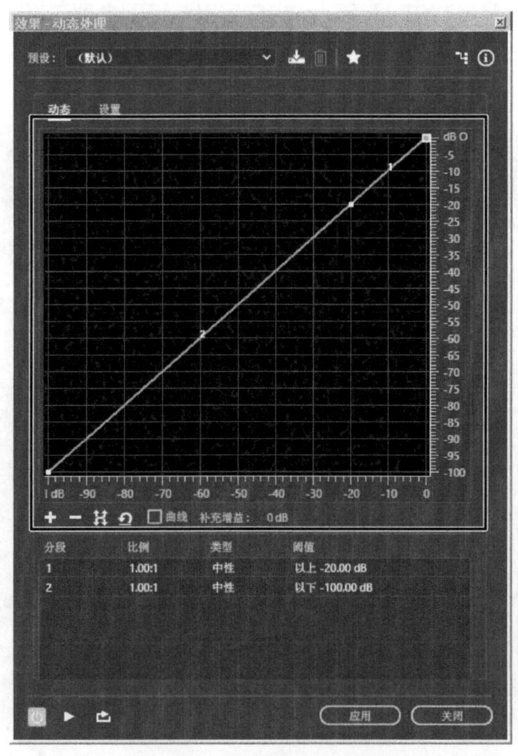

图 4 - 2　“动态处理”效果器

“动态处理”效果器的中间区域是编辑区，横轴为输入电平，纵轴为输出电平。在“默认”预设下，输入电平值等于输出电平值(编辑线为45度倾斜角)，即效果器不做任何处理。点击“＋”图标弹出“编辑点”窗口，可以在编辑线上增加一个编辑点。鼠标选择任意编辑点，点击“－”图标可以删除该编辑点。勾选“曲线”后，编辑线由线段变成曲线，数据处理在曲线模式下会相对柔和。右键点击编辑点，会弹出“编辑点”窗口，可以编辑相关参数。当音频文件被压缩处理后，整体音量的平均值会降低，通过“补充增益”可以提升整体音量。

4.1.2.1　压缩器

“动态处理”效果器可以作为压缩器使用。压缩器用于平衡声音的整体音量，使电平(音量)大小趋于一致。压缩器的工作原理是：当输入信号的电平高于阈值时，输出信号的电平会按照一定比例衰减；当输入信号的电平低于阈值时，输出信号的电平保持不变。由此，高电平被衰减，低电平保持不变，动态范围被压缩，音量大小趋于一致。压缩器工作原理如图4－3、图4－4所示。

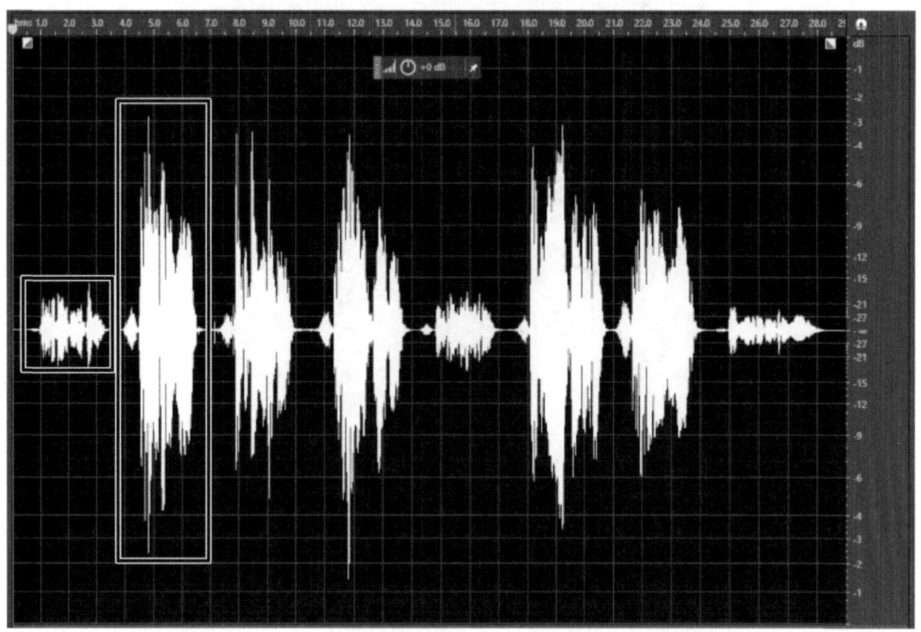

图4－3　低电平信号与高电平信号(相对大小)

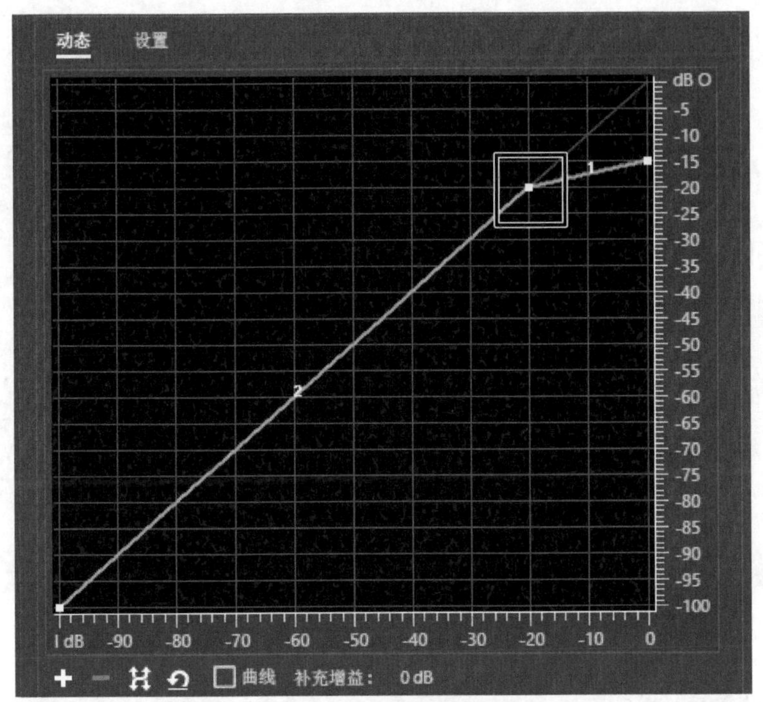

图 4－4　压缩处理

图 4－3 所示，低电平的平均峰值在－20 dB 左右，可将阈值设置为－20 dB，将输出信号的电平设置为－15 dB(压缩比)。压缩器将对高于－20 dB的信号进行压缩处理，对低于－20 dB 的信号保持不变，最终处理效果如图 4－5 所示。

4.1.2.2　噪声门

“动态处理”效果器可以作为噪声门使用。噪声门用于去除噪声，其工作原理是：当输入信号的电平低于阈值时，输出信号的电平会大幅度衰减或无电平输出。噪声样本和噪声处理参数如图 4－6、图 4－7 所示。

根据图 4－6 噪声样本所示，可将低于－40 dB 的声音信号划定为噪声范畴，当输入信号的电平低于－40 dB 时，输出信号的电平恒定为－100 dB (可视为无电平输出)，最终处理效果如图 4－8 所示。

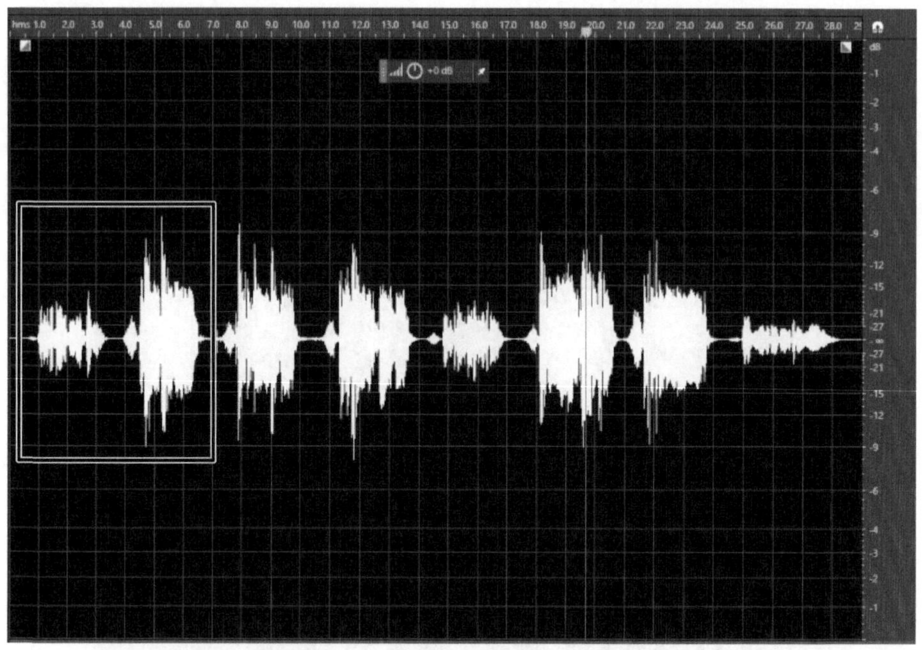

图 4－5　压缩后音量大小趋于一致

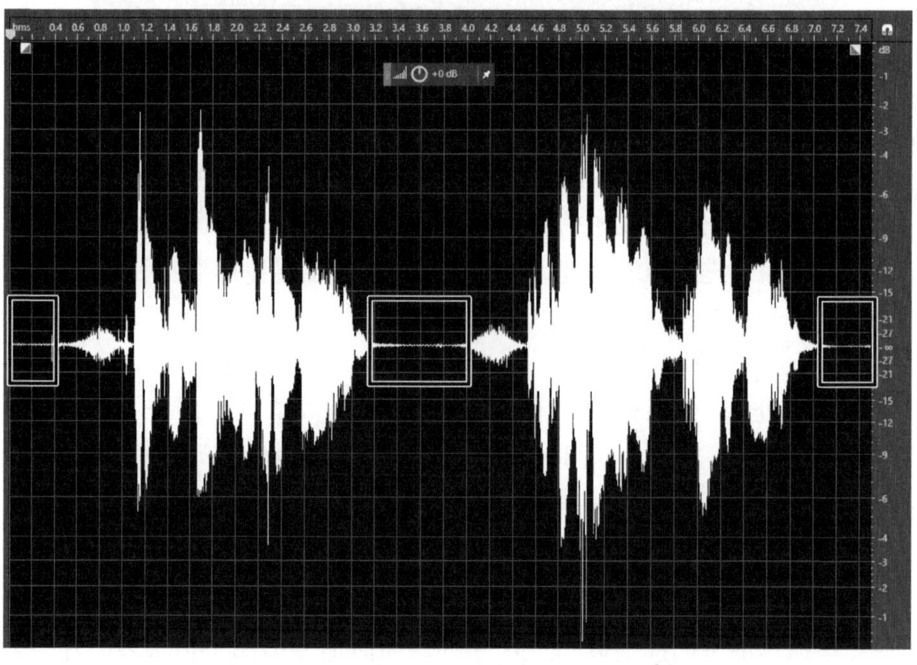

图 4－6　噪声样本

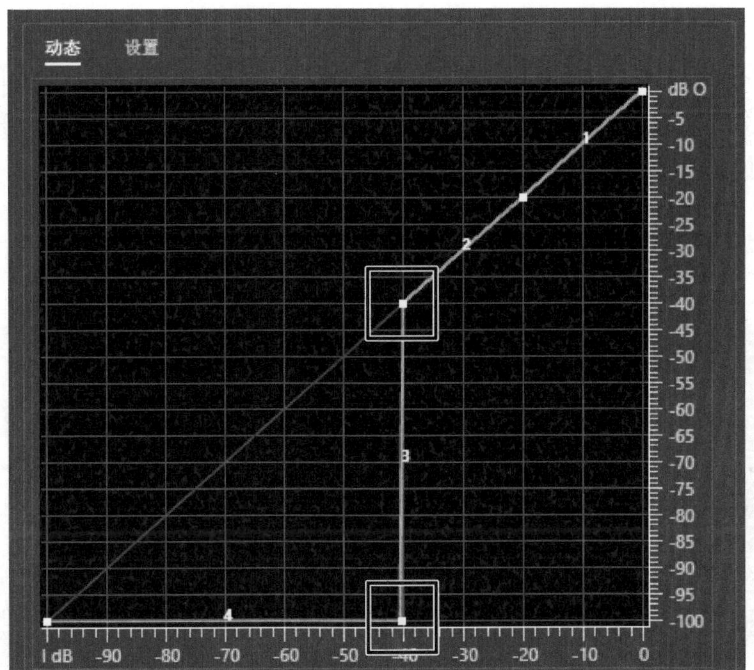

图 4-7　噪声处理参数

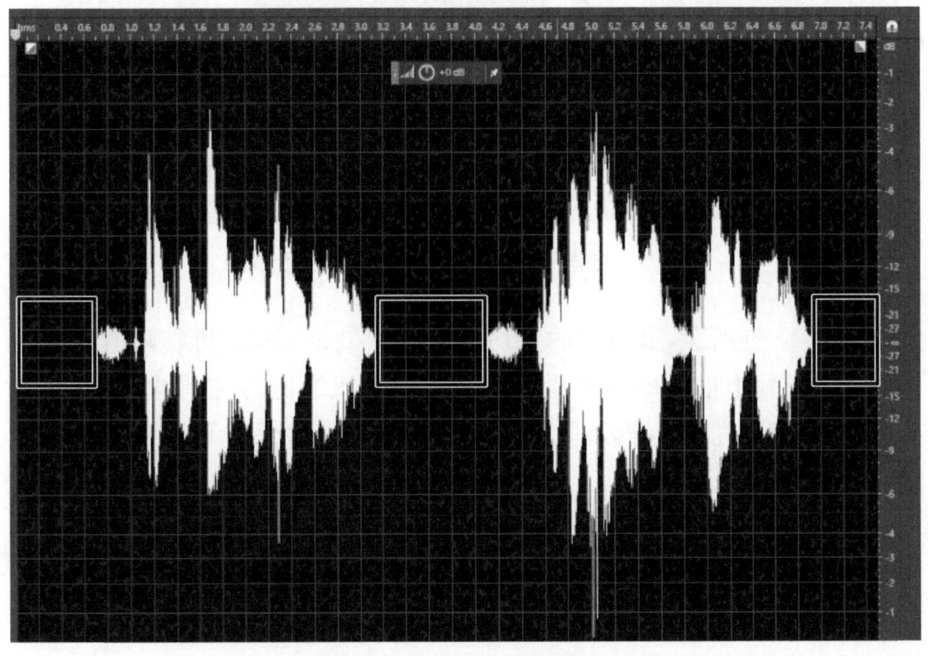

图 4-8　音频文件(噪声被去除)

4.1.2.3 拓展器

“动态处理”效果器可以作为拓展器使用。拓展器用于扩大声音的动态范围,使电平(音量)比例变大。拓展器的工作原理是:当输入信号的电平低于阈值时,输出信号的电平会按照一定比例衰减;当输入信号的电平高于阈值时,输出信号的电平保持不变。由此,低电平被衰减,高电平保持不变,动态范围扩张,音量比例变大。案例如图 4-9、图 4-10 所示。

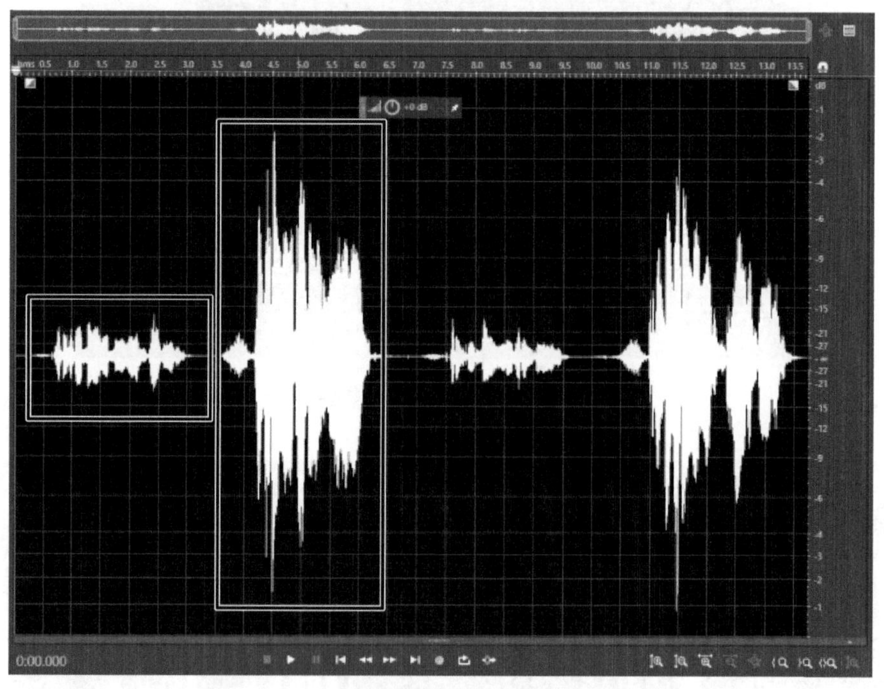

图 4-9 低电平信号与高电平信号(相对大小)

如图 4-9 所示,低电平的平均峰值在—20 dB 左右,可将阈值设置在—20 dB,将输出信号的电平设置为—30 dB(压缩比)。扩展器将对低于—20 dB的信号进行压缩处理,对高于—20 dB 的信号保持不变,最终处理效果如图 4-11 所示。

概括而言,扩展器通过衰减阈值之下的低电平信号来扩大音频信号的动态范围,压缩器通过衰减阈值之上的高电平信号来压缩声频信号的动态范围,这是扩展器与压缩器根本区别。噪声门是扩展器的特例,其通过大幅度衰减阈值之下的低电平信号以达到去除噪声的效果。

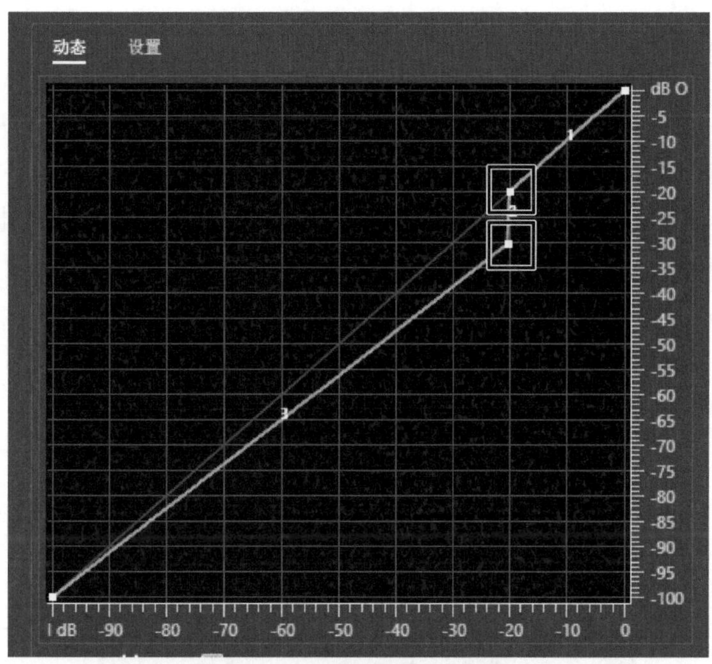

图 4-10　拓展器处理参数

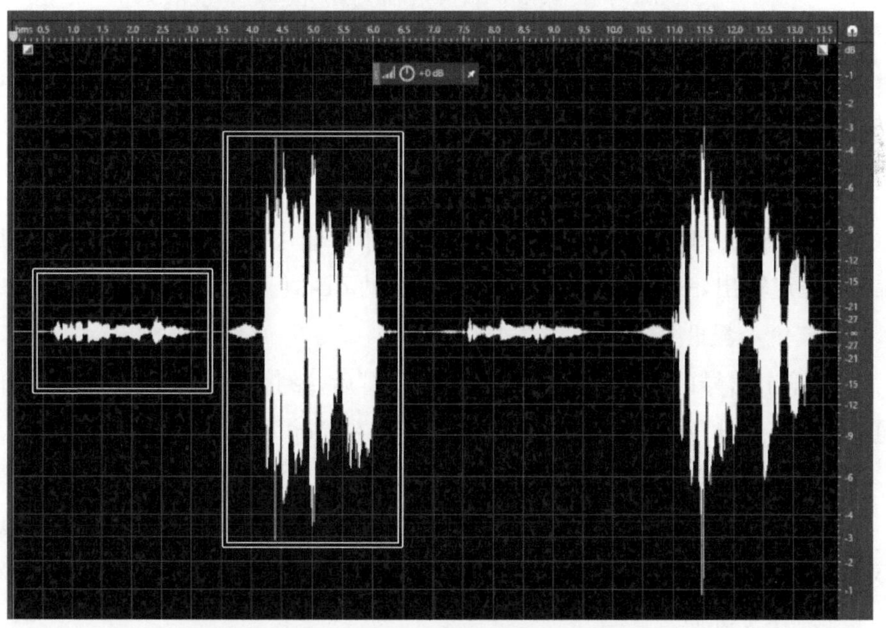

图 4-11　低电平被衰减、音量比例变大

4.1.3 强制限幅

“强制限幅”效果器用于限制声音信号的电平峰值，使音频在不失真的前提下将响度最大化。限幅器的工作原理是：当输入信号的电平高于“最大振幅”值时，输出信号的电平以“最大振幅”值恒定输出；当输入信号的电平低于阈值时，输出信号的电平保持不变。“强制限幅”效果器如图 4－12 所示。

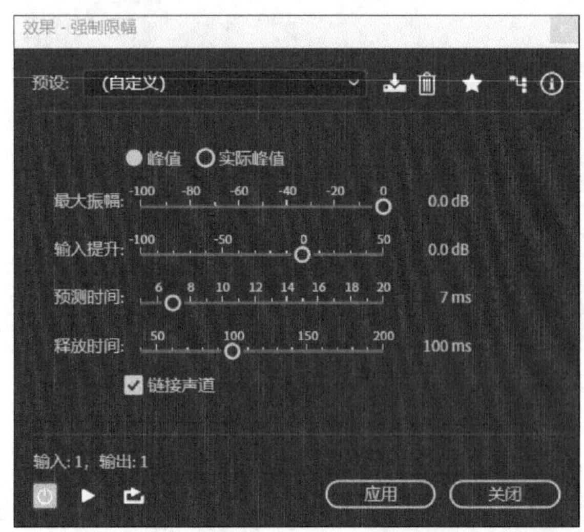

图 4－12 “强制限幅”效果器

1. “最大振幅”

当输入信号的电平高于“最大振幅”值时，输出信号的电平以“最大振幅”值恒定输出，一般直接在右侧输入限定的 dB 值。

2. “输入提升”

当输出信号的电平被限定在“最大振幅”后，整体音量的平均值会降低，通过“输入提升”可以提升音量，一般直接在右侧输入需要提升的 dB 值。

3. “预测时间”

当输入信号的电平高于“最大振幅”值后，效果器从不限幅状态到限幅状态所需要的时间。

4. “释放时间”

当输入信号的电平低于“最大振幅”值后，效果器从限幅状态到不限幅状态所需要的时间。

“预测时间”与“释放时间”一般都被设置为预设项的默认值。如果“预测时间”过短，限幅器会对瞬间电平立即做出反应；如果“释放时间”过长，声音在一段时间内不能恢复到正常音量。

5.“链接声道”

链接左右声道的响度。

以图4-13音频文件为例，执行限幅处理。

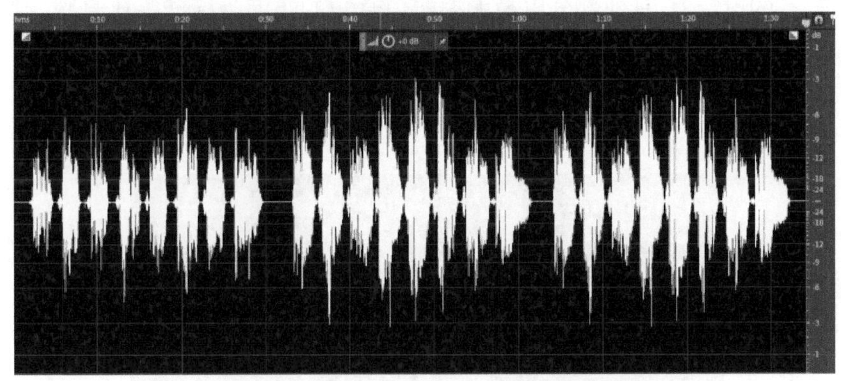

图4-13　音频文件(限幅处理前的波形)

通过“振幅标尺”可知上图音频文件的最大振幅约为－3 dB，执行菜单“效果>振幅与压限>强制限幅”，弹出“效果—强制限幅”窗口，将“最大振幅”设置为－12 dB。点击“应用”，限幅器按照设定参数渲染音频文件，最终处理效果如图4-14所示。

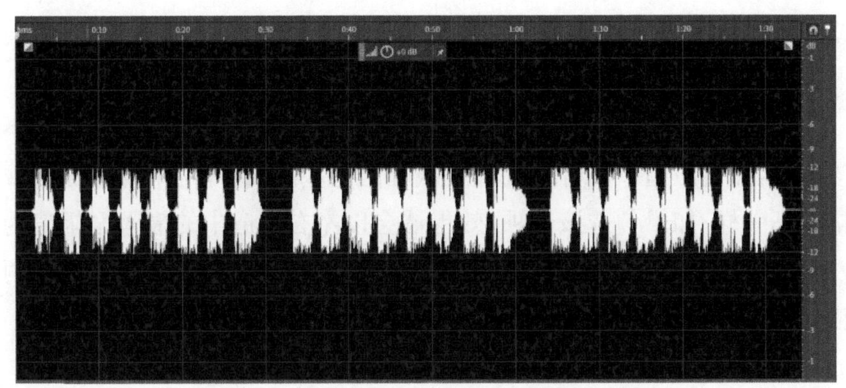

图4-14　音频文件(限幅处理后的波形)

4.1.4 标准化

“标准化”效果器可以在不失真的前提下快速提升或衰减音频文件的振幅。“标准化”效果器的工作原理是：效果器首先探测音频文件的最大振幅值，当“标准化”的设定值高于最大振幅值时，效果器会将音频文件的最大振幅值提升至“标准化”的设定值，其他部分以最大振幅值提升的幅度为标准等比提升；当“标准化”的设定值低于最大振幅值时，效果器会将音频文件的最大振幅值衰减至“标准化”的设定值，其他部分以最大振幅值衰减的幅度为标准等比衰减。执行菜单“效果＞振幅与压限＞标准化”，会弹出“标准化”窗口，如图 4-15 所示。

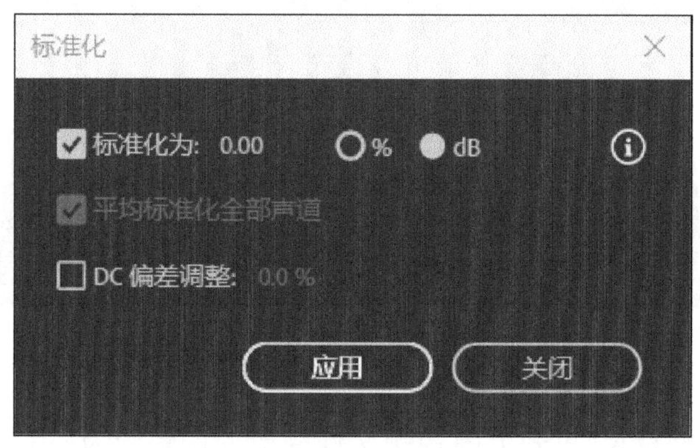

图 4-15 “标准化”效果器

1. “标准化为”

音频“标准化”提升或衰减后的最大峰值。标准化的设定值可使用百分比或 dB 单位，一般采用 dB 单位。

2. “平均标准化全部声道”

该选项在处理多声道音频文件时会被激活。以双声道为例，如果不勾选该选项，左右声道以其各自的最大振幅值为基准，最终两个声道提升或衰减幅度不一样；如果勾选该选项，效果器会以左右声道中的最大振幅值为基准，最大振幅所在的声道提升或衰减多少，另一个声道等比执行，最终两个声道提升或衰减幅度一样。

3. “DC 偏差调整”

如果录制的波形高于或低于标准中心线，可勾选该选项并设置为 0%，执行指令后波形会归置于中心位置。

以图 4－13 音频文件为例，将标准化设置为“0 dB”。点击“应用”，“标准化”效果器按照设定参数渲染音频文件，最终处理效果如图4－16 所示。

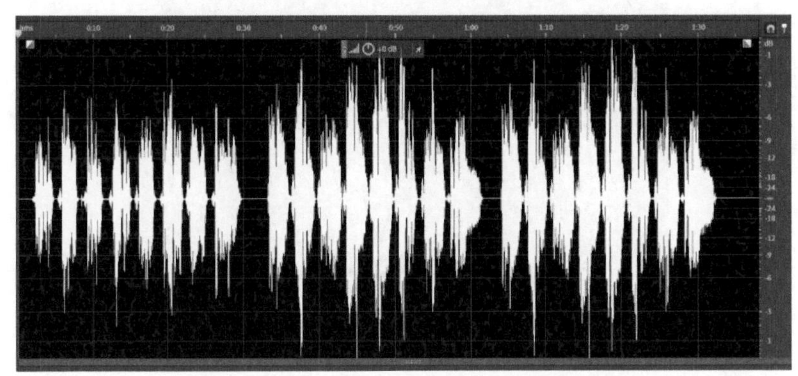

图 4－16　音频文件(标准化处理后的波形)

“标准化”效果器能够快速提升音频振幅，但不一定能够提升整体音量。例如，某个音频文件的大部分电平都为－20 dB 左右，只有一个瞬时电平为－1 dB，此时执行标准化为 0 dB 后，由于瞬时电平提升的幅度小，整个音频的电平没有得到大幅度提升，音量还是偏小。

4.2　延迟与回声

4.2.1　模拟延迟

“模拟延迟”效果器用于模拟日常生活中的回声效果或特殊的延迟叠加效果。执行菜单中的“效果>延迟与回声>模拟延迟”，弹出“效果—模拟延迟”窗口，如图 4－17 所示。

1. “预设”

“模拟延迟”效果器提供了“20 世纪 50 年代的敲击回声”“峡谷回声”“循环延迟”“配音延迟”等预设。

2. “模式”

“磁带”“磁带/音频管”“模拟”是三种不同的模拟延迟类型，每种类型具

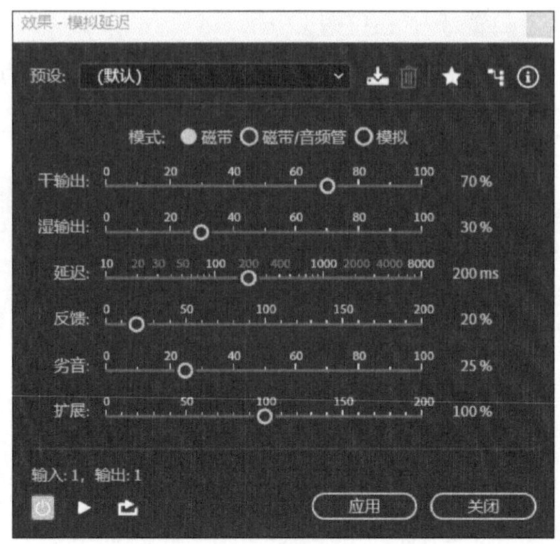

图 4-17 “模拟延迟”效果器

有不同的声音特质。

3. “干输出”与“湿输出”

“干输出”用于控制原音频的音量;“湿输出”用于控制效果器模拟出来的延迟音频的音量。音量单位以百分比表示,“100%”表示音量输出为音频的原始音量大小,“20%”表示音量输出为原音量的 20%,以此类推。

4. “延迟”

控制原音频信号与生成的延迟信号之间的间隔时间,单位为 ms 毫秒(1 000 毫秒=1 秒)。

5. “反馈”

用于控制延迟声的数量,类似重复回声。当“反馈”设置为 0%时,只有一个延迟声。

6. “劣音”

用于增加延迟声的温暖感。

7. “扩展”

用于控制延迟声的立体声宽度。

4.2.2 延迟

“延迟”效果与“模拟延迟”效果相似,但“延迟”效果器只能生成一个延迟声。如果在双声道音频加载“延迟”效果器，虽然听感上是两个延迟声，但实质上是左右声道各自生成的延迟声。执行菜单“效果>延迟与回声>延迟”，会弹出“效果—延迟”窗口，如图 4－18 所示。

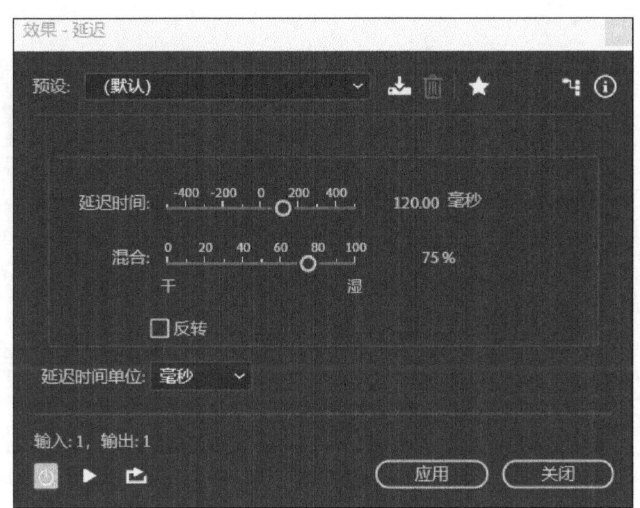

图 4－18　“延迟”效果器

1. “预设”

“延迟”效果器提供了“山谷回声”“房间临场感”“广泛最大延迟”“空间回响”等预设。

2. “延迟时间”

控制原音频信号与生成的延迟信号之间的间隔时间。

3. “混合”

原音频信号与生成的延迟信号混合的音量比例。当“混合”设置为 50%时，表示两个信号的音量相等；当“混合”参数小于 50%时，原音频信号的音量会变大，延迟信号的音量会相应变小；反之亦然。

4. “反转”

勾选该选项，延迟信号的相位会被反转，反转后的延迟信号与原音频信号重叠时可能产生特殊的声音效果(如梳状滤波效果)。

4.2.3　回声

在日常生活中，当人们在山谷大喊一声之后，通常能听到自己的回声。

“回声”效果器就是模拟生活中的回声效果，其工作原理与“模拟延迟”效果相同，但“回声”效果器可以改变“回声”的音色。执行菜单“效果＞延迟与回声＞回声”，会弹出“效果—回声”窗口，如图 4－19 所示。

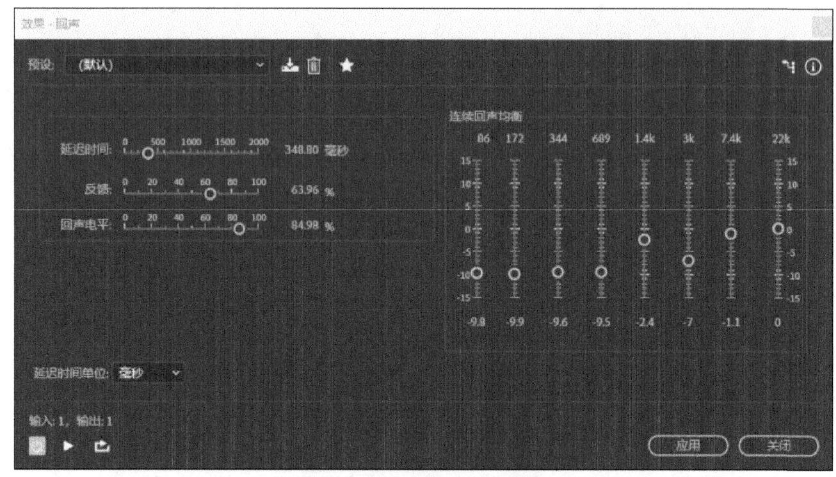

图 4－19 “回声”效果器

“延迟时间”“反馈”与“回声电平”可参看“4.2.1 模拟延迟”章节的相关参数，“回声电平”与“湿输出”相同，其他不再赘述。“连续回声均衡”的横轴表示频率，纵轴表示电平强度（增益）滑块，可以提升或衰减以固定频率点为中心的频段电平强度，从而改变“回声”的音色。

4.3 滤波与均衡

滤波与均衡类效果器可以提升某些频段的声能，用于突出声音中的特质、亮度等，也可以衰减某些频段的声能，用于掩蔽声音中的声学缺陷，还可以直接切除某些频段的声能，用于混音工作中的频率“净化”处理。因为，大多数声源的频率特性都有一定范围，例如人声的频率分布基本上都在80 Hz以上，低音提琴的频率分布基本在 150 Hz 以下，而前期录制大多采用全频段响应（20 Hz～20 kHz）的话筒，这必然会录制到超出声源频率范围的声音。当这些声音素材需要同步播放时，就会让整个声音听起来浑浊、没有层次感，通过滤波器可以将声源中非必要的频段删除，以此达到净化声音的效果。滤波与均衡类效果器还可以制作特殊音色效果，如电话声。

4.3.1　FFT 滤波器

"FFT 滤波器"是"Fast Fourier Transform"(快速傅里叶转换)的缩写，用于提升或衰减音频信号中特定频率的强度，从而改变音色。执行菜单"效果>滤波与均衡>FFT 滤波器"，会弹出"效果－FFT 滤波器"窗口，如图 4-20 所示。

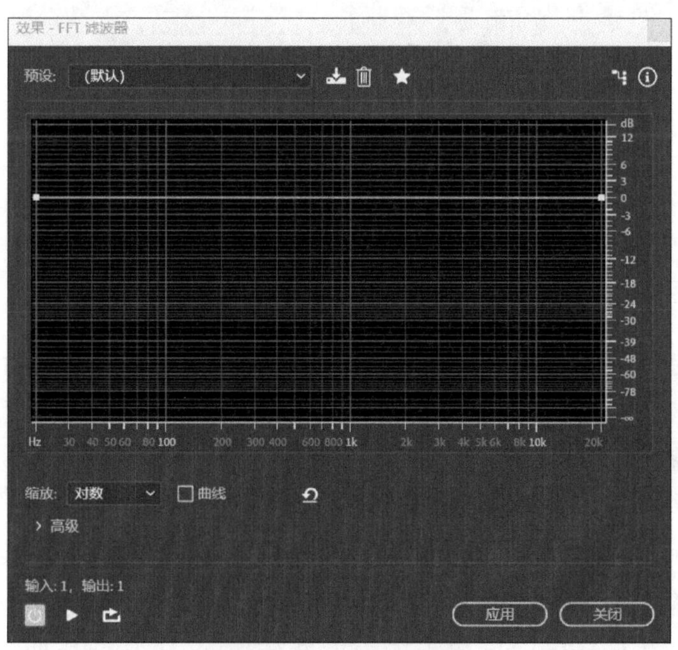

图 4-20　FFT 滤波器

1. "预设"

"FFT 滤波器"提供了"只有超重低音""只有高频音""消除话筒隆隆声""电话—听筒"等预设。

2. "频谱显示区"

横轴为频率范围，纵轴为电平强度(增益)。

在"预设"中选择"只有超重低音"，该预设适用于低音声源的频率"净化"，如低音提琴、贝斯、低音鼓等，默认参数设置如图 4-21 所示。

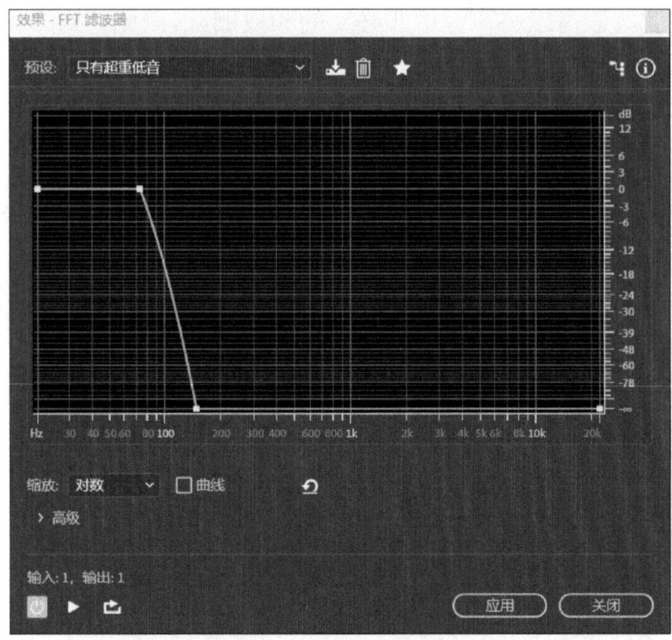

图 4-21 “只有超重低音”FFT 滤波器

根据频率控制线可知,当输入信号的频率高于 150 Hz 时,输出信号的电平恒定为−300 dB(可视为无电平输出);当输入信号的频率低于 74 Hz 时,输出信号的电平保持不变;当输入信号的频率在 74 Hz～150 Hz 时,输出信号的电平随频率升高快速衰减,直至无电平输出。

在“预设”中选择“只有高频音”,该预设大多用于低切,即将低于设定频率点的声能部分切除,让高于设定频率点的声能部分正常通过。例如人声低切处理,将低于 80 Hz 以下的声能部分切除;短笛低切处理,将低于 450 Hz 以下的声能部分切除。默认参数如图 4-22 所示。

根据频率控制线可知,当输入信号的频率低于 1 000 Hz 时,输出信号的电平恒定为−300 dB(可视为无电平输出);当输入信号的频率高于 2 000 Hz 时,输出信号的电平保持不变;当输入信号的频率在 1 000 Hz～2 000 Hz 时,输出信号的电平随频率升高逐步提升,直至恢复原信号输出值。低切参数设置可根据声源的频率特征进行调整。

在“预设”中选择“电话—听筒”,该预设适用于“电话声音效果”制作。在早期电话通信技术中,语音信号的频率范围较窄,而当代电影、电视大部

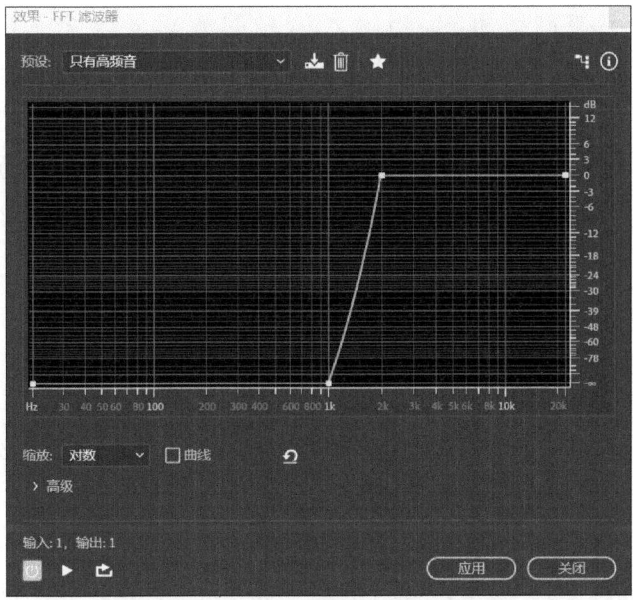

图 4－22　“只有高频音”FFT 滤波器

分场景中的“电话声”沿用了这种声音记忆，使观众在听觉习惯中接受了这种声音质感。默认参数如图 4－23 所示。

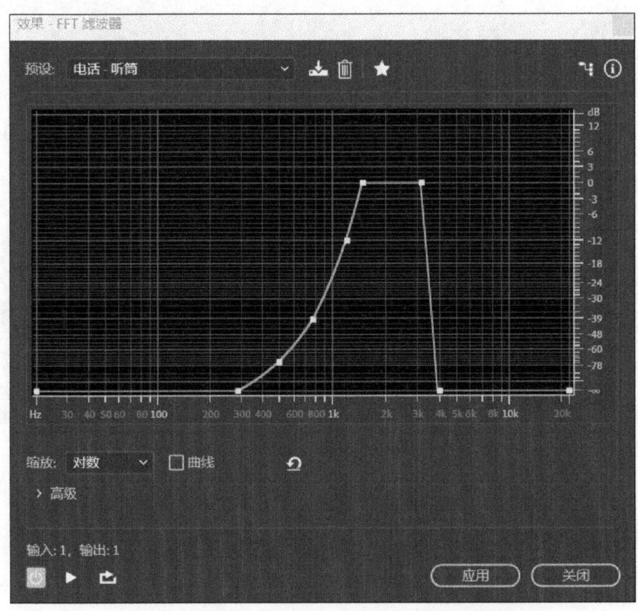

图 4－23　“电话—听筒”FFT 滤波器

根据频率控制线可知，当输入信号的频率低于 290 Hz 时、高于 4 000 Hz时，输出信号的电平恒定为－300 dB(可视为无电平输出)；当输入信号的频率在 1 480 Hz～3 200 Hz 时，输出信号的电平保持不变；当输入信号的频率在 290 Hz～1 480 Hz 时，输出信号的电平随频率升高逐步提升，直至恢复原信号输出值；当输入信号的频率在 3 200 Hz～4 000 Hz 时，输出信号的电平随频率升高快速衰减，直至无电平输出。

4.3.2 图形均衡器

图形均衡器根据可控制的频率点数量可分为 10 段、20 段和 30 段图形均衡器，执行菜单“效果＞滤波与均衡＞图形均衡器”，会弹出“效果—图形均衡器(10 段)”窗口，如图 4－24 所示。

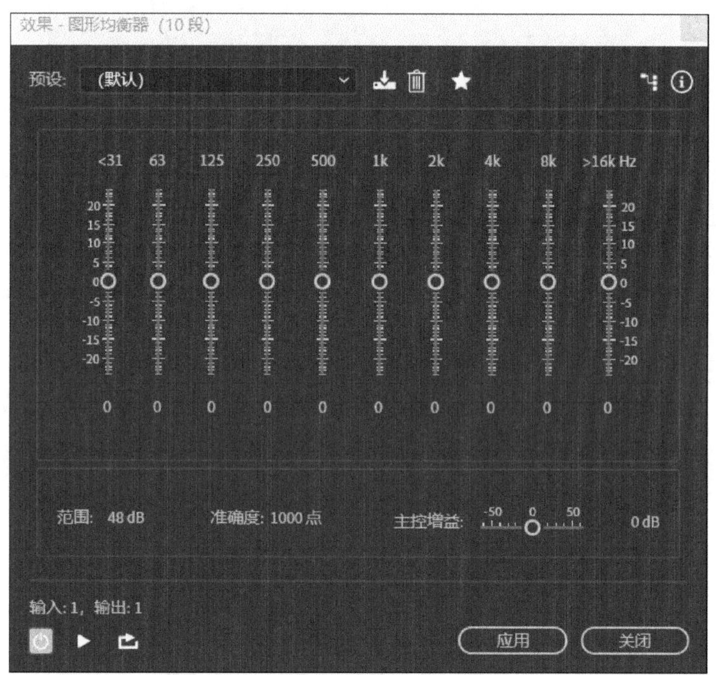

图 4－24 图形均衡器

1. “编辑区”

横轴为频率，有 10 个给定的中心频率点，纵轴为电平强度(增益)滑块，默认可提升或衰减 24 dB。

2. “范围”

设置电平强度(增益)提升或衰减的幅度范围。

3. “准确度”

设置均衡的精度级别。精度级别越高，频率响应越好，相应运算量也会加大。

4. “主控增益”

用于提升或衰减音频的整体电平，0 dB 表示不提升也不衰减。提升控制增益要适度，提升过大会造成信号失真。

4.3.3　参数均衡器

“参数均衡器”功能与“图形均衡器”功能相似，只是参数均衡器的中心频率点可以自行设定，执行菜单“效果>滤波与均衡>参数均衡器”，弹出“效果—参数均衡器”窗口，如图 4－25 所示。

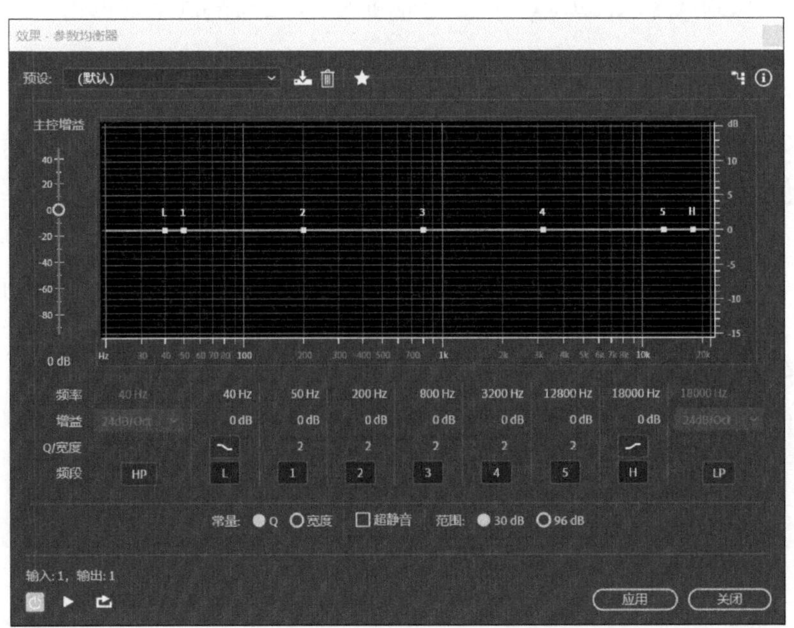

图 4－25　参数均衡器

1. “频谱显示区”

横轴为频率范围，纵轴为电平强度(增益)。在“默认”预设下，均衡编辑线在 0 dB 位置。点击预览播放键后，会实时显示声源的频谱。

2. "频率"

由左至右分别对应 HP 高通滤波的转角频率点，L 低频搁架式滤波的转角频率点；1～5 频段的中心频率点，H 高频搁架式滤波的转角频率点和 LP 低通滤波的转角频率点。

3. "增益"

以频率点为中心控制频段的电平强度，以及 HP 高通滤波器和 LP 低通滤波器的斜率。

4. "Q/宽度"

控制"增益"影响频段的宽度。Q 值越大，影响的频率范围越小；Q 值越小，影响频率范围越大。

5. "频段"

激活或冻结频段均衡控制，分为 HP、L、1～5、H、LP。HP 是高通滤波，L 是低频搁架式滤波，1～5 是钟形均衡，H 是高频搁架式滤波，LP 是低通滤波。

6. "常量"

Q 值的不同计量单位，Q 为宽度与中心频率的比值；宽度为频段的绝对宽度值(Hz)。

7. "范围"

类似图形均衡器的"准确度"，96 dB 相比 30 dB 可进行更为精确的级别调整，相应运算量也会变大。

8. "主控增益"

用于提升或衰减音频的整体电平。

4.4 调制

4.4.1 和声

"和声"效果器可以在原音频的基础上模拟多个声音副本，通过微调副本信号的延迟时间、音调和颤音效果，使得每个副本声音听起来都有轻微的差别，将原音频信号与副本信号混合播放就形成了和声(合唱)效果。执行菜单“效果＞调制＞和声”，会弹出“效果—和声”窗口，如图 4－26 所示。

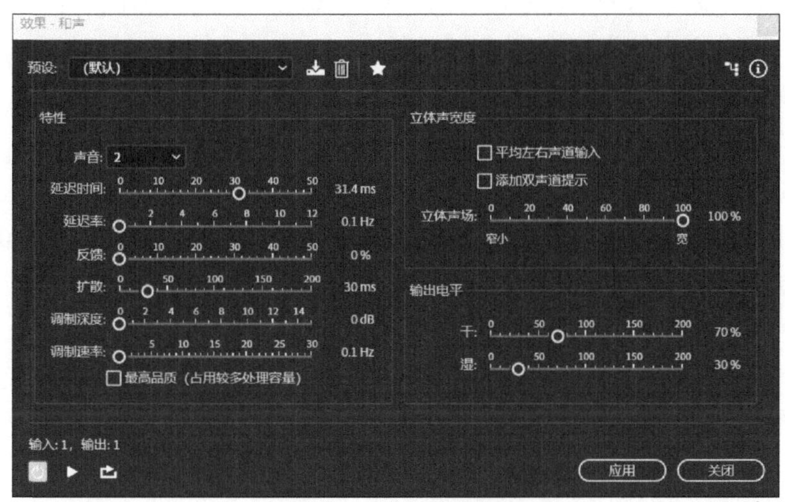

图 4－26　“和声”效果器

1. “预设”

“和声”效果器提供了“10 个声音”“5 个声音”“低音合唱”“四重唱”“多声部和声”等预设。

2. “声音”

设置副本信号的数量。

3. “延迟时间”

设置副本信号所允许的最大延迟时间，单位为毫秒。延迟时间短，副本信号重合度高，和声效果不明显，还可能出现镶边效果；延迟时间长，副本信号分离度大，和声效果明显，还可能会出现颤音效果。

4. “延迟率”

控制延迟的速率决定着延迟从无延迟到最大延迟的时间，从而影响副本信号的音调，使副本信号与原音频信号的音调有差异。如果“延迟率”过低，音调变化小；如果“延迟率”过高，音调变化快，可能出现颤音效果。

5. “反馈”

反馈指经过“和声”效果器处理后的信号再次返回至效果器的输入端。适度的反馈声能够营造混响效果，但过量的反馈声会引起类似声音共振现象，造成信号严重失真。

6.“扩散”

为每个副本信号增加延迟时间，单位为毫秒。“扩散”时间越长，副本信号之间的分离度越高；反之分离度越低。

7.“调制深度”

设置副本信号振幅所允许的最大变化，单位为 dB。

8.“调制速率”

设置副本信号振幅变化所允许的最大速率。速率越小，振幅变化舒缓；速率越大，振幅变化幅度大。

9.“最高品质”

勾选“最高品质”，效果器以最高的精度进行处理，但会增加运算负担和处理时间。

10.“平均左右声道输入”

勾选该选项，左右声道将被合并处理；取消该选项，左右声道保持分离，以保留立体声声像。

11.“立体声场”

设置立体声声场的宽窄程度。

12.“输出电平”

“干”表示原音频信号的输出比例；“湿”表示副本信号的输出比例。

4.4.2 镶边

“镶边”效果源自早期磁带录音机的特殊效果：两台磁带录音机同步播放相同的声音信号时，用手轻触其中一台录音机的轮盘边缘，使这台录音机的信号有轻微延迟，当两个声音信号混合时就会产生镶边效果。“镶边”效果实质上是一种梳状滤波声学现象，将两个有轻微时间差（小于 20 毫秒）的相同声音信号混合时，在频率响应上就会出现一系列波峰和波谷，其形状类似梳子，因此被称为“梳状滤波效应”。“镶边”效果器如图 4－27 所示。

1.“预设”

“镶边”效果器提供了“吉他镶边”“声音镶边”“重度镶边”等预设。

2.“初始延迟时间”

设置在原音频信号之后开始镶边的时间点，单位为毫秒。

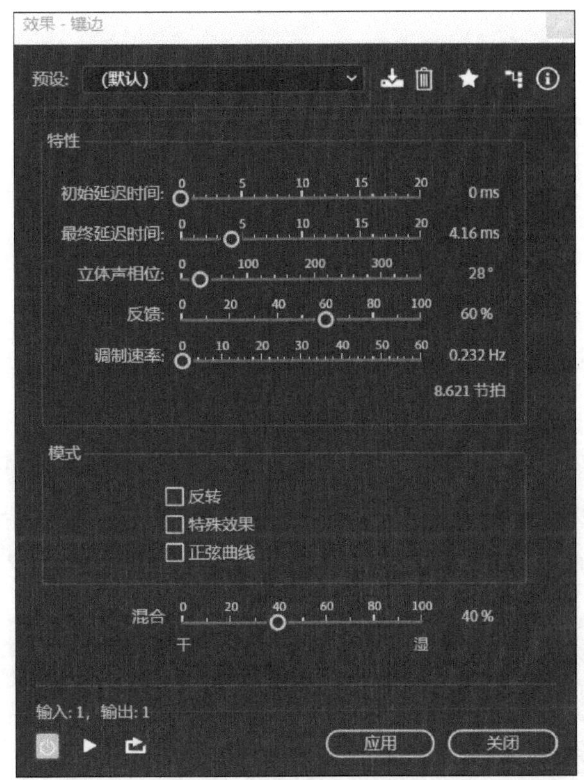

图 4 - 27　“镶边”效果器

3. “最终延迟时间”

设置在原音频信号之后结束镶边的时间点，单位为毫秒。

4. “立体声相位”

设置左右声道延迟。

5. “反馈”

经过“镶边”效果器处理后的信号再次返回至效果器输入端的百分比。

6. “调制速率”

设置延迟的速率。

7. “模式”

三种不同的镶边方式。

8. “混合”

原音频信号与镶边信号的混合比例。

4.5 降噪/恢复

4.5.1 降噪

“降噪”效果器可以降低环境背景噪声、恒定的噪波等。执行菜单“效果>降噪/恢复>降噪”，会弹出“效果—降噪”窗口，如图 4－28 所示。

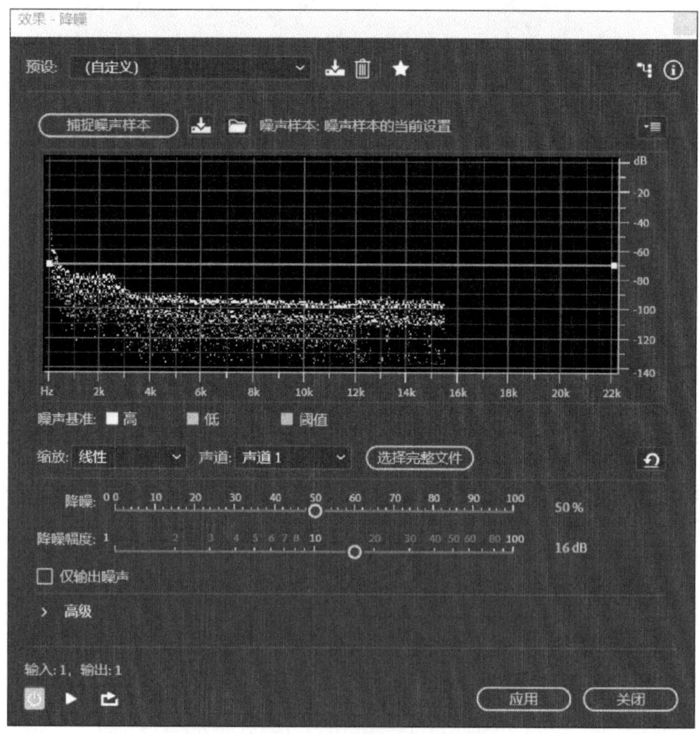

图 4－28 “降噪”效果器

1. “捕捉噪声样本”

采集噪声样本，以便在完整的音频文件中将其剔除，从而达到降噪效果。也可以执行菜单“效果>降噪/恢复>捕捉噪声样本”采集噪声样本。

2. “频谱显示区”

横轴为频率范围，纵轴为电平强度(振幅)。

3.“噪声基准”

高(黄色)表示噪声样本中每个频率检测到的最高振幅;低(红色)表示噪声样本中每个频率检测到的最低振幅;阈值(绿色)表示⑥“降噪”参数,低于该值的振幅将进行降噪。

4.“缩放”

控制“频谱显示区”的频率(横轴)显示方式,分为“线性”和“对数”方式,对数比例更符合人类听觉特性。

5.“声道”

如果噪声样本是双声道音频,当执行完“捕捉噪声样本”指令后,选择“声道”选项中的左侧或右侧,可以在“频谱显示区”分别查看各声道的“噪声基准”。

6.“选择完整文件”

在当前音频文件执行菜单“编辑>选择>选择所有时间”,以便将采集的噪声样本应用到整个文件。

7.“降噪”

控制降噪强度的百分比。降噪强度要适度,否则会造成信号严重失真,导致声音中有镶边效果。

8.“降噪幅度”

控制降低噪声的分贝值。

9.“仅输出噪声”

单独预览噪声。

降噪具体操作步骤如下:

第一步,在音频文件中框选一段“噪声”波形(噪声样本时长有最短限制,可在“高级—噪声样本捕捉设置”调整);

第二步,执行菜单“效果>降噪/恢复>降噪”,弹出“效果—降噪”窗口;

第三步,点击“捕捉噪声样本”,“频谱显示区”会显示噪声样本基准;

第四步,点击“选择完整文件”;

第五步,调整“降噪”和“降噪幅度”参数,可以通过“预览播放”实时监听降噪效果;

第六步,点击“应用”,效果器按照设定的参数对整个音频文件进行降噪。

4.5.2 咔嗒声/爆音消除器

“咔嗒声/爆音消除器”可以去除音频文件中的咔嗒声、爆音，这些声音一般是由设备故障或数字同步误差产生的瞬态声音。执行菜单“效果>降噪/恢复>咔嗒声/爆音消除器”，会弹出“效果—咔嗒声/爆音消除器”窗口，如图 4－29 所示。

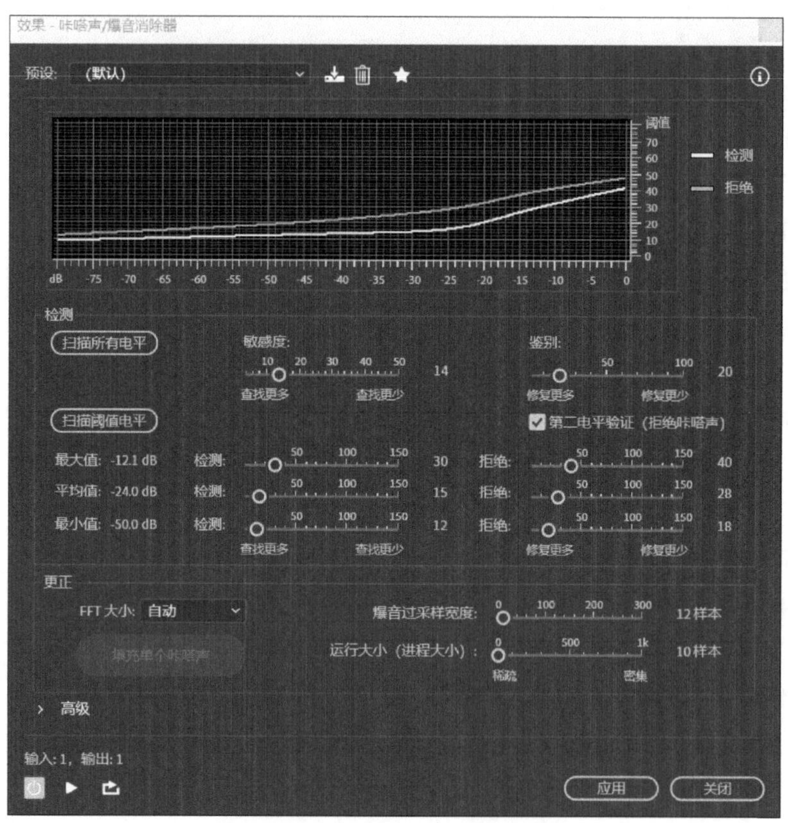

图 4－29 咔嗒声/爆音消除器

打开“咔嗒声/爆音消除器”之后，Audition 会自动打开“预览编辑器”窗口，通过纵向对比“编辑器”与“预览编辑器”显示的波形，可以查看“咔嗒声/爆音消除器”处理之后的波形区别。“预览编辑器”如图 4－30 所示。

咔嗒声/爆音消除具体操作步骤如下：

第一步，打开需要处理的音频文件；

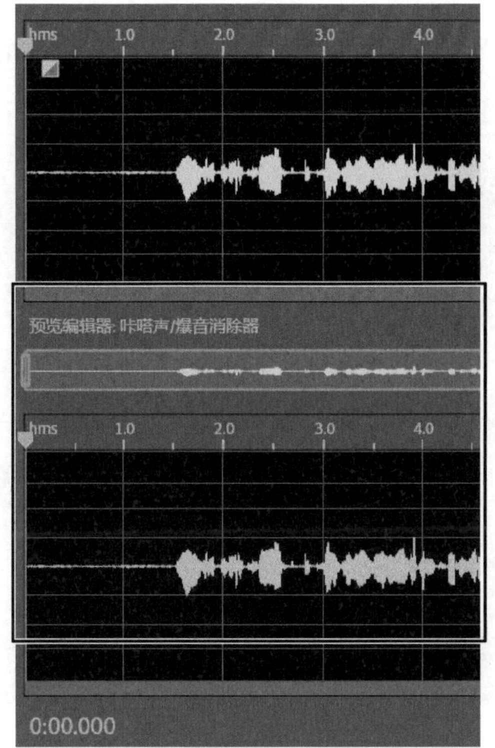

图 4－30　预览编辑器

第二步，执行菜单“效果＞降噪/恢复＞咔嗒声/爆音消除器”，弹出“效果—咔嗒声/爆音消除器”窗口；

第三步，点击“扫描所有电平”按钮；

第四步，点击“扫描阈值电平”按钮；

第五步，点击“预览播放”，实时监听处理效果；

第六步，调整“爆音过采样宽度”和“运行大小”参数值，可以处理持续时间长、程度严重的爆音；

第七步，确定最终效果后，点击应用，效果器按照设定的参数对音频文件进行处理。

4.5.3　降低嘶声

“降低嘶声”效果器可以衰减音频文件中的嘶声。执行菜单“效果＞降噪/恢复＞降低嘶声”，会弹出“效果—降低嘶声”窗口，如图 4－31 所示。

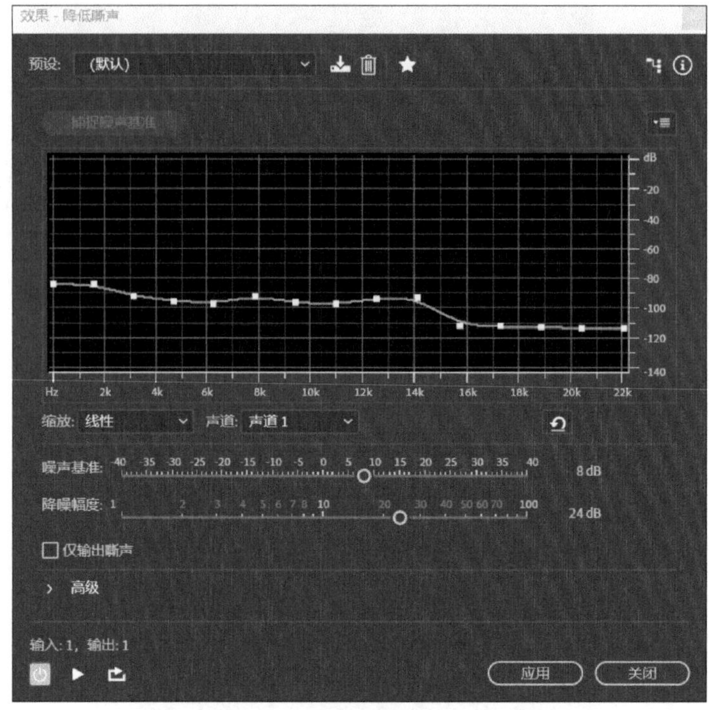

图 4-31 “降低嘶声”效果器

“降低嘶声”效果器具体操作步骤如下：

第一步，打开需要处理的音频文件；

第二步，执行菜单中的“效果>降噪/恢复>降低嘶声”，弹出“效果—咔嗒声/爆音消除器”窗口；

第三步，在音频文件中框选一段“嘶声”波形；

第四步，点击“捕捉噪声基准”按钮，“频谱显示区”会显示分析结果；

第五步，取消“嘶声”波形选区；

第六步，调整“噪声基准”和“降噪幅度”参数，可以通过“预览播放”实时监听降噪效果；

第七步，点击“应用”，效果器按照设定的参数对音频文件进行处理。

4.5.4 消除嗡嗡声

“消除嗡嗡声”效果器可以衰减音频文件中的嗡嗡声。执行菜单中的“效果>降噪/恢复>消除嗡嗡声”，会弹出“效果—消除嗡嗡声”窗口，如图

4 - 32 所示。

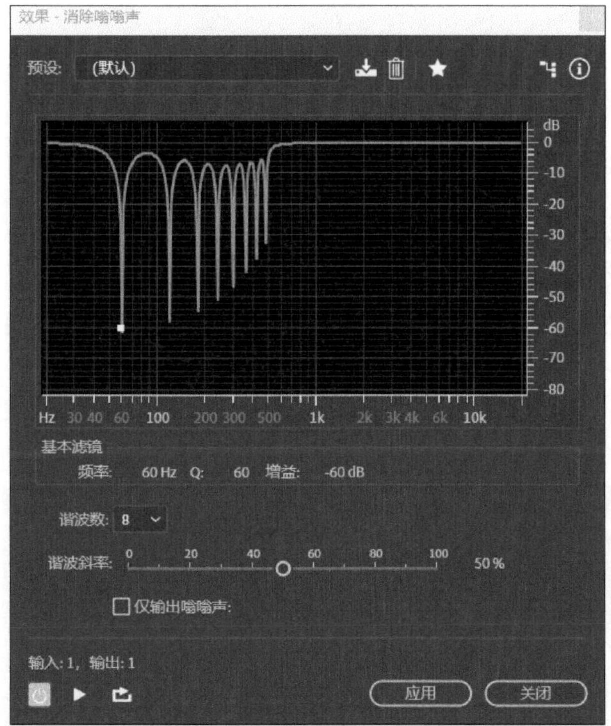

图 4 - 32　“消除嗡嗡声”效果器

消除嗡嗡声具体操作步骤如下：

第一步，打开需要处理的音频文件；

第二步，执行菜单中的“效果>降噪/恢复>降低嘶声”，弹出“效果—消除嗡嗡声”窗口；

第三步，设置“频率”参数，确定嗡嗡声的基频，可以点击“预览播放”后不断调整“频率”值，以便查找嗡嗡声的基频；

第四步，设置“Q”值参数。Q 值越大，影响的频率范围越窄；Q 值越小，影响的频率范围越宽；

第五步，设置嗡嗡声的衰减量；

第六步，设置“谐波数”和“谐波斜率”，参数设置要适度，否则会消除部分有用的声音信号；

第七步，点击应用，效果器按照设定的参数对音频文件进行处理。

4.6 混响

4.6.1 卷积混响

“卷积混响”效果器通过采集真实房间的录音数据来模拟房间的空间感，采集的录音数据称为“脉冲”。“卷积混响”效果器提供了十多种脉冲文件，用户也可以自行采集脉冲文件以模拟特定的声场空间。执行菜单中的“效果>混响>卷积混响”，弹出“效果—卷积混响”窗口，如图 4-33 所示。

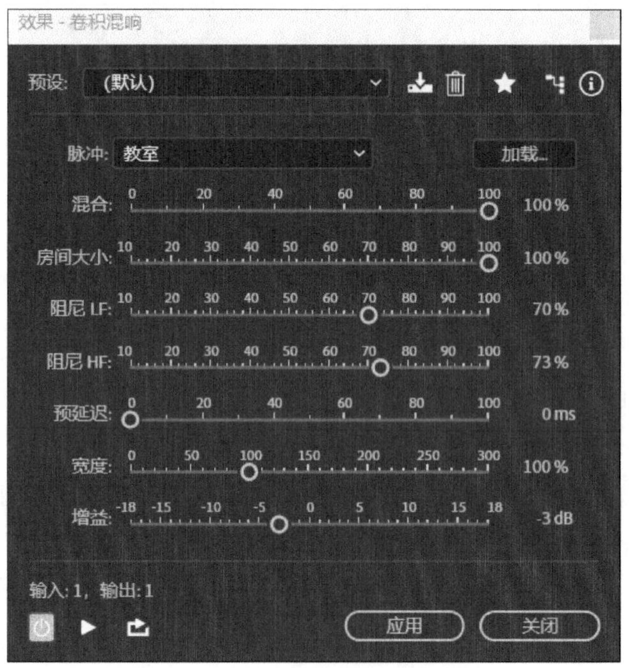

图 4-33 “卷积混响”效果器

1. “脉冲”

模拟声学空间的数据文件。“脉冲”效果器提供了“教室”“空客厅”“无尽的隧道”“车内”“大浴室”“演讲厅”“客厅”“中等大小的洞穴”等。用户也可以点击“加载”，添加自己采集的脉冲文件。

2. “混合”

控制原音频信号与混响信号之间的比例。百分比值越大，混响信号占比越大；百分比值越小，原音频信号占比越大。

3. “房间大小”

控制“脉冲”文件所界定的空间大小的百分比。百分比值越大，混响越长；百分比值越小，混响越短。

4. “阻尼 LF”

控制混响中低频成分的强度，避免低音过重影响声音的清晰度。百分比值越大，低频衰减量越大；百分比值越小，低频衰减量越小。

5. “阻尼 HF”

控制混响中高频成分的强度，避免高频过重导致声音刺耳，使声音变得柔和。百分比值越大，高频衰减量越大；百分比值越小，高频衰减量越小。

6. “预延迟”

控制混响信号到达最大振幅所需要的时间，单位为毫秒。

7. “宽度”

控制立体声声像的宽度。

8. “增益”

提升或衰减输出信号的强度。

4.6.2　完全混响

“完全混响”效果器的工作原理与“卷积混响”相同，不同之处在于“完全混响”效果器可以调整脉冲文件的相关参数，且不支持用户添加自己采集的脉冲文件。执行菜单“效果＞混响＞完全混响”，会弹出“效果—完全混响”窗口，如图 4－34 所示。

1. “预设”

“完全混响”效果器提供了“中型音乐厅”“体育馆”“剧院”“剧院”“大会堂”“大厅”“教堂”“演讲厅”“空置的客厅”等预设。

2. “衰减时间”

设置混响声能衰减 60 dB 所用的时间，单位为毫秒。衰减时间越长，尾音延续得越长；衰减时间越短，尾音延续的时间越短。

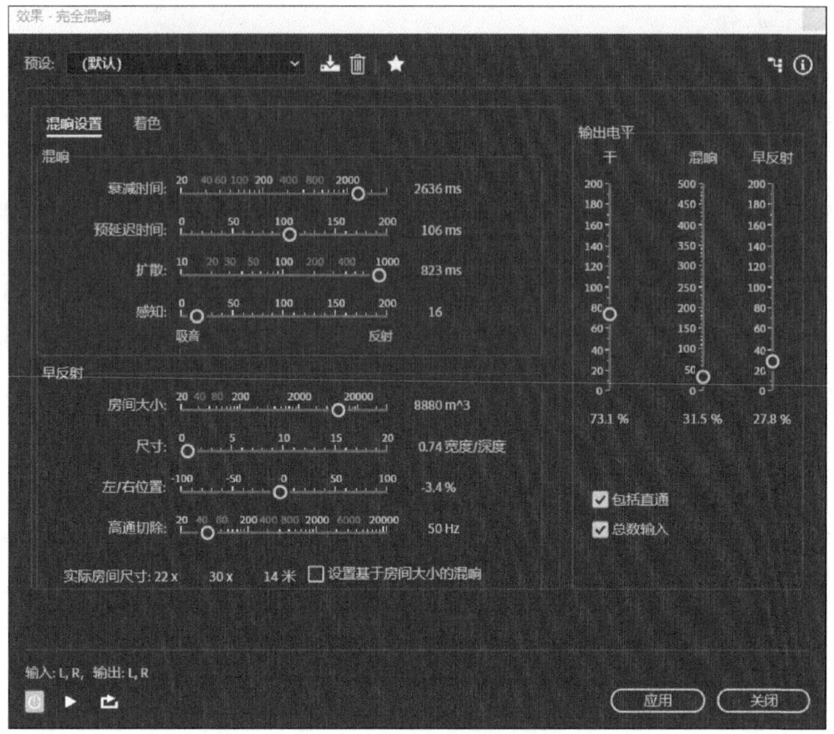

图 4-34 “完全混响”效果器

3. “预延迟时间”

控制混响信号到达最大振幅所需要的时间,单位为毫秒。

4. “扩散”

通过控制反射密度(速率)影响回声效果,单位为毫秒。扩散值越小,回声效果越明显;扩散值越大,回声效果越不明显。

5. “感知”

模拟空间形状的不规则性。参数数值小,表示空间形状趋向规则;参数数值大,表示空间形状趋向不规则,会产生混响声来自不同方位的感觉。

6. “房间大小”

设置虚拟空间的体积特征,单位为立方米。房间越大,混响时间越长;房间越小,混响时间越短。

7. “尺寸”

设置虚拟空间的宽度与深度之间的比值。

8. “高通切除”

高于设定频率的反射声能将被保持。

9. “设置基于房间大小的混响”

将“衰减时间”和“预延迟时间”匹配指定的空间大小。勾选该选项后，“衰减时间”和“预延迟时间”参数被冻结。

4.6.3 室内混响

“室内混响”效果器的工作原理不是基于卷积的混响方式，其运算速度快，占用处理器资源小。在运算处理和操作方式上，“卷积混响”效果器不能实时调整混响参数，只能在预览停止后才能调整相关参数；“室内混响”效果器可以实时调整混响参数。执行菜单“效果>混响>室内混响”，会弹出“效果—室内混响”窗口，如图 4 - 35 所示。

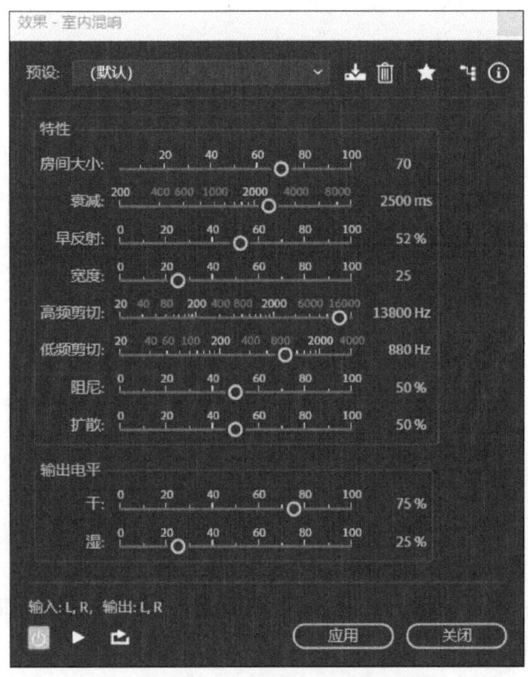

图 4 - 35　“室内混响”效果器

1. “预设”

“室内混响”效果器提供了“人声混响”“大厅”“房间临场感”“旋涡形混

响”等预设。

2.“房间大小”

设置空间大小。数值越大，混响效果越明显。

3.“衰减”

设置混响声能衰减的时间，单位为毫秒。

4.“早反射”

控制早期反射声的强度，该参数影响对空间大小的感觉。

5.“宽度”

控制立体声声像的宽度。

6.“高频剪切”

高于设定频率的反射声能将被剪切。

7.“低频剪切”

低于设定频率的反射声能将被剪切。

8.“阻尼”

设置高频信号声能的衰减量。阻尼值越大，混响声越低沉。

9.“扩散”

模拟混响信号在反射时被吸收的程度。

10.“干”与“湿”

“干”表示原音频信号的输出比例；“湿”表示混响信号的输出比例。

4.7 特殊效果

4.7.1 扭曲

“扭曲”效果器属于特殊的“动态处理”效果器，通过控制振幅变化模拟一些严重失真、声音扭曲的特殊声音效果。执行菜单“效果＞特殊效果＞扭曲”，会弹出“效果—扭曲”窗口，如图 4 - 36 所示。

“扭曲”效果器的编辑区分为正向和反向两个区域，正向编辑区（左侧、绿色编辑线）是波形轴对称线的上方信号；反向编辑区（右侧、红色编辑线）是波形轴对称线的下方信号。“扭曲”效果器的工作原理与“动态处理”效果

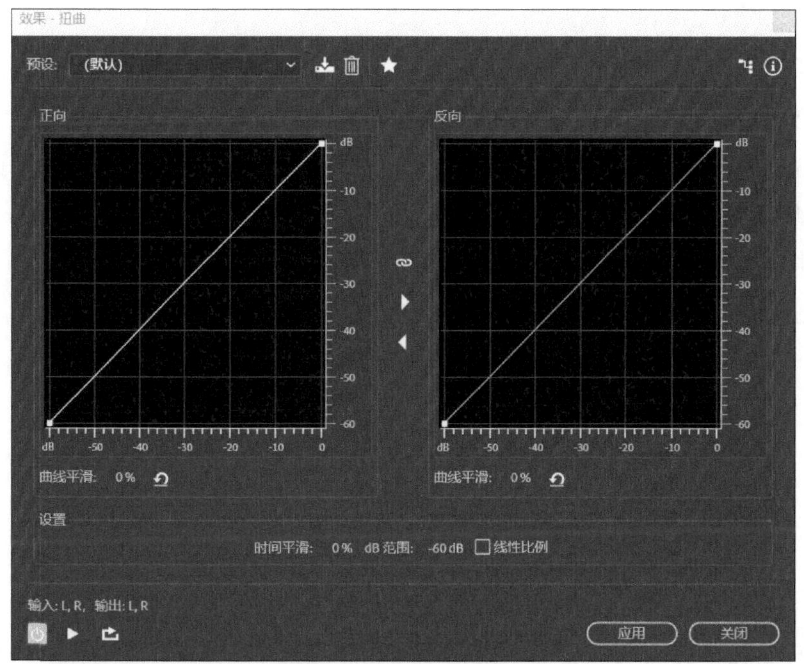

图 4－36　“扭曲”效果器

器相同，编辑区的横轴为输入电平，纵轴为输出电平。在“默认”预设下，输入电平值等于输出电平值，即效果器不做任何处理。点击“链接”按钮，可以将正向编辑区的处理参数复制到反向编辑区。也可以点击“左向”或“右向”复制按钮，将处理参数复制到另一侧编辑区。具体参数设置如下：

1. “预设”

“扭曲”效果器提供了“无限扭曲”“最大的痛苦”“铃声模式加速器”等预设。

2. “曲线平滑”

通过曲线过渡获得更自然的扭曲，该数值越大，过渡越平滑。

3. “时间平滑”

设置扭曲对输入电平变化的反应速度。

4. “dB 范围”

控制编辑区输入电平与输出电平的振幅范围。

5. “线性比例”

将编辑区的振幅值单位由 dB 分贝改为标准化值。

4.7.2 多普勒换挡器

“多普勒换挡器”可以模拟生活中的多普勒现象。例如，当消防车开着警笛朝向人快速驶近时，警笛声的音调会变高；当消防车背向人快速驶离时，警笛声的音调会变低。“多普勒换挡器”能够制作常规的多普勒声音效果，也可以制作非常规的极端声音效果。执行菜单“效果＞特殊效果＞多普勒换挡器”，会弹出“效果—多普勒换挡器”窗口，如图 4－37 所示。

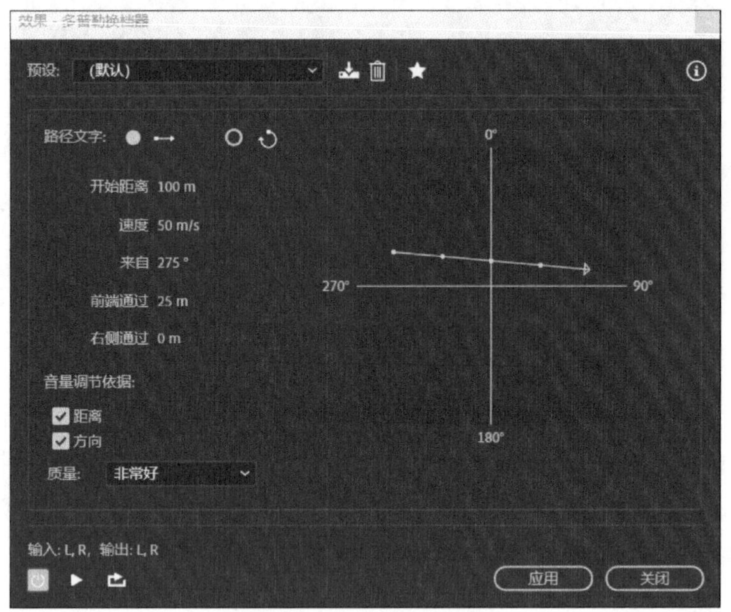

图 4－37 多普勒换挡器

1. “预设”

“多普勒换挡器”提供了“从左到右飞快移动”“喷气机”“在右侧通过”“大道”“超快经过的火车”等预设。

2. “路径文字”

设置声源运动的路径，分为直线路径和环形路径。

下面以直线路径的参数为例：

3. “开始距离”

设置虚拟起始点，单位为米。

4. “速度”

设置运动的速度，单位为米/每秒。

5. “来自”

设置多普勒效果的方向，单位为度。

6. “前段通过”

设置多普勒效果在听音人前方多少米位置穿过，单位为米。

7. “右侧通过”

设置多普勒效果在听音人右侧多少米位置穿过，单位为米。

8. “音量调节依据”

根据距离或方向调整音量。

9. “质量”

设置不同的处理质量级别，有六种质量级别可选。

4.7.3　母带处理

“母带处理”是后期混音制作最后的优化环节，因此“母带处理”效果器集结了“均衡器”“混响”“激励器”“加宽器”和“响度最大化”，以方便用户在一个效果器完成音频效果的最后优化调整。执行菜单“效果＞特殊效果＞母带处理”，弹出“效果—母带处理”窗口，如图 4－38 所示。

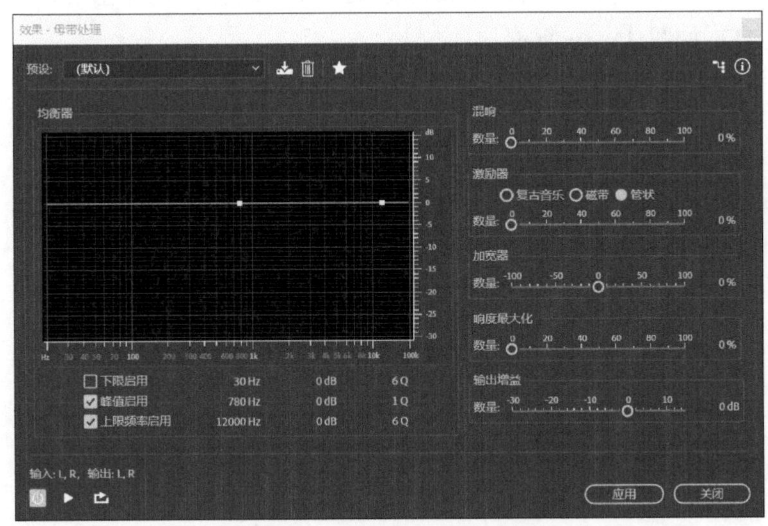

图 4－38　“母带处理”效果器

1. "均衡器"

优化声音整体的频率均衡。"均衡器"有三个控件,"下限启用"是低频搁架式滤波,"上限频率启用"是高频搁架式滤波,"峰值启用"是中心频率均衡。"频率""增益"和"Q"值操作可参看"4.3.3 参数均衡器"章节。

2. "混响"

设置原音频信号与混响信号之间的比例。

3. "激励器"

设置高频谐波的增加量,用于提高声音的清晰度。"激励器"有"复古音乐""磁带"和"管状"三种模式。

4. "加宽器"

控制立体声声像的宽度。

5. "响度最大化"

类似于"强制限幅",用于压缩动态范围,提升音频的整体响度。

6. "输出增益"

提升或衰减输出信号的强度。

4.7.4 人声增强

"人声增强"效果器可以自动增强、美化人声,衰减音频中的嘶声、爆音及其他噪声。执行菜单"效果>特殊效果>人声增强",会弹出"效果—人声增强"窗口,如图 4-39 所示。

图 4-39 "人声增强"效果器

1. "男性"

优化男声音色。

2.“女性”

优化女声音色。

3.“音乐”

优化音乐。

4.8　立体声声像

4.8.1　中置声道提取器

一般情况下，在双声道立体声音乐中，主唱歌手的声音信号会以相同的声强同步分配至左右声道，从而获得中置声像(大脑形成的幻象方位)。“中置声道提取器”通过探测左右声道共有的频率将音乐中的人声识别出来，以便获得无人声音乐伴奏或单独提高人声音量。执行菜单“效果>立体声声像>中置声道提取器”，会弹出“效果—中置声道提取器”窗口，如图 4 - 40 所示。

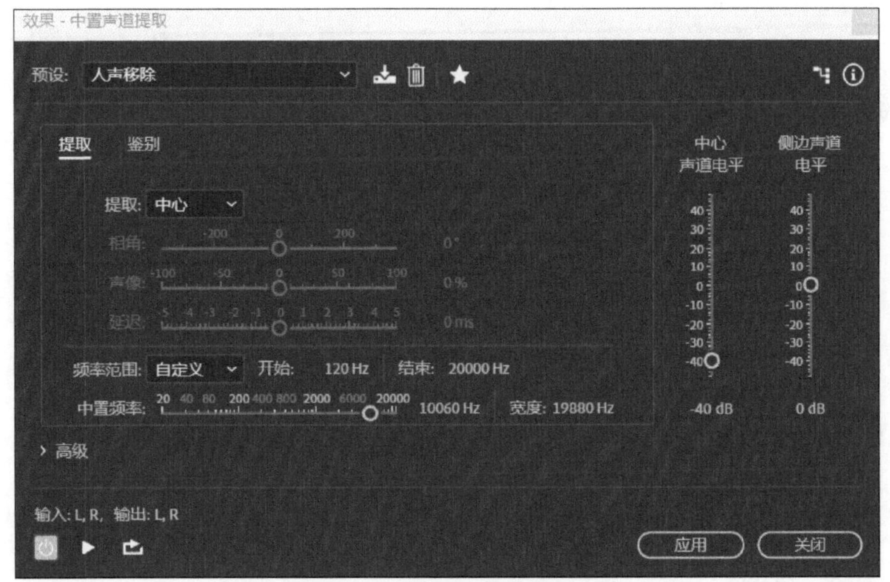

图 4 - 40　中置声道提取器

1. “预设”

“中置声道提取器”提供了“人声移除”“卡拉 OK(降低人声 20 dB)”“增幅人声 6 dB”“提升中置声道低音”“提高人声 10 dB”等预设。

2. “提取”

限定提取特定属性的音频信号,可以探测中心、左、右、环绕声道的音频信号,或者自定义探测特定的相角、声像及延迟信号。

3. “频率范围”

设置需要探测的频率范围,效果器提供了“男声”“女声”“低音”“全频谱”预设参数,用户也可以“自定义”频率范围。

4. “中心声道电平”

提升或衰减中置声道的电平。

5. “侧边声道电平”

提升或衰减侧边声道的电平。

4.8.2 立体声扩展器

“立体声扩展器”可以扩展立体声声像。执行菜单“效果＞立体声声像＞立体声扩展器”,弹出“效果—立体声扩展器”窗口,如图 4－41 所示。

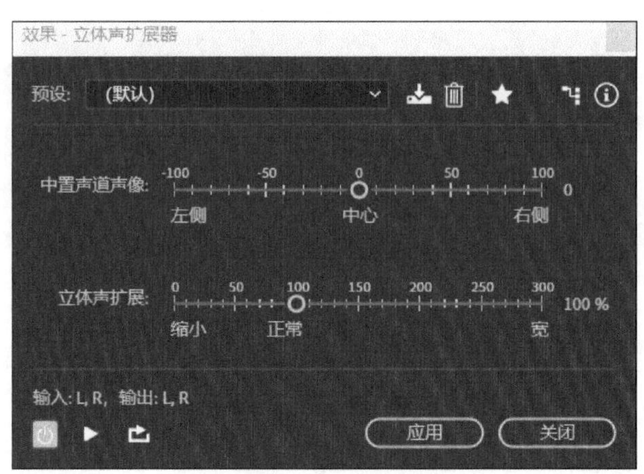

图 4－41 立体声扩展器

1. “预设”

“立体声扩展器”提供了“中心到宽右”“中心到宽左”“宽场”“扩展场”

“收缩场”等预设。

2. “中置声道声像”

定位中置信号的声像位置。“－100”表示极左位置，0 表示中置位置，“100”表示极右位置。

3. “立体声扩展”

扩展立体声声像。

4.9　时间与变调

4.9.1　自动音调更正

“自动音调更正”效果器用于修正歌手的音调，音调修正需要有基础的音乐理论知识，如调性、音阶等。执行菜单“效果>时间与变调>自动音调更正”，会弹出“效果—自动音调更正”窗口，如图 4－42 所示。

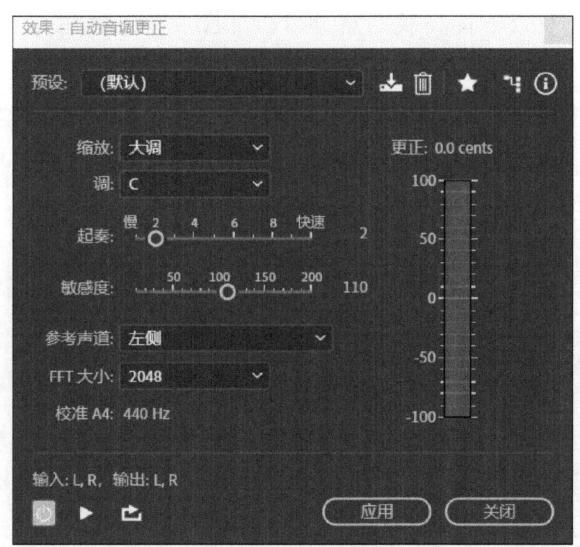

图 4－42　“自动音调更正”效果器

1. “缩放”

音阶属性，分为大调音阶、小调音阶、半音阶，该选项要匹配音乐的调式。

2.“调”

音乐的调性以音阶的主音命名，有 12 个调式可选，该选项要匹配歌曲的调性。

3.“起奏”

音高修正的速度。设置起奏速度需要考虑音乐的速度与节奏：起奏速度快，适合修正持续较短的音符；起奏速度慢，适合修正持续较长的音符。

4.“敏感度”

以音分为单位，超出敏感度值（阈值）后，效果器不再修正音符。例如，歌手的某个音偏离曲调 100 音分（半音）后，效果器不会修正该音符。

5.“校准 A4”

音调的校准音高，一般以小字一组的 A 音（440 Hz）为标准。

4.9.2 音高换挡器

“音高换挡器”可以改变音频的音调。在音乐理论中，一个八度包含 12 个半音，一个半音包含 100 个音分。执行菜单“效果>时间与变调>音高换挡器”，会弹出“效果—音高换挡器”窗口，如图 4-43 所示。

图 4-43　音高换挡器

1. “半音阶”

以半音阶为单位提升或降低音调。0 表示原始音调，＋12 表示提升一个八度，－12 表示降低一个八度。

2. “音分”

以音分为单位提升或降低音调。每半音音程为 100 音分，因此，＋100 表示提升一个半音，－100 表示降低一个半音。

3. “比率”

表示变换音调与原始音调之间的比率关系。

4. “精度”

表示变调处理精度，分为“低精度”“中等精度”和“高精度”。

4.9.3　伸缩与变调

“伸缩与变调”可以改变音频的速度和音调。执行菜单“效果＞时间与变调＞伸缩与变调”，弹出“效果—伸缩与变调”窗口，同时 Audition 会自动打开“预览编辑器”窗口。“伸缩与变调”效果器如图 4-44 所示。

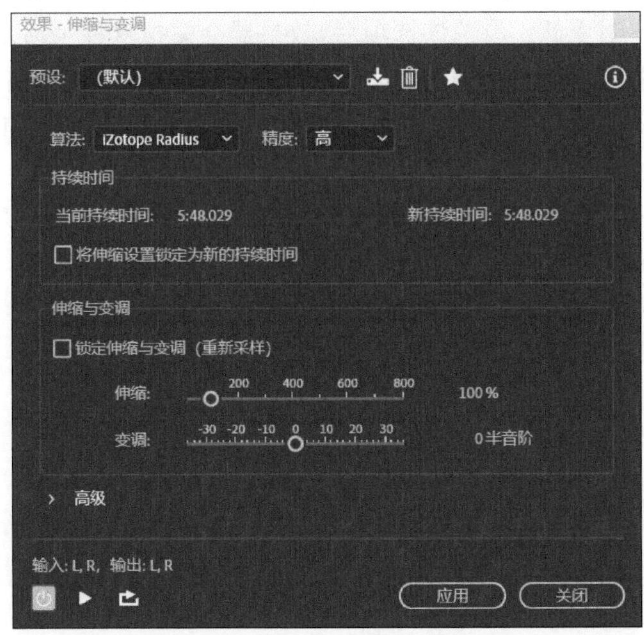

图 4-44　“伸缩与变调”效果器

1.“预设”

“伸缩与变调”效果器提供了“倍速”“减速”“加速”“升调”“快速讲话”“断电”“降调”等预设。

2.“算法”

设置伸缩与变调的算法模式。算法模式分为“iZotope Radius”和“Audition”模式，其中“iZotope Radius”需要更多的运算处理时间。

3.“精度”

设置运算处理的精度。

4.“持续时间”

“当前持续时间”是指原音频的时间长度，“新持续时间”是指音频时间伸缩后的时间长度。

5.“将伸缩设置锁定为新的持续时间”

勾选该选项后，“伸缩”和“变调”参数被冻结，音频伸缩时长被锁定为“新持续时间”。

6.“锁定伸缩与变调”

在日常生活中，当快速播放音频时，会感觉音调变高；当慢速播放音频时，会感觉音调变低。勾选该选项后，效果器会模拟这种生活现象，当“变调”参数降低时，对应的“伸缩”时长会拉长；当“变调”参数升高时，对应的“伸缩”时长会缩短。取消该选项后，“变调”与“伸缩”参数不会相互影响。

7.“伸缩”

设置音频时长伸缩的比例。

8.“变调”

设置音频的音调提升或降低的程度，单位为半音阶。

下编

视频编辑与制作

第5章
理解剪辑

剪辑是一种思想、一种技术，也是一门艺术。有了剪辑，作品才真正具备完整性，才能投放于受众接受的流程之中。苏联电影导演理论家普多夫金说："剪辑是观众的心理导师。"

剪辑为我们理解及接受作品提供了一个新的角度：如果说导演是从故事的段落、构图、演员表演等角度确保对剧本意图的基本实现，形成作品编码；观众从作品主旨理解、故事接受的角度形成作品解码，那么，剪辑则是横架于解码与编码之间的桥梁，剪辑提供了从视听语言的角度深入理解作品和解构旨意的可能。对于一些资深的剪辑师来说，他们对于剪辑的理解更加深刻："剪辑其实是在剪剧作，剪辑并非将导演拍摄的镜头接起来就可以，也不是按照演员调度、剧本台词连接起来就可以，剪辑是在剪剧作，是你对剧作的理解；你理解到什么程度，你的剪辑就能达到什么程度。"①

毋庸讳言，作为一种技艺合体的语法，也许掌握"剪刀"的人才是真正决定视频作品品质的人。如今，专业的剪辑师已经积累了足够丰富的经验与策略，能够游刃有余地向人们展示时空剪辑的魔力。在当下短视频当道且对制作者提出越来越高要求的背景下，剪辑将不仅仅是必备的操作技能，还需要有艺术、传播乃至心理学知识的支撑。对于剪辑的学习，也不仅仅停留在技能实操的维度，更需要创作者从文学修养到综合素养的全方位提升。

---

① 陈晨，李丹. 剪辑是场修行：因戏剧而生，应势而变[J]. 影视制作，2018，24(9)：16—24.

5.1 剪辑的功能

5.1.1 剪辑服务于叙事

如今,有很多自媒体创作者、UP主都可以娴熟地运用剪辑软件进行富有创意的创作与输出。剪辑工作于他们而言,就是用一种"自己认可、大众能懂"的通俗方式,向观众传达故事、观点和情感。

从技术层面来说,剪辑是通过镜头的选择、组合、排列、剪接等进行序列建构的过程。在操作层,需要把A、B、C等镜头在时间线上重新组织和排序。

从艺术角度而言,剪辑首先是服务于叙事的。线性叙事就是按照事件发生的自然顺序,对画面进行排列,使人们很容易理解事情发生的全过程;非线性叙事就是打破现实的时空逻辑,创造出作品内部的时间和空间,看似"随意"的画面组接,使得剪辑具备了重组时空的功能。剪辑通过压缩和延长生活中实际的时间数值,来创造独特的时间感,而这种经过变形的时间却不会给人以任何违背真实时间的感觉。① 在B站知名up主"野居青年"的一部短视频作品中,②主角为了接住从二楼扔下的西瓜,实施了"时间静止"大法,当西瓜被悬置在空中后,主角开始熟门熟路地搬砖、平地、砌砖、木料加工、绿植布景等基建操作,把观众带进另一个观赏性极强的情境里。从最终修建的整体效果来判断,这一系列基建过程起码要三五天的时间,而在作品中只是三分多钟的放映片段,同时又是故事叙事中西瓜坠落的两三秒钟。现实时间和心理时间反差巨大,却恰因这种处理创造了独特的观赏体验。

与上述拉长一段时间不同,压缩时间更是剪辑的拿手好戏。比如抖音网红"张同学"的诸多作品中,每一段视频多达100多个分镜头,但这么多零碎的关于"起床""刷牙""洗漱""出门""藏钥匙""上车""下车"等镜头,一整

---

① 储双月,李相. 电影的叙事惯例——零度剪辑、缝合体系等电影核心概念的理论诠释[J]. 内蒙古大学艺术学院学报,2014,11(1):7.

② 参见链接 https://www.bilibili.com/video/BV1J94y1D7p8/?spm_id_from=333.999.0.0&vd_source=c52d148bc1f47402033bff2982b708f9.

天的日常生活的细节都浓缩在一分钟的作品段落中，给人带来沉浸式观看的体验，也体现出剪辑的魔力。

毫无疑问，剪辑是一门重新处理时空的艺术。影视的叙事包括时间畸变、空间呈示、叙述方式等各要素在一个整体结构中的配置、分解、整合与对应。① 而配置、分解与整合需要靠剪辑来完成，如何将影视要素完美结合将是衡量剪辑水平高低的重要标准。也可以说，剪辑完成了电影叙事的“筋骨”。一部电影拍得再怎么好，如果剪辑不成功，也会导致前功尽弃。剪辑完成之后的作品，不管是采用正叙、倒叙、插叙的方式，都要首先保证叙事清晰和逻辑合理，“让观众看明白”是剪辑的第一要务，因为剪辑对于观众理解剧情有直接的影响，有时候观感是“叙事混乱”“不知所云”，有时候是大放异彩、耳目一新，追本溯源，“剪辑是电影的语法”，它创造了故事并决定我们如何理解这个故事。

5.1.2　剪辑的本质是创造

在电影行业，有些导演喜欢把拍摄和后期分开，电影拍摄部分完成后，将所有的素材丢给剪辑师，剪辑师根据自己对剧本的理解剪辑成片。这意味着剪辑师不仅仅是技术能手，还得具备较深的艺术造诣。剪辑对于作品本身，意味着是再一次崭新的创作。

在经典的蒙太奇理论中，“库里肖夫效应”就描述了这样一种事实：把一个男人无特定表情的表演镜头，分别接到一碗汤、一个抱娃娃的小女孩、一个扑在棺材上的妇女的画面后面，他的眼神就具备了不同的意义或者情绪——这就是剪辑创作出来的。的确，剪辑创造了新的东西、新的价值。从某种程度上来说，剪辑师其实是一个魔术师，他可以把五六场完整的戏拆解成蒙太奇镜头，也可以把一场一两分钟的戏无限放大，可以创造或者是把控片子的叙事风格，去决定如何讲述故事。

此外，剪辑具备塑造功能，比如塑造节奏，塑造氛围，塑造情绪。在《长安几何》②这部获奖的剪辑作品中，创作者紧紧抓住镜头长度的一致和主体

---

① 孙延凤. 结构，悬念与外延：论电影剪辑[J]. 大众文艺(学术版)，2019(15)：2.

② 2019bilibili 混剪大赛【瞄准最佳创意奖】长安几何，参见 https://www.bilibili.com/video/BV1Q4411m7MD?spm_id_from=333.337.search-card.all.click.

朝向存在差异的特点，形成明显的节奏感，而相互衔接镜头中的主体朝向不断变化，保留第一镜的起幅和最后一镜的落幅，无明显跳感；运动镜头中，虽画面中的主体各式各样，千姿百态，没有时间上的顺序，也没有因果关系，但组接在一起就像一首吟唱的诗、一支流动的歌、一幅动态的画，在视听上形成韵律。长短镜头交替切换，造成心理紧张度的起伏。推镜头，由远及近，由模糊至清晰，由宏观至微观，越来越近、清晰，给人以深入、急迫、紧张之感；传统民乐铃铛丝竹起初空灵萦绕于片中，加快节奏，配以沙葫芦、边鼓等特色古典乐器，使人情绪激昂、热血沸腾，有紧迫感。拉镜头，松弛感、远离感随着镜头拉出，丝滑运镜过渡、画面分镜、对称构图与蒙版运用，勾勒线条尽显科技感与时尚元素。

剪辑还可以塑造人物形象，耳熟能详的“papi 酱”的形象其实最重要应该归功于剪辑，她最具特色的是其声音，而整个角色声音是后期剪辑特别处理出来的加速变调效果，从而形成“papi 酱”这一 IP 特定的传播标识。又比如还可以塑造出一种剪辑风格，即对于剪辑节奏、音乐选用、镜头处理等形成了相对固定的规范，如“万万没想到”开创了国内短剧的“快节奏推进、短时间反转”的叙事风格，同时在剪辑上也形成了“剪掉人物说话的气口儿、背景乐由密集的鼓点贯穿、在快速剪辑中形成突然的停顿”等个性化风格，深受年轻用户的喜爱与追捧。

5.1.3 剪辑“化腐朽为神奇”

剪辑是一部影片最后完成的部分，是视觉上的完整诠释，而导演所要考虑的人物、情节上的关系需要通过剪辑做最后的确认和保证。① 如果在拍摄时没有注意到细节上的疏漏，或是演员没有适当地表现出导演要求的情绪时，剪辑师可以利用镜头的切换调整改变本来不完善的部分。可见，剪辑是具有补救性的。

剪辑还具备类似于化妆、装修、修饰等美化功能，因为剪辑的前提是选择，剪辑的过程是去粗取精，剪辑的终点就是择优而成，这意味着最终作品相比原始素材一定是有一个极大的优化提升，璞玉成器，作品更富有完整性和超越性。此外，剪辑不管是对于色彩改变、速度改变，还是景别再造，其修

① 王雨婷. 浅谈电影《生死朗读》中剪辑与叙事的关系[J]. 中国民族博览，2019(9)：3.

饰作用一定是显著的。同时，基于越来越强的视频计算、修复能力，一些前期拍摄的瑕疵在后期经过调整也可以被重新利用，甚至变废为宝。如在有的 up 主的展示下，随意拍摄的一段摇摇晃晃的画面，经过后期加速、调色和故意制造一些抽帧效果，则变身为一部有先锋实验特点的意识流作品。在剪辑师的手中，很多素材片段不仅能活改活用，还可以变废为宝，“化腐朽为神奇”。

5.2　剪辑的逻辑

著名导演大卫·格里菲斯曾说：我所做的一切就是为了让你看得舒服。[①] 作为影片艺术加工的重要步骤，剪辑要遵循人的生理特性中对于画面与声音获取与处理的逻辑。视觉是一个生理学词汇，光作用于视觉器官，使其感受细胞兴奋，其信息经视觉神经系统加工后便产生视觉。至少有80%以上的外界信息经视觉获得。视觉是人和动物最重要的感觉，听觉是器官在声波的作用下产生的对声音特性的感觉。视听作品作为一种承载视觉听觉双重感官体验的内容载体，能够给人一种较为真实、较为沉浸的信息获取与情感交流体验。

影像构建影片画面基础、声音作为延伸和扩展连接画面之间的缝隙并渲染情绪，而剪辑依照叙事逻辑主观能动性重组声画元素赋予影片节奏与层次，使得信息和故事内容更富感染力与震撼力。人脑接收画面的刺激产生的视觉让事物更加真实化，声音的刺激使听觉激发出无穷的想象力，从而形成视听感觉的作用逻辑。观众通过视听语言代入到叙事场景当中，身临其境，仿若现实又超越现实；超越现实便是在真实信息之上的艺术体现，是没有边界与限制的实验范围。视听内容组织的主观性与多重可能性也使得电影等成为当今最具魅力的传播方式之一。

5.2.1　剪辑的逻辑

剪辑首要遵循的条件是时间的连续性和空间的完整性。

---

① 邵清风、李骏、俞洁. 视听语言(第 1 版)[M]. 北京：中国传媒大学出版社，2013：144.

5.2.1.1 时间连续性原则

时间的连续性要求影片中人物的动作、物体的运动必须是连续的，通过剪辑使画与画之间更加连贯，利用视觉暂留原则给人一种顺畅的感觉。我们以该不该剪、如何剪、剪多少作为时间连续的判断标准。表达形式是内容和观众的连接，在思考这些问题时，我们要考虑影片题材内容、观众的视听素养及媒介特性，从而决定我们的表达形式。

1. 如何判断是否需要剪辑

从一个镜头转换到另一个镜头总有动机，那么这个动机就可以是视觉动机或听觉动机，每一次剪辑都需要有充分的理由以及叙事的目的，尽量不要对那些独立完整的镜头进行剪切，如果一个镜头本身就很好，有完整的开头、中间及结尾，那么就没必要对它进行剪切与替换。我们要考虑演员的表演张力、构图、景别、光线、色彩等要素。以陈可辛导演的爱情电影《甜蜜蜜》(01：29：20～01：30：20)为例(见图 5－1)，张曼玉饰演的李翘痛失爱人，望向爱人后背上的米奇文身图案时，她先被滑稽的图案逗笑，确认是爱人的尸体时哽咽痛哭。从回忆与爱人的美好到面对爱人的离去，从无奈的笑容到无助的抽噎，张曼玉由浅入深的演技张力逐步牵引着观众的情绪。导演将这个长达一分钟的镜头完整地保留下来，从中景推到特写，使观众的注意力沉浸在演员的叙事当中。在这个故事情节中，导演没有过分地拆解镜头，一镜到底保证时间的连续性的同时，也引发了观众的情感共鸣。

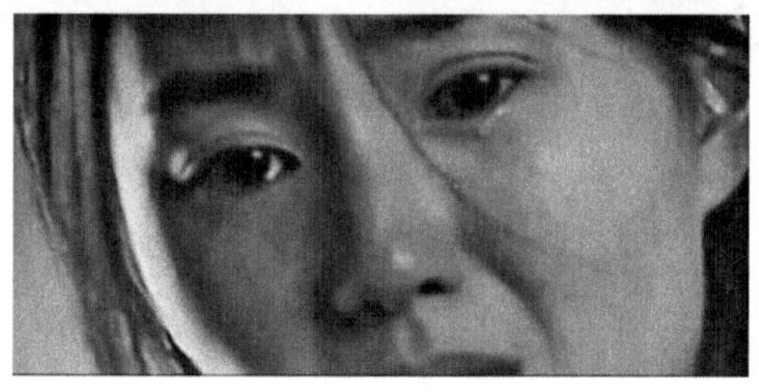

图 5－1 电影《甜蜜蜜》剧照

2. 如何选择剪切点

在连续动作的间歇点，找好切入切出的时机，一组镜头要保持逻辑上的一致性，要考虑光影、构图、色彩、景深、动作、背景、位置、声音、空间等要素，使转场保持平稳流畅、天衣无缝的连贯，使观众注意不到这是经过剪辑后的状态。如果剪切点选择不妥，观众在视听上的短暂失调会使他们觉得有些地方总有点不对劲，影响他们对后续信息的吸收。在电影《穿普拉达的女王》中，导演大卫·弗兰科尔就利用巧妙的剪辑创造了一段看似连贯实则由多个镜头组成的经典片段：女主穿行于人群之中，一辆车驶过，女主便更换了一身衣服，然而动作及街景却保持不变(37：07～37：14)；在跟随镜头中，女主角与摄影机保持平行运动，人机之间的墙体形成了遮挡，女主在这个时机又更换了衣服(37：23～37：30)。在连贯的转场过程中，短时间内造型的更换体现了这部电影的时尚特性。在掠过车辆、墙体、柱子等遮挡物时产生了有趣的视觉动机，形成相对模糊的影像，将此作为剪切点，更换画面元素或者转换场景，叙事就会流畅许多。

3. 剪辑如何取舍

(1) 口头禅。

纪录片当中往往有采访环节，不少受访者表达当中会出现“嗯”“啊”“这个”等口头禅弥补思维空隙，在荧幕上这些口头禅就会干扰观众的思绪，不能完全投入影片当中，所以应该剪掉不必要的口头禅。但是有些停顿或者口头表达更利于塑造人物形象和影片叙事，那么应该适当地保留这些片段用来保持采访叙述的原汁原味。2002年《半边天》的一期节目《我叫刘小样》聚焦农村女性，被采访者刘小样多次在片中叹息、抽泣，这些细节在剪辑时都被保留了下来。言语的间歇以及神情的状态都是人物情绪的表达，适当的保留有利于影片的叙事。

(2) 视线停留。

只要人物的视线停留在画外，接下来的镜头就应该交代人物视线所停留的地方——“兴趣物”。动机来源于画面人物看到画外的“兴趣物”之后最初的面部反应，当头部和眼神有所停留，观众已经迫切渴望想要知道画中人在看什么。经典影片《肖申克的救赎》(01：49：00～01：50：00)中，当典狱长发现肖申克在监狱中凭空消失时，愤怒地朝贴在墙上的海报扔出一枚石头，然而石头的响动证明有异样，画面中典狱长视线停留在镜头侧，在下一个画面中，同行人视线也朝向这一边，观众此时感受到不安，这样的不安感正是片中人物的情绪。短暂的停留之后，典狱长撕开海报，一条通往监狱外的通道展现在观众眼前。从未知所带来的紧张到揭晓视线停留点的明晰，导演用镜头语言操控着观众的情绪。

(3) 确定镜头长度。

一个画面的长短决定了叙事的节奏，首先要保证观众有足够的时间去充分了解画面所表达的信息，剪辑时，脑海中可以默默描述一遍画面，了解消化这些信息需要多久。第92届奥斯卡最佳影片《寄生虫》开篇的第一个镜头就长达25秒(见图5-2)，画面构图简单，却蕴含着大量的信息；画面中右边的一块玻璃一直闪动着字幕来介绍电影的基本信息，左边整个视觉重心集中于衣架上肮脏的袜子，观众通过自身的生活经验会联想到袜子的气味，产生从视觉过渡到嗅觉的通感，引起不适。同时，窗框外一辆车驶过，我们可以透过车底看到杂乱的街道，可见这户人家住在地下室，25秒过后，镜头下移，人物出现，暗示这家人生活在社会底层。一个镜头讲述了主人公的生活环境和阶级地位，为电影后半部分因阶级差异而产生的矛盾做了铺垫，窗框也隐喻了社会底层人物只能通过狭隘的视角来窥探世界的现实。可见一些镜头往往包含着隐晦却又重要的信息，观众需要足够的时间去发现和消化。

图5-2　电影《寄生虫》的开场镜头

(4) 观众的心理补偿。

构成连贯叙事很大的功劳在于蒙太奇所带给观众的幻觉，在幻觉中，观众在心里补偿了对于现实时间的省略，影片中不利于叙事的部分人物动作并没有通过镜头展现出来，但是观众在想象中默认了它的存在。我们可以在动作的省略空隙穿插中介物镜头或光学效果来分散观众的注意力。在经典电影《泰坦尼克号》的一场戏中(见图 5-3),露丝在贵族名流的聚会场合透露出厌倦与苦闷,下一个镜头从船头过渡到甲板,紧接着是杰克的近景镜头,露丝慢慢走入画面,从模糊到清晰。主要画面的组接省略了露丝走出餐厅、走上甲板、看到杰克的过程,船头以及杰克的中介作用使得女主人公露丝的场景转换时更加自然流畅。

图 5-3　电影《泰坦尼克号》: 空镜头的中介作用

5.2.1.2　空间完整性原则

保持空间的统一性和封闭性,尽量让观众看到的一切都在同一个完整的空间内,并熟悉所属空间尽量多的信息,避免造成空间混乱。创造一个封闭的空间令观众丧失对画外空间的想象,对空间产生信任,并全身心地沉浸于影片叙事。

1. 用全景交代关系

场景叙事当中,首先给全景景别,让观众最大限度地了解空间,对接下来近景镜头都属于同一空间建立信任。保证观众看到局部时,已了解这个局部所处的整体空间,对于关系有了初步认知,确立整体后,局部可以在合理的范围内随意拆分、更换场景。在电影《时空恋旅人》中,在男主人公介绍他的家庭时,就先用一个远景交代了环境与人物关系,每周五晚一家人就会围坐在放映机旁观看一部电影;接下来又用一个全景进一步交代人物关系,承接了之前对各个人物的介绍(见图 5-4)。然后是一个男主人公的母亲撑伞的局部背影的近景,表达了就算下雨,周五看电影的传统也不会改变。从远景表达环境与人物的关系到全景展现人物之间的关系,再到近景人物动作的叙事，镜头景别由大到小，叙事过程也从整体逐渐聚焦到局部。

图 5－4　电影《时空恋旅人》：全景的作用

2. 轴线原则

在一组镜头中，始终保持在事件的一侧观看，保持明晰的方向感。静止的对象，轴线可随意确定，一旦确定不可轻易改动；对于两个对象，一般以两对象之间的连线作为轴线；对于一群对象，一般以离摄影机最近的两个对象之间的连线作为轴线；而运动对象则以运动方向作为轴线，如图 5－5、图 5－6 所示。

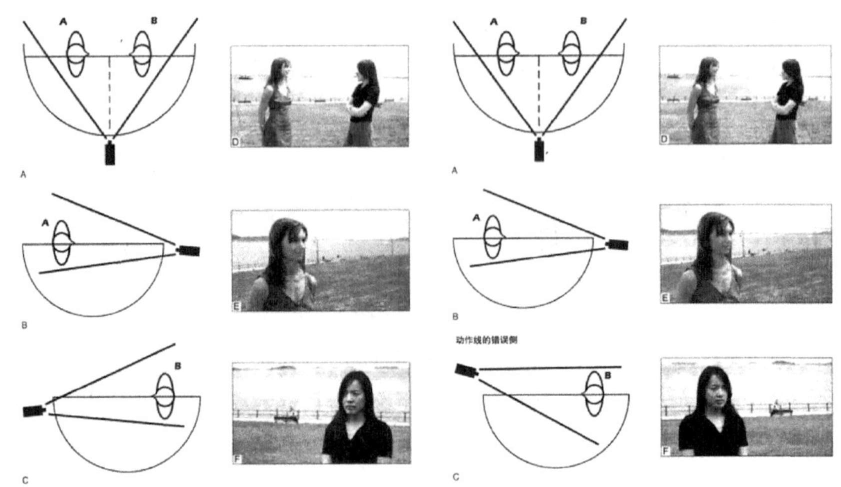

图 5－5　以人物关系线为轴线示例①

① 资料来源：罗伊·汤普森.剪辑的语法[M].北京：北京联合出版公司，2017：95、97.

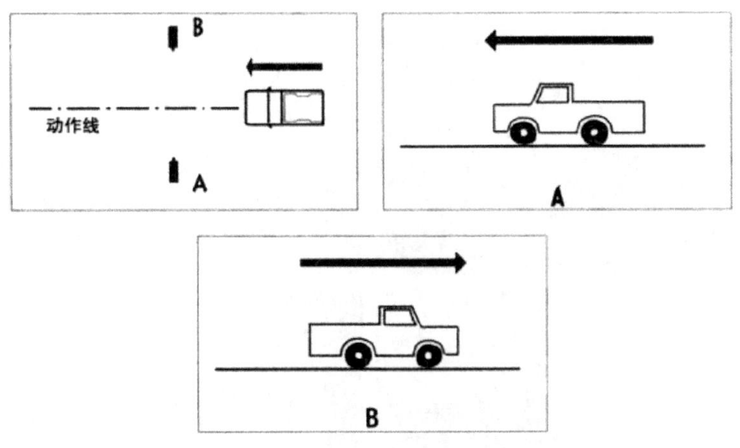

图 5－6　以运动线为轴线示例①

3. 场景转换的合理性

最大限度减少场景转换对于观众的干扰就要寻找最合适的剪切点。自然划变原则是指充分利用画面中自然的划变作为转场点，当物体经过镜头时短暂遮挡画面进行剪切；快速横摇原则便是以镜头移动的瞬间作为场景转换的契机。两个原则的根本原理是利用便捷有趣的视觉动机使画面产生相对模糊的影像从而接入快速镜头转换到新的场景。电视剧《神探夏洛克》就多次使用自然划变来实现场景转换（见图 5－7）；在男主人公俯身的过程中，车顶作为短暂的镜头遮挡，场景发生了变化；在实现银行与监狱的转换时，借用属于后一个镜头的大巴车实现过渡，车顶与大巴相对片中场景的其他元素移动速度较快，所以产生了模糊的划变，为观众制造了过渡的视觉动机，通过技术手段绘制遮罩，两个不同场景的片段实现了流畅、自然地衔接。

① 资料来源：罗伊・汤普森.剪辑的语法[M].北京：北京联合出版公司. 2017：94.

图 5-7　电视剧《神探夏洛克》转场片段

5.2.2　剪辑的思想

最初的电影剪辑是按导演和剪辑师的创作意图将胶片的直接剪开，用胶水或胶带连接的方式。虽然这种方法技术含量相当低，但表示剪辑的工作本质上是不按镜头拍摄时的自然顺序进行的。而后在长期摸索和经验积累的过程中，镜头的编排顺序创造出了不同的蒙太奇类型，并演进为不同的剪辑思想。我们认为，思想大于技术，创意决定一切。下面介绍六种常见的剪辑思想。

1. 平行剪辑

如果需要在不同时空，或者同一时间、不同地点，并列地叙述两个或者两个以上的事件，在剪辑时就要按照特定的时间间隔，分别穿插两个事件的镜头，这样，观众就会理解为两个事件在齐头并进，分别叙述但又统一在一个完整的结构之中，其达到的就是“花开两朵，各表一枝”的效果。韩国经典爱情电影《假如爱有天意》中，导演运用平行蒙太奇的艺术将两代人的爱情故事通过书信和日记巧妙地联结在一起，自如地穿梭于两个不同的时空，游刃有余，令人回味无穷；法国电影《广岛之恋》把女主人公在日本的经历与“二战”时期在家乡纳韦尔的经历，使用闪回手法进行平行剪接；我国电影

《神话》中的平行叙事也别有一番意趣——瀑布的背后，秦代女子痴心地等待着大将军蒙毅，而千年后的今天，考古学家杰克和物理学家威廉在探究科学的奥妙。千年之前和千年之后，通过平行蒙太奇手法实现瞬间的穿越，带给观众美妙的审美体验。

如今，平行剪辑的手法更是比比皆是。对于大多数影视工作者、视频剪辑师来说都可以驾轻就熟。平行剪辑在处理剧情方面有着天然的优势，以删节过程利于概括集中，节省篇幅，扩大影片的信息量，并加快影片的节奏。

2. 交叉剪辑

交叉剪辑很多时候与平行剪辑在操作上没有太明确的界限，都可以面向同一时间、不同地点发生的两条或数条情节线，将其交叉衔接，各事件、线索相互依存，最后汇合在一起，产生紧张、激烈、惊险的戏剧效果。波德维尔说："交叉剪辑是一种操纵时间的风格表现形式，叙述在两个以上的故事线索之间来回剪辑。"平行剪辑与交叉剪辑都服务于叙事，旨在更清楚和有效率地交代故事情节。而与平行蒙太奇不同的是，交叉蒙太奇往往用于创造出一种节奏，造成紧张、悬疑气氛，加强矛盾的尖锐性，从后果上来说是显著和激烈的，正如唐纳德所说："交叉剪辑的效果就是一场戏的效果与另一场戏相乘的积，而观众的焦虑正好成为整体效果的催化剂"。①

交叉剪辑最有名的应用来自电影大师格里菲斯的电影《党同伐异》。一位无辜的工人要被押赴刑场，他的妻子坐在汽车里飞快地追赶一辆火车，因为唯一能阻止行刑的州长就坐在火车里。两个场景同步进行，一面是工人一步步走向绞架，一面是汽车越开越快，越来越逼近火车，气氛愈发紧张。当工人被套上绞索的那一刻，他的妻子拿着州长的赦免令及时赶到了……这段镜头就是著名的"格里菲斯一分钟营救"，这种快速交叉剪辑的方法被奉为经典。

众所周知，大导演诺兰的"杀手锏"就是交叉剪辑。在其代表影片《盗梦空间》《星际穿越》《敦刻尔克》中处处可见对于交叉剪辑的应用。如讲述"二战"中英法联军从敦刻尔克撤退的影片《敦刻尔克》中，诺兰运用交叉剪辑的手法，再次玩起了时间和空间的游戏。影片将陆地、海洋和空中的三个线索

---

① 唐纳德·伊·斯特普尔斯. 美国电影史话[G]. 张兴援，郭忠译. 北京：中国人民大学出版社，1991：119.

交织在一起，讲述了一周、一天和一个小时之内发生的故事。如果故事以正常的顺序呈现给观众，影片的水准和故事技巧也会落入俗套，陷于平平，且不能满足观众对新鲜、刺激的心理需求。因此诺兰运用交叉剪辑手法，使影片充满碎片感、无序性的画面，提高了观影难度，也更深刻地激发了观众对观影的投入，因为只有等观众看完影片，才能清晰地理解其框架，而此时的观看体验已经超越平常，令观众内心欣喜和满足。

又如在《碟中谍 5》(21：00～22：50)中，男主人公正在一个小房间中做俯卧撑，与此同时，情报机构派出一个特工队奉命去找男主人公，来者不善的架势预示着男主人公将遭遇危险。这一边，男主人公仿佛预感到危险正在一步步逼近，通过看护照、装子弹、仰卧锻炼等一系列快切镜头展示迎战过程；另一边，特工队成员披坚执锐快速推进，下车、进建筑体、上楼梯等一气呵成(该过程同时显示了在指挥大厅的大屏，两位主管不同的心情和眼神也穿插在这个段落中)。在男主人公从单杠上跳下来的一瞬间，房间的门被特工队踹开……原本给人的期待是一场大战一触即发，没想到男主人公眼神坚定、平安无事，而特工队踹开的原来是另一个房间……这种交叉剪辑创造出极大的悬念，又打破了观众的期待，带来了不错的观看体验与艺术感染效果。

可以说，交叉剪辑在处理素材上，更强调节奏，也较多采用快速切换的做法，是掌握观众情绪的极为有效的手段，因而多用于惊险、恐怖和战争等题材的电影中。

3. 颠倒剪辑

颠倒剪辑就是打乱时间顺序的剪辑方式，可以先展现故事的或事件的当前状态，再介绍故事的始末，亦可反向为之。它常借助叠印、划变、画外音、旁白等转入倒叙，或通过中介物的转场转回正叙，实现“过去”与“现在”的重新组合。

由昆汀·塔伦蒂诺执导的《低俗小说》的成功，很大程度上来自颠倒式剪辑的运用。《低俗小说》由三条看似独立但是相互交织的故事线组成，乍看之下其故事顺序显得杂乱无章，但昆汀所具备的能力就是打破时间顺序后再重新组合。在整体剪辑的处理上，其将顺序发生的故事处理为环型结构，看到最后会发现影片的开头和结尾连成圆环，如在影片开始，一对看起来有些诙谐轻佻的夫妇想抢劫餐厅，影片的最后又拉回到了这里，原来在同一家餐厅吃饭的还有影片的主角杀手搭档，在这一刻让观众意识到影片的叙事逻辑，从而让一个原本很平凡的故事变得精彩。该结构被导演用来暗示暴力故事的周而复始，不断出现，也就是说在现实中类似影片中的情节总在发生，永不停歇——这让看似平平无奇的故事变得深刻。

总之，这种剪辑方式创造的是一种打乱结构的蒙太奇方式，它打乱的是事件顺序，但时空关系仍需交代清楚，叙事应符合逻辑。

4. 重复剪辑

重复剪辑相当于文学作品中的复述方式或重复手法，指的是反复使用某一个镜头。该镜头往往具备一定的隐喻意味，让观众生发联想和想象，以达到刻画人物、深化主题、营造氛围的目的。

如在影片《误杀》中，剧中一到关键点、聚焦点、转折处都会出现一只羊，羊出现的次数之多让人深思，经统计，片中提到或者出现“羊”的意象共有九次。羊在宗教里有替罪的隐喻，在《圣经》中，上帝为考验亚伯拉罕，让他将儿子祭献给上帝，后来上帝阻止了他，于是亚伯拉罕就捉来一只羊作为祭品献给上帝。而本片中主人公的遭遇无疑是在宣誓：他不想、也不能再做一只沉默的羔羊。

除此之外，《这个杀手不太冷》中反复出现的那盆绿植，代表了杀手比尔内心深处的温柔和渴望安定的心绪；《贫民窟的百万富翁》中两次出现拉提卡（女主人公）在火车站等人的镜头，既衔接了剧情，也强调了贾马尔（男主人公）纯粹的爱情观；《天才枪手》重复出现的按动自动铅笔、两次将橡皮擦放入鞋中的镜头，不仅记录动作细节，还营造了紧张的气氛。

5. 连续剪辑

一般而言，剪辑的目标就是创造时空连贯、营造时空真实，最好是让观众感受不到创作者的存在。在此种思想下采取的没有斧凿痕迹的剪辑实践，被叫作“零度剪辑”，即尽可能让观众感受不到剪辑的存在。

连续剪辑的常见做法有：

（1）保持视觉递进性——在一个镜头序列之中，远、中、近景镜头是不断搭配的。如果按照远景—近景—特写这样的景别顺序来衔接，比较符合从环境展示入手，到人物出现，再到人物具体面部特征的视觉接受顺序，也符合人们关于“这是哪里、这是谁、他怎么了”的思维顺序。此外，好莱坞电影中常用的“全景——正/反打”这种模式，即在一个对话镜头中，先给出对话双方的全景，而后在说话者和听者之间按照先后顺序进行切换，由声音变化牵引视觉期待，也是一种行之有效的将观众自然而然地带入剧情的方法。

(2) 保持动作连续性——好莱坞把分镜头称作 continuity(连贯性)。连贯性的动作指的是走路、跑步、武打、追逐、飞跃等肢体表演，或通过长镜头完整记录过程本身，保证观众在观赏内容时感到流畅，或通过连续性剪辑，依循人物的目光方向(如上一个镜头中的演员看向前方，下一个镜头反打到演员背影和前方的事物)、动作方向(如上一个镜头中的演员向屏幕右方奔跑，下一个镜头切到演员表情特写，再下一个镜头屏幕左方出现第二个演员，两个人在画面中央相遇且相拥)、动势(如上一个镜头中的演员准备从椅子上站起来，下一个镜头中的演员站着说话)等进行合理剪辑，使其符合日常生活经验和理性判断。

(3) 保持节奏平稳性——指用连续的、有相似内容和性质的画面以比较平均的频率和时间分布进行剪辑。在相对平稳的状态中，观众往往会忽略剪辑的存在。如在电影《喜宴》中，伟同(同性恋者)得知其父母要来美国看望他，为防止父母发现蛛丝马迹，与其同性恋男友及受父母之命被安排来与伟同相亲的女友一起收拾房间，该段落节奏紧凑、逻辑分明，清楚地讲述了一个相对完整的叙事单元。

总之，连续剪辑是沿着一条单一的情节线索，按照事件的逻辑顺序，有节奏地连续叙事。它虽然破坏了真实时间的连续性，却创造出新的影视时空的连续性，这种叙事自然流畅，朴实平顺，但由于缺乏时空与场面的变换，无法直接展示同时发生的情节，难以突出各条情节线之间的关系，亦有拖沓冗长、平铺直叙之感。①

6. 风格化剪辑

在法国“新浪潮电影”的引导下，非连贯剪辑这一风格化的剪辑方式出现。1959 年，法国导演弗朗索瓦·特吕弗的影片《四百下》是法国电影新浪潮运动的领军之作，它打破了好莱坞的经典剪辑原则，不再追求剪辑的连续性及时空的统一性，而是反对连贯剪辑，使用了一些个性化的、打破时空连续性和统一性的反常规剪辑手法——非连贯剪辑，挑战了零度剪辑的统治

---

① 王圣华，荀维浩. 叙事节奏：剧情类短视频的剪辑灵魂[J]. 新闻与写作，2021(2)：109—112.

地位。常见的风格化剪辑方法有跳接、挖剪、分剪等。

跳跃剪辑，又称“跳接”，指两个镜头内的主体相同，但摄影机的拍摄角度和距离却差别不大，当两个镜头前后衔接时，画面便会产生明显的视觉跳跃感。这种视觉上的跳跃会打破电影的连贯性，但能有效地压缩上下镜头的时间，强调某个动作的结果，营造出人意料的效果。所以与连贯剪辑追求的是建立“故事是真实的”这一目标相比，跳接就是要破坏“故事是真实的”这种幻觉，让观众保持和电影叙事的距离感。在《罗拉快跑》中，罗拉每一次从家中跑下楼梯，跑出花园，跑向街道，整个过程并不是被完整呈现的，而是采用跳接，让观众明显感到视觉的跳跃，意识到时间流逝了，时间被压缩了，感受到剪辑的存在。

挖减作为一种结构形式和剪辑手段，比较符合现代人尤其是现代青年观众欣赏电视艺术的节奏感觉、思维方式和审美要求。如在《天才枪手》影片中的第一场考试中(10 分 40 秒处)，老师扔黑板擦的场景就选用了挖减镜头来展现。在这个场景镜头中并未看到老师扔黑板擦的动作，而是直接给了一个黑板擦撞击墙面的特写镜头，老师拿起黑板擦以及其飞行的镜头均被省略，这种剪辑方式有效地提升了节奏。①

分剪指的是将一个内容连续或者意义完整的镜头分为两个或两个以上的镜头使用，其屏幕效果不再是一个连续镜头。在《天才枪手》的片段(01：39：00～01：44：00)中，Lynn 的父亲在印刷厂与 Lynn 在澳大利亚考场进行了多处分剪，一方是父亲追问女儿下落的固定镜头，另一方是快速离开作弊现场的移动与跟拍镜头，二者不对称的节奏更加映衬出在澳大利亚考试现场的 Lynn 的危险处境。

可见，传统的剪辑方式并非不可打破，一些具有实验性、探索性的剪辑手法的出现受到了市场和观众的认可，甚至成为一种独特的视觉风格。

5.3　剪辑的流程

从后期的角度来看，剪辑的大致流程包括新建项目、新建序列、素材导

① 王同杰.《天才枪手》：反程式化叙事与剪辑技法全解析[J]. 电影评介，2018(1)：3.

入、素材管理、素材剪辑、素材输出六个环节。

5.3.1 新建项目与序列

视频项目(project),是我们对于整个制作流程和剪辑事项的总称。项目可以以内容属性来区分,如“宣传片项目”“产品介绍项目”“微电影项目”;可以以创作者来命名,如“某某导演项目”“＊＊明星项目”;还可以用服务对象来命名,如“某政府项目”“某地产公司项目”等。

尽管很多时候项目名称与片名保持一致,但我们需意识到,作为一个具有整体性概念,项目并不等于片名。比如可以把“舌尖上的中国”(简称“舌尖”)看作一个项目,这个项目下面包含不同的专辑和不同的剧集,①每集都有独立的片名。可见,片名是具体的,而项目名称是总的概括。

5.3.1.1 新建项目

1. 项目创建

视频剪辑是从项目创建开始的。

在 Premiere 中,②新建项目的操作路径为:文件＞新建＞项目(见图 5－8)。

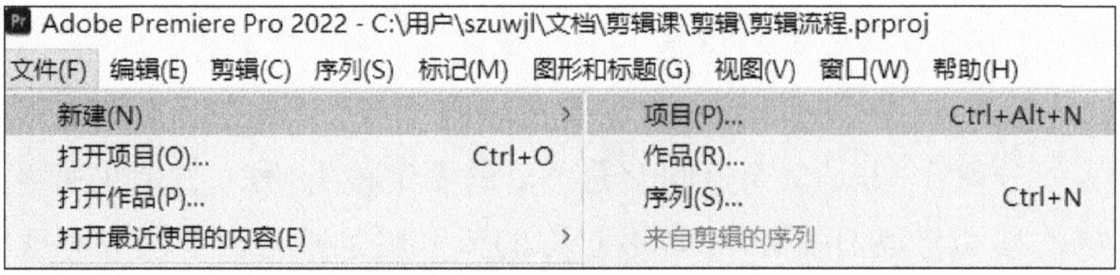

Adobe Premiere Pro 2022 - C:\用户\szuwjl\文档\剪辑课\剪辑\剪辑流程.prproj
文件(F) 编辑(E) 剪辑(C) 序列(S) 标记(M) 图形和标题(G) 视图(V) 窗口(W) 帮助(H)
新建(N) ＞ 项目(P)... Ctrl+Alt+N
打开项目(O)... Ctrl+O 作品(R)...
打开作品(P)... 序列(S)... Ctrl+N
打开最近使用的内容(E) ＞ 来自剪辑的序列

图 5－8 新建项目

在弹出的面板中,我们可以根据实际的项目名称来命名,如果作为学习或练习,可以命名为“practice”“剪辑流程”“入门练习”(支持中英文)。保存位置的路径选择“默认”。

其他选项都不用修改,点击“确定”便完成了项目创建。

项目创建完成后,进入 Premiere 的默认界面(见图 5－9)。

---

① 舌尖上的中国一共有三季,共有 22 集,其中第一季 7 集,第二季 7 集,第三季 8 集。

② 本教材采用最新版 Premiere Pro 2022。

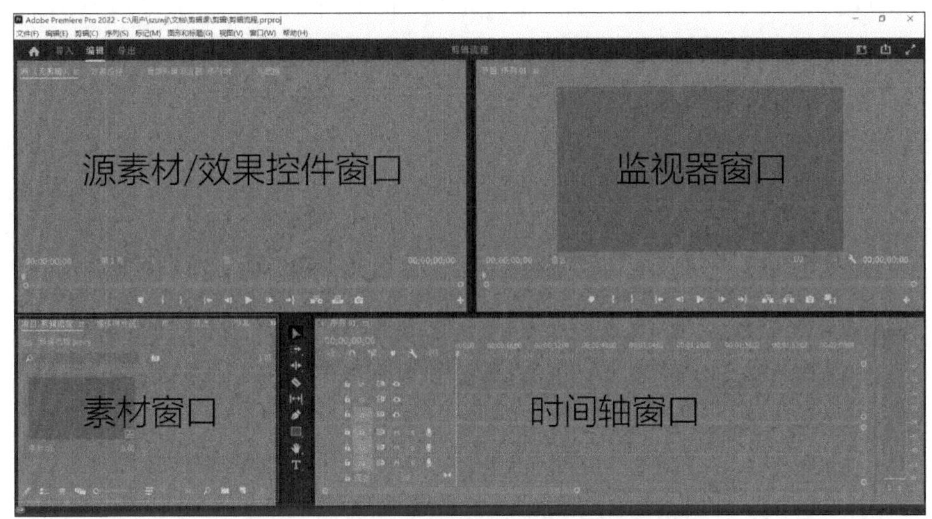

图 5－9　Premiere 在编辑模式下的界面

2. Premiere 软件使用的基本概念

在了解 Premiere 的界面之前，有必要先介绍一下 Premiere 软件中经常使用的基本概念。

(1) 帧：帧是视频技术中常用的最小单位，指的是数字视频和传统影视的基本单元信息。视频可以看作是大量的静态图片按照时间顺序放映出来的，而每一张图片就是一个单独的帧。

帧速率是指每秒刷新的图像的帧数，或者说视频每秒所包含的帧数，单位是 fps。一般而言，要保证连续、流畅的动画效果，帧速率一般不小于 8 fps，也就是每秒至少包括 8 张图片。常见的电影帧速率为 24 fps，电视的帧速率为 25 fps，运动类动作拍摄的帧速率为 50 fps～60 fps，慢动作拍摄(升格拍摄)的帧速率为 120 fps～240 fps。帧速率并非越高越好，帧速率越高意味着记录存储需要的空间越大。在当前互联网传播的主流环境下，后期剪辑的帧速率一般为 25 fps～30 fps。

(2) 分辨率：分辨率指帧的大小，它表示在单位区域内垂直和水平的像素数值。一般单位区域中像素数值越大，图像显示越清晰。常规的高清视频的分辨率标准为 1 920×1 080；4 K 分辨率指水平方向每行像素值达到或者接近 4 096 个，不考虑画幅比，常见的标准有 4 096×2 160、4 096×3 112

等，8 K 分辨率为 7 680×4 320，代表着更高的解像度。一般来说，4 K 分辨率已经能让肉眼看清楚画面的每一处细节，能带来很好的影视观感了。

(3) 剪辑：剪辑指对素材进行修剪，这里的素材可以是视频、音频或图片等。

(4) 镜头：镜头是视频作品的基本构成元素，不同的镜头对应不同的场景，在视频制作过程中经常需要对多个镜头或场景进行切换。

(5) 字幕：字幕是在视频制作过程中添加的标志性信息元素，当画面中的信息量不够时，字幕就起到了补充信息的作用。

(6) 转场：转场指从一个镜头切换到另外一个镜头时的过渡方式。转换过程中会加入过渡效果，如淡入淡出、闪黑、闪白等。

(7) 特效：特效指为画面中的元素添加的各种变形和动作效果。

(8) 渲染：渲染指视频文件应用转场及特效后，将源文件信息组合成单个文件的过程。

3. Premiere 不同模式的工作界面

了解以上的常见术语后，再来看 Premiere 的界面。PR 软件的界面不是静态的，而是可根据使用者的使用偏好或剪辑场景进行动态调整的。在菜单栏中执行“窗口”>“工作区”命令，即可选择不同模式的工作界面。

(1) “编辑”工作区。

在菜单栏中执行“窗口”>“工作区”>“编辑”命令，即可切换至“编辑”工作区。在“编辑”工作区中，“监视器”和“时间轴”为主要组成部分，适用于日常视频的剪辑和处理，如图 5-9 所示。

(2) “所有面板”工作区。

在菜单栏中执行“窗口”>“工作区”>“所有面板”命令，即可切换至“所有面板”工作区。“所有面板”工作区中的展示窗口非常多，各项功能及相关操作非常便捷，如图 5-10 所示。

(3) “元数据记录”工作区。

在菜单栏中执行“窗口”>“工作区”>“元数据记录”命令，即可切换至“元数据记录”工作区，在此工作区中可以查看素材的属性和数据记录信息。

(4) “学习”工作区。

在菜单栏中执行“窗口”>“工作区”>“学习”命令，即可切换至“学习”工作区，此工作区和“编辑”工作区的界面相似，甚至比“编辑”工作区的操作

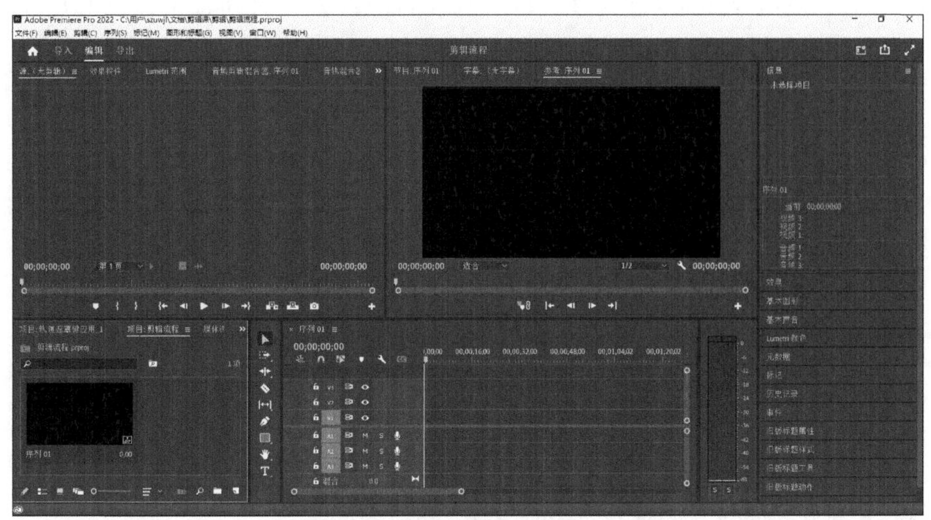

图 5－10　所有面板模式下的界面

更简单。

(5)“效果”工作区。

在菜单栏中执行“窗口”>“工作区”>“效果”命令，即可切换至“效果”工作区，在此工作区内，“效果控件”“节目”监视器和“时间轴”为主要组成部分。

一般来说，Premiere 的常规界面是默认的“编辑”模式下呈现的标准界面。切换“学习”“组件”“颜色”“效果”“音频”“图形”等，可以得到不同排版样式的界面。每个版面会在模块的使用便利性上有所侧重，比如在“颜色”模式下，会在最右侧多出一个“Lumetri 颜色”模块，方便创作者快速对视频颜色进行调整。

4. 编辑模式下页面四部分

在“编辑”模式下，页面主要分为四个部分：

项目窗口（左下）、源素材窗口（左上）、监视器窗口（右上）和时间轴（右下）。

项目窗口主要是导入素材和管理素材的；

源素材窗口是预览所拍摄或导入的原始素材，在时间条上可以通过设置“出、入点”选择可用的片段；

监视器窗口是用来查看编辑好的成品，即重新在时间轴上排列和应用特效后的视频内容。监视器窗口也可以处理双机位和多机位剪辑等事宜；

时间轴是工作区域的重心。所有的音视频片段都在这里汇集，按需剪辑、排列、控制时长、层序、添加滤镜和特效等。

5. Premiere 各菜单具体功能

同时，在“编辑模式”下，还可以看到 Premiere 的菜单分为文件、编辑、剪辑、序列、标记、图形和标题、视图、窗口、帮助，如图 5－8 所示。下面将介绍各菜单的具体功能。

(1) “文件”菜单。

“文件”菜单主要用于对项目文件进行管理，其中包括常见的新建、打开、保存、导入、导出等命令，下面详细介绍各个命令菜单。

- 新建：创建新的项目、序列、字幕、调整图层等。
- 打开项目：打开已经存在的项目，快捷键为 ctrl＋O(字母)。
- 打开团队项目：打开团队合作的已经存在的项目。
- 打开最近使用的内容：打开最近编辑过的项目。
- 转换 Premiere Clip 项目：直接将在手机上创作和编辑的影片传送到 Premiere 中，并使用相同的视频工具修饰。
- 关闭：关闭当前所选择的窗口，快捷键为 ctrl＋W。
- 关闭项目：关闭当前打开的项目，但不退出软件，快捷键为 ctrl＋shift＋W。
- 关闭所有项目：关闭打开的所有项目，但不退出软件。
- 刷新所有项目：对打开的所有项目进行刷新。
- 保存：存储当前项目，快捷键为 ctrl＋S。
- 另存为：将当前文件重新存储命名为另一个文件，并进入一个新文件的编辑环境中，快捷键为 ctrl＋shift＋S。
- 保存副本：为当前项目保存一个副本，但不会进入新的文件编辑环境，快捷键为 ctrl＋Alt＋S。
- 全部保存：将所有打开的项目全部保存。
- 还原：将最近一次编辑的文件或者项目还原，即返回到上次保存过的项目状态。
- 同步设置：将常规首选项、键盘快捷键、预设和库同步到 Creative

Cloud。

- 捕捉：可通过外部捕捉设备获取视频、音频等素材。
- 批量捕捉：通过外部捕捉设备批量获取视频、音频等素材。
- 链接媒体：查看链接丢失的文件，并快速查找和链接文件。
- 设为脱机：将 Premiere 中导入的素材在原文件中移出、重命名或删除，这时该素材在 Premiere 中就成为脱机文件。
- Adobe Dynamic Link：链接到 Premiere 项目的 Encore 合成中，或是链接到 After Effects 文件中。
- 从媒体浏览器导入：从媒体浏览器中选择文件输入“项目”面板中。
- 导入：将硬盘上的素材导入“项目”面板中。
- 导入最近使用的文件：将最近编辑过的素材输入“项目”面板中，不弹出“导入”对话框，方便用户更快更准地输入素材。
- 导出：将当前工作区内的内容输出为视频。
- 获取属性：获取文件的属性或者选择内容的属性，包括文件和选择两个选项。
- 项目设置：包括常规和暂存盘，用于设置视频影片、时间基准和时间显示，显示视频和音频设置，提供用于采集音频和视频的设置及路径。
- 项目管理：打开“项目管理器”，可以创建项目的修改版本。
- 退出：退出 Premiere，关闭程序。

(2)“编辑”菜单。

- 撤销：撤销上一步的操作，快捷键为 ctrl＋Z。
- 重做：与“撤销”命令相对，执行“撤销”命令之后该命令被激活，可以取消撤销操作，快捷键为 ctrl＋shift－＋Z。
- 剪切：将选中的内容剪切到剪切板，快捷键为 ctrl＋X。
- 复制：将选中的内容复制一份。
- 粘贴：将剪切或复制的内容粘贴到指定的位置。
- 粘贴插入：将复制或剪切的内容以插入的方式粘贴到指定位置。
- 粘贴属性：将其他素材上的属性粘贴到选中的素材上，如过渡特效、运动效果等。
- 删除属性：删除所选素材的属性，包括运动效果、视频效果等。

- 清除：将选中的内容删除。
- 波纹删除：删除选中的素材且不在轨道中留下空白间隙。
- 重复：复制“项目”面板中的素材，只有选中“项目”面板中的素材时，该命令才可用。
- 全选：选择当前面板中的全部内容。
- 选择所有匹配项：选择“时间轴”面板中的多个源自同一个素材的素材片段。
- 取消全选：取消所有选中的状态。
- 查找：查找“项目”中的定位素材。
- 查找下一个：自动查找下一个“项目”文件夹中的定位素材。
- 标签：改变“时间轴”面板中素材片段的颜色。
- 移除未使用资源：快速删除“项目”面板中未使用的素材。
- 合并重复项：将重复的项目进行合并。
- 团队项目：对团队项目进行编辑，包括获取最新更改、共享我的更改、解决冲突等。
- 编辑原始：将选中的素材在外部程序软件中进行编辑，如 Photoshop 等软件。
- 在 Adobe Audition 中编辑：将音频文件导入 Audition 中进行编辑。
- 在 Audition 和 Photoshop 中编辑：将图片素材导入 Photoshop 中进行编辑。
- 快捷键：指定键盘快捷键。
- 首选项：设置 Premiere 的一些基本参数，包括常规、外观、音频、音频硬件、同步设置等。

(3)“剪辑”菜单。

- 重命名：对“项目”面板中的素材及“时间轴”面板中的素材片段进行重命名。
- 制作子剪辑：根据在“源”监视器面板中编辑的素材创建附加素材。
- 编辑子剪辑：编辑附加素材的入点和出点。
- 编辑脱机：脱机编辑素材。
- 源设置：对素材的源对象进行设置。
- 修改：修改时间码或音频声道，以及查看或修改素材信息。

- 视频选项：设置帧定格、帧混合、场选项及缩放为帧大小等。
- 音频选项：设置音频增益、拆分为单声道渲染和替换等。
- 速度/持续时间：设置素材的播放速度及持续时间。
- 捕捉设置：设置捕捉素材的相关参数。
- 插入：将素材插入"时间轴"面板中的当前时间指示处。
- 覆盖：将素材放置到当前时间指示处，覆盖已有的素材片段。
- 替换素材：使用磁盘上的文件替换"时间轴"面板中的素材。
- 替换为剪辑：用"源"监视器面板中编辑的素材或是素材库中的素材替换"时间轴"面板中已选中的素材。
- 渲染和替换：可以利用视频剪辑和 After Effects 合成，从而加强 VFX 大型序列的功能。
- 恢复未渲染的内容：将未渲染的视频恢复为原始剪辑内容。
- 更新元数据：更新元数据的信息。
- 生成音频波形：可以为音频添加波形。
- 自动匹配序列：快速组合粗剪或将素材添加到已有的序列中。
- 启用：对"时间轴"面板中选中的素材进行激活或禁用，禁用的素材不能被导出，也不会在"节目"监视器面板中显示。
- 链接：可以链接不同轨道的素材，从而更便于编辑。
- 编组：可以将"时间轴"面板中的素材放入一个组内一起编辑。
- 取消编组：取消素材的编组。
- 同步：根据素材的起点、终点或时间码在"时间轴"面板中进行排列。
- 合并剪辑：将"时间轴"面板中的一段视频和音频合并为一个剪辑，并且不会影响原来的编辑。
- 嵌套：能够将源序列编辑到其他序列中，并保持源剪辑和轨道布局完整。
- 创建多机位源序列：选中"项目"面板中的三个或三个以上素材，执行该命令，可以创建一个多摄像机源序列。
- 多机位：对拍摄的多机位素材进行多机位剪辑。

(4) "序列"菜单。

- 序列设置：打开"序列设置"对话框，并对序列参数进行设置。
- 渲染入点到出点的效果：渲染工作区域内的效果，创建工作区预览，并将预览文件保存到磁盘上。

- 渲染入点到出点：渲染整个工作区域，并保存到磁盘上。
- 渲染选择项：选择"时间轴"面板中的部分素材进行渲染，并保存到磁盘上。
- 渲染音频：只对工作区域的音频文件进行渲染。
- 删除渲染文件：删除磁盘上的渲染文件。
- 删除入点到出点的渲染文件：删除工作区域内的渲染文件。
- 匹配帧：匹配"节目"监视器面板和"源"监视器面板中的帧。
- 反转匹配帧：反转"节目"监视器面板和"源"监视器面板中的帧。
- 添加编辑：对剪辑进行分割，和剃刀工具的功能相同。
- 添加编辑到所有轨道：拆分时间指示处的所有轨道上的剪辑。
- 修剪编辑：对序列的剪辑入点和出点进行调整。
- 将所选编辑点扩展到播放指示器：将最接近播放指示器的选定编辑点移动到播放指示器的位置。
- 应用视频过渡：在两段素材之间添加默认视频过渡效果。
- 应用音频过渡：在两段音频之间添加默认音频过渡效果。
- 应用默认过渡到选择项：在选择的素材上添加默认的过渡效果。
- 提升：剪切在"节目"监视器面板中设置入点到出点的 V1 和 A1 轨道中的帧，并在"时间轴"上保留空白间隙。
- 提取：剪切在"节目"监视器面板中设置入点到出点的帧，且不在"时间轴"上保留空白间隙。
- 放大：将"时间轴"放大。
- 缩小：将"时间轴"缩小。
- 封闭间隙：关闭序列中某一段的间隔。
- 转到间隔：跳转到序列的某一段间隔中。
- 在时间轴中对齐：将素材的边缘对齐。
- 链接选择项：将音频轨道和视频轨道链接，使两个轨道同步。
- 选择跟随播放指示器：可以将光标移动到哪个素材就选择哪个素材。
- 显示连接的编辑点：显示添加的编辑点。
- 标准化主轨道：设置所选音频，可以调整音频轨道中音量大小。

- 制作子序列：在原来的序列中重新新建一个序列。
- 自动重构序列：可以创建具有不同长宽比的复制序列，并对序列中的所有剪辑应用自动重构效果。
- 添加轨道：添加视频和音频的编辑轨道。
- 删除轨道：删除视频和音频的编辑轨道。

(5)"标记"菜单。

- 标记入点：在时间指示处添加入点标记。
- 标记出点：在时间指示处添加出点标记。
- 标记剪辑：设置与剪辑匹配的序列入点和出点。
- 标记选择项：设置与序列匹配的选择项的入点和出点。
- 标记拆分：在时间指示处添加拆分标记。
- 转到入点：跳转到入点标记。
- 转到出点：跳转到出点标记。
- 转到拆分：跳转到拆分标记。
- 清除入点：清除素材的入点。
- 清除出点：清除素材的出点。
- 清除入点和出点：清除素材的入点和出点。
- 添加标记：在级联菜单的指定处设置一个标记。
- 转到下一标记：跳转到素材的下一个标记。
- 转到上一标记：跳转到素材的上一个标记。
- 清除所选标记：清除素材上的指定标记。
- 清除所有标记：清除素材上的所有标记。
- 编辑标记：编辑当前标记的时间及类型等。
- 添加章节标记：为素材添加章节标记。
- 添加 Flash 提示标记：为素材添加 Flash 提示标记。
- 波纹序列标记：打开或关闭波纹序列标记。
- 复制粘贴包括序列标记：打开或关闭复制粘贴，包括序列标记。

(6)"图形和标题"菜单。

- 从 Adobe Fonts：添加需要的字体。
- 安装动态图形模板：从磁盘中安装动态图形模板。
- 新建图层：新建文本、直排文本、矩形框、椭圆框等。

- 对齐：设置字幕的对齐方式，其中包括垂直居中、水平居中、左对齐、右对齐等。
- 排列：当创建的字体互相重叠时，可以通过该命令对字体进行排列。
- 选择：当创建物体重叠时，可以通过该命令对物体进行选择。
- 升级为主图：将图形升级为一个独立的图形。
- 导出为动态图形模板：将编辑好的图形导出为动态图形模板。
- 替换项目中的字体：对选择的字体进行替换。

(7)“视图”菜单。

- 回放分辨率：设置预览视频时的分辨率，包括5个选项，分别是完整、1/2、1/4、1/8、1/16。
- 暂停分辨率：设置暂停预览视频时的分辨率，包括5个选项，分别是完整、1/2、1/4、1/8、1/16。
- 高品质回放：在回放预览时播放高品质画质。
- 显示模式：设置预览时的显示模式，包括合成视频、多机位、音频波形等。
- 放大率：设置预览尺寸，可以放大或缩小。
- 显示标尺：在“节目”监视器面板中显示标尺。
- 显示参考线：在“节目”监视器面板中显示参考线。
- 锁定参考线：将参考线调整到合适位置进行锁定，之后不能进行移动。
- 添加参考线：添加参考线，可以设置其位置、颜色、单位及方向。
- 清除参考线：将所有参考线删除。
- 在节目监视器中对齐：可以在“节目”监视器面板中对齐。
- 参考线模板：使用参考线模板，或是将自定义的参考线作为模板。

(8)“窗口”菜单。

- 工作区：选择需要的工作区布局进行切换或重置管理。
- 查找有关 Exchange 的扩展功能：打开或关闭查找 Exchange 的扩展功能。
- 扩展：在级联菜单中，可以选择打开 PremierePro 的扩展程序，列入默认的 Adobe Exchange 在线资源下载与信息查询辅助程序。
- 最大化框架：切换到当前面板的最大化显示状态。

- 音频剪辑效果编辑器：打开或关闭“音频剪辑效果编辑器”面板。
- 音频轨道效果编辑器：打开或关闭“音频轨道效果编辑器”面板。
- 标记：打开或关闭“标记”面板，可以在搜索框中快速查找带有不同颜色标记的素材文件。
- 字幕：打开或关闭“字幕”面板，主要用于调整和添加字幕。
- 编辑到磁带：打开或关闭“编辑到磁带”面板，主要用于磁带上的编辑。
- 元数据：打开或关闭“元数据”面板，可以用于显示选定资源的剪辑实例元数据和 XMP 文件元数据。
- 效果：打开或关闭“效果”面板，可为视频、音频添加效果。
- 效果控件：打开或关闭“效果控件”面板，可在该面板中设置视频的效果参数及默认的运动属性、不透明度属性等。
- Lumetri 范围：打开或关闭“Lumetri 范围”面板，可以显示素材文件的颜色数据。
- Lumetri 颜色：打开或关闭“Lumetri 颜色”面板，可以对所选素材文件的颜色进行校正调整。
- 捕捉：打开或关闭“捕捉”面板，可以捕捉音频和视频。
- 字幕：打开或关闭“字幕”面板，可以添加字幕并调整其位置、颜色等属性。
- 项目：打开或关闭“项目”面板，可以存放素材和序列。
- 了解：打开或关闭“了解”面板，可以了解 Premiere Pro 软件的一些信息。
- 事件：打开或关闭“事件”面板，查看或管理序列中设置的事件动作。
- 信息：打开或关闭“信息”面板，查看当前所选素材的剪辑属性。
- 历史记录：打开或关闭“历史记录”面板，可查看完成的操作记录，或返回之前某一步骤的编辑状态。
- 参考监视器：打开或关闭“参考监视器”面板，可以选择显示素材当前位置的色彩通道变化。
- 基本图形：打开或关闭“基本图形”面板，可以浏览和编辑图形素材。
- 基本声音：打开或关闭“基本声音”面板，可以对音频文件进行对话、音乐、XFX 及环境编辑。

- 媒体浏览器：打开或关闭“媒体浏览器”面板，可以查找或浏览用户计算机中各磁盘的文件信息。
- 工作区：打开或关闭“工作区”面板，主要用于显示当前工作区域。
- 工具：打开或关闭“工具”面板，可以使用些常用工具，如剃刀工具、钢笔工具等。
- 库：打开或关闭“库”面板，可以连接 Creative Cloud Libraries。
- 时间码：打开或关闭“时间码”面板，可以查看视频的持续时间等。
- 时间轴：打开或关闭“时间轴”面板，可用于组合“项目”面板中的各种片段。
- 源监视器：打开或关闭“源”监视器面板，可以对素材进行预览和剪辑素材文件等。
- 节目监视器：打开或关闭“节目”监视器面板，可以对视频进行预览和剪辑。
- 进度：打开或关闭“进度”面板，可以观看导入文件的状态。
- 音轨混合器：打开或关闭“音轨混合器”面板，可以调整选择序列的主声道。
- 音频剪辑混合器：打开或关闭“音频剪辑混合器”面板，能对音频素材的左右声道进行处理。
- 音频仪表：打开或关闭“音频仪表”面板，能显示混合声道输出音量大小的面板。

(9) “帮助”菜单。

- Premiere Pro 帮助：可以查看帮助信息。
- Premiere Pro 应用内教程：可进入“学习”工作区。
- Premiere Pro 在线教程：获取在线视频教程。
- 提供反馈：给软件提供反馈意见。
- 系统兼容性报告：查看与系统是否冲突。
- 键盘：查看快捷键等。
- 管理我的账户：管理 Premiere Pro 账户。
- 登录：登录 Premiere Pro。
- 更新：更新 Premiere Pro 软件。
- 关于 Premiere Pro：查看软件的一些参数。

5.3.1.2　序列设置

序列(sequence)是项目的下属概念。在 Premiere 中,项目就是工程文件的名称,而序列才是真正要剪辑的内容的名称。就是说,首先,序列如片名般意味着具体。比如要制作一个“校园十大歌手”的项目,共计划剪辑 10 个 VCR,那么每个 VCR 都可以单独创建一个序列。其次,序列意味着内容的格式标准,控制着帧大小、帧速率、像素长宽比等技术属性。

在 Premiere 中,新建序列的操作路径为:**“文件>新建>序列”**(见图 5-11)。

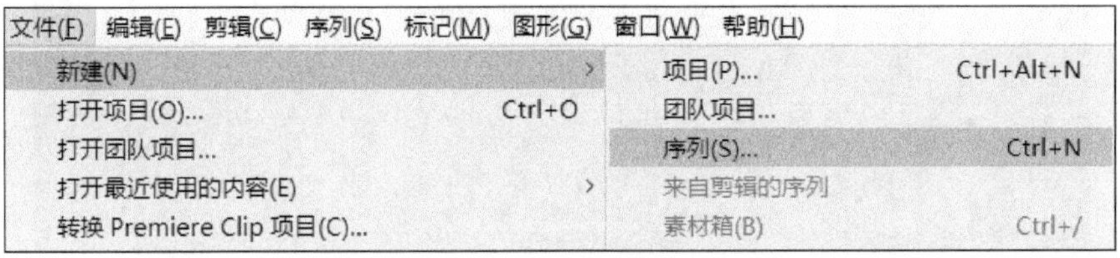

文件(F)　编辑(E)　剪辑(C)　序列(S)　标记(M)　图形(G)　窗口(W)　帮助(H)

新建(N) ›　　项目(P)...　Ctrl+Alt+N
打开项目(O)...　Ctrl+O　　团队项目...
打开团队项目...　　序列(S)...　Ctrl+N
打开最近使用的内容(E) ›　　来自剪辑的序列
转换 Premiere Clip 项目(C)...　　素材箱(B)　Ctrl+/

图 5-11　新建序列

在弹出的面板中,我们首先看序列预设。这里从 ARRI 到 XDCAM HD 等一系列的预设,包含了不同的帧大小、帧速率、像素长宽比和扫描方式的界定。比如中间有一个 DV-PAL,它是电视的模拟时代的一种制式,点击 DV-PAL 标准 48 kHz,可以看到右侧“预设描述”里对其视频设置的具体描述:“帧大小:720 h 576 v,帧速率 25 帧/秒”,这是在高清时代之前的广播级标准,这种视频制式和标准在今天已经远非主流了。

今天的主流高清视频制式是以“1 920 h * 1 080 v”“4 096 h * 2 160 v”为代表的高清(Full HD)和 4K 标准,帧速率普遍提高到 30 帧/秒。

因此跳过现有的预设模式,选择“序列预设”右边的“设置”(图 5-12),在这个界面中依次填入:

编辑模式:自定义

时基:30 帧/秒

帧大小:1 920、1 080

像素长宽比:方形像素(1.0)

场:无场(逐行扫描)

显示格式:30 fps 时间码

工作色彩空间：Rec 709[①]

其他设置保持不变。

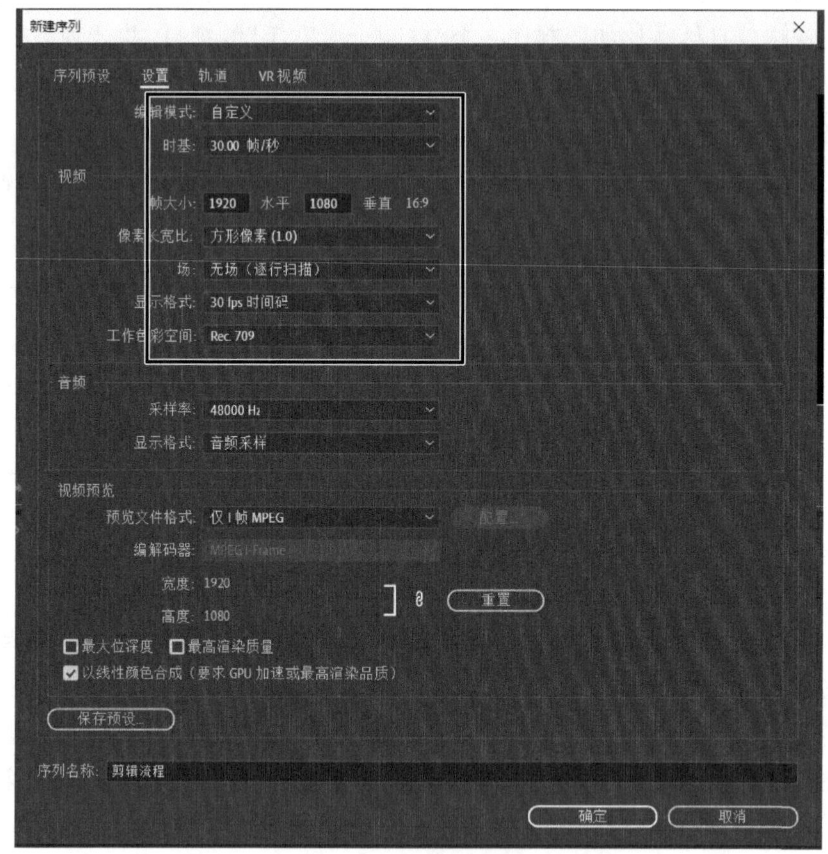

图 5－12　自定义序列

最下方的序列名称，根据实际名称输入，如“剪辑流程”，也可保持“序列1”的默认名称。

点击“确定”，一个符合互联网传播技术标准的高清格式就创建了。

Tip1：*在以上高清格式的序列设置中，只需要把帧大小的* 1 920 *和*

---

① Rec.709 色彩标准是高清电视的国际标准。1990 年，国际电信联盟将 Rec.709 作为 HDTV 的统一色彩标准。该标准可适用于今天的互联网媒体。

1 080互换，就成功设置成了高清竖屏，在抖音、快手平台发布的内容可采用这个标准。

Tip2：如果每次新建序列都要进行此番设置，略显麻烦。实际上，我们可以把以上的标准设置设为常用的一种预设，即只需点击“序列名称”上方的“保存预设”，进行命名，如“横屏”和描述“Full HD 1 080 标准”即可。这样，再次打开“文件>新建>序列”，就可以在“序列预设”最下方看到自己刚刚保存的预设，双击即可实现创建。

5.3.2　素材导入与管理

1. 素材导入

素材导入和素材管理都是在项目窗口进行的。在项目窗口的空白处，双击鼠标即可选择和导入素材；或者在键盘上选按快捷键：ctrl＋i(苹果系统为 Command＋i)；或者选择操作路径：文件>导入。

Premiere 可导入的文件主要包括图片、音乐、视频三种类型，包括但不限于 jpeg、png、gif、wav、mp3、midi、rmvb、aiv、mp4、mov 等主流音、视、图格式。

2. 素材操作

素材导入之后，双击素材，则素材会直接显示在左上方的源窗口。如果是视频内容，可以快速浏览，确定素材是否存在黑屏、消声等技术瑕疵，检查其可用性。

单击素材的名称区，可以重新为素材命名。

右键单击素材，可以进行素材解释(如对帧数进行修改)、添加标签颜色等操作。

3. 素材管理

第一种方法：点击项目窗口右下角的新建素材箱。它等同于一个文件夹，可以把某一种类型、标准的内容放置其中。在素材的划分上，可以依据拍摄日期、拍摄地点、拍摄人物名称等进行划分，也可以依据“图片、声音、视频”格式划分，以方便创作者快速查找、定位为宜。

第二种方法：右键单击素材，赋予素材一种颜色标签。这样把预编辑的相关内容统一成一种颜色，就可以通过颜色标签的选择快速地把相关内容集中起来。

一个良好的视频剪辑习惯是从素材管理开始的。良好的素材管理，既能够保持剪辑界面的简洁，提升剪辑效率，也是一个剪辑师的职业素养的体现。

5.3.3 基础剪切与输出

1. 基础剪辑理念

(1) 插入剪辑。

插入剪辑，指的是音频内容保持不变，视频内容依据一定的节奏或音效等插入轨道剪接。采用插入剪辑较多的作品形式有 MV、(以解说词为主的)纪录片、电影解说等。

插入剪辑意味着在技术上，所有的人声(解说)、音乐、音效等提前做好混音，完成音频轨道的铺设，最好锁定(见图 5-13)。之后，视频的片段再根据需要单独进入视频轨道。

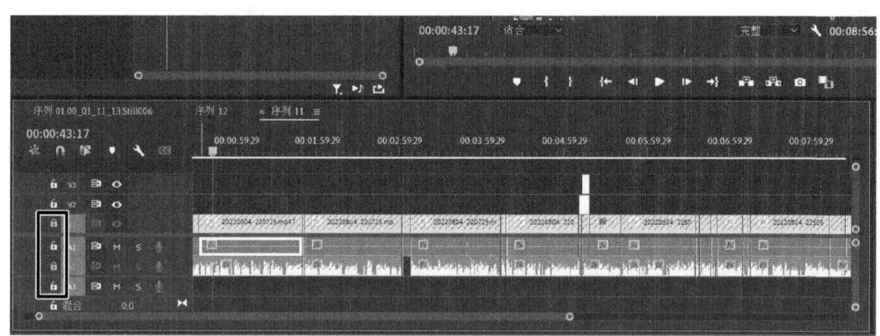

图 5-13　编辑好的轨道可以点击左侧锁子标志进行锁定

但大部分时候，视频素材是与音频素材结合在一起的，所以拖入轨道的时候音视频会同时进入。这种情况下，有两种处理方法：第一，把所有的视频素材所带的原音频集中到一条轨道上，比如统一放置轨道 1，然后点击音频轨道前面的静音按钮，消掉原声；第二，把所需要的素材拖入轨道任一位置，右键单击素材，选择“音视频分离”，然后把原声删掉即可。

Tip：如果需要单独删掉音频或视频，可以按住 alt 键的同时，选中音频或视频片段，再删除。

(2) 组合剪辑。

组合剪辑，指的是音频和视频按照一定顺序同时插入轨道。采用组合编辑较多的作品形式有电影、短剧、综艺等，也就是俗称的同期声不会被剪掉，声画始终保持同步。组合剪辑意味着在技术上，声音和画面同时进入，同时转场。

(3) 混合剪辑。

混合剪辑就是插入剪辑和组合剪辑混合使用的方式。如新闻这种体裁，既需要解说配合画面，也需要在合适的时机播放同期声画面，因而在技术实现上更为灵活。

2. 基础剪辑技术

(1) 素材剪切。

大多数情况下，我们需要从原始素材中选择可用的片段放入时间轴，因而需要对源素材进行“切割”处理，一种可采用的方法是在左上角的源素材窗口进行片段选择(见图 5－14)。

图 5－14　利用源素材窗口的入点和出点

通过标记入点和标记出点的点击操作，选中需要的片段，然后点击插入编辑按钮，即可将素材放置时间轴上，在此基础上进行进一步精剪。

还有一种方式，就是直接把素材整体放到时间轴上，通过拖动时间轴指针，精准选择所需片段的起始位置，用刀片工具进行裁剪，或者使用快捷键“ctrl+K”。就能把需要的片段摘选出来。

截取完所需的片段后，片段与片段之间一般不应留有空隙(除非是艺术性需要)，否则会被视为是明显的技术瑕疵。那么可以通过拖动素材，将空隙的位置填补掉。又可以选择空隙处，按住键盘上的 shift 键，再点击 Delete，实现波纹剪辑，自动把后面的素材都填充上来。

(2) 音视频分离。

音视频分离也是一个基础性的操作。有的时候我们不需要原声音频，有时候我们不需要原画面，这两种情形都需要将音视频进行分离，再将素材单独操作。

音视频分离有两种实现方式：① 通过按住键盘上的 Alt 键，鼠标单击视频或音频，就可以单独对视、音频片段进行拖动、删除、复制等操作。② 右键单击素材本身，在快捷方式中找到“取消链接”。选中后就可以单独对视、音频片段进行拖动、删除、复制等操作(见图 5 - 15)。

图 5 - 15　取消音视频链接

3. 输出设置

在完成了基本剪切、匹配了音频、视频素材、添加了字幕等必要工作后，再检查一遍时间轴，素材与素材之间的衔接有没有空隙，有没有黑屏（除非特意设置），没有明显的技术瑕疵，就意味着可以输出了。

视频输出的路径是：**“文件＞导出＞媒体”**。

在弹出的界面，选择合适的设置选项（见图5-16）。

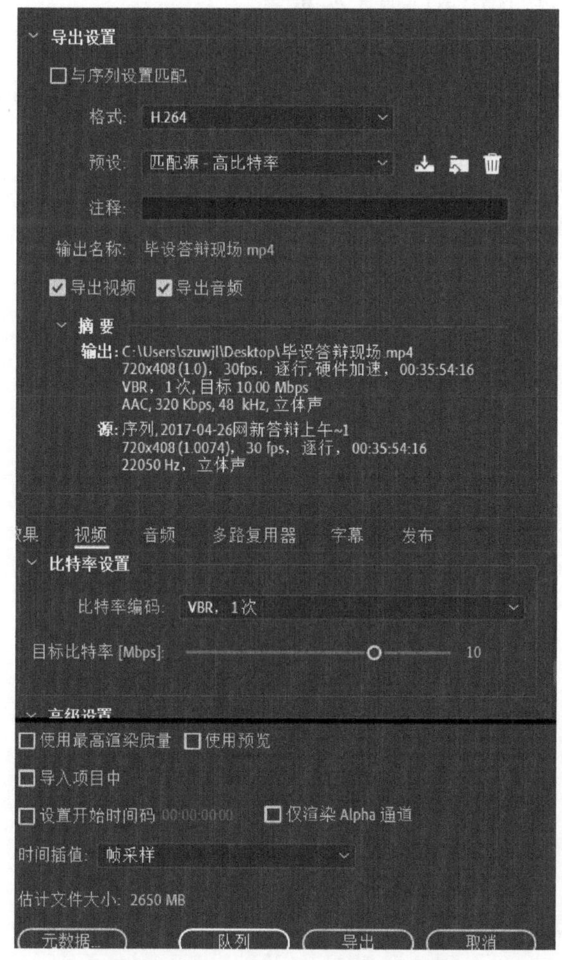

图5-16　Premiere 输出设置

例如：格式一般选择H.264，这是MP4主流格式的编码标准。

预设这里选择匹配源—高比特率，这就意味着目标比特率为10，如果选择“匹配源＞中比特率”，那么下方的目标比特率就为 3。

“输出名称”这里，可以自定义名称，并选择合适的保存路径。

往下找到“目标比特率”这个设置选项，这里可以调整其数值，不管前面在“预设”上选择了高比特率还是中比特率，在“目标比特率”上还可以再调整，一般为 5～8，在这个区间里都能保证在高清晰度和高压缩率之间取得一个较好的平衡。

再往下，勾选“使用最高渲染质量”。

时间插值：默认为帧采样。

接下来就可以看到以上所有选项导致的文件大小的预估，如果对于大小不满意，还可以重新去调适目标比特率。

如果一切无误后，可以点击导出，等待 Premiere 渲染完成时间轴后，就可以到指定位置观摩自己输出的第一个格式为 MP4 的剪辑作品。

本章综合练习：

新建一个竖屏视频，要求分辨率为 1 080×1 920，帧速率为 30 fps，导入相关素材，并将素材按照文件夹的方式予以管理。

第 6 章 基础剪辑

移动、缩放、旋转可以被称作是剪辑的“三板斧”。这三个操作是剪辑的起点，就像一座大厦的基石，为我们打下了自由剪辑的操作基础和理解基础。这三项操作的自由组合，就可以对素材进行丰富的变形和样式设计，从而带来丰富多样的表现效果。

字幕是视频作品中不可或缺的元素，不但具有释义性、说明性，同时其修饰和美化的作用得到越来越多的体现。Premiere 中的字幕样式和动效还是比较基础的，如果想要获得更美观的设计、更酷炫的动效，还可以借助第三方工具如 Photoshop、剪映等进行协同生产。此外，今天大量的添加字幕的工作，也不必局限在 Premiere 内部，Aegisub 可以更有效地辅助仍需文字输入式的字幕，而“剪映”则用更加智能化的方式辅助语音直接转换成设定样式的字幕，再调回到 Premiere 中使用。

节奏是(短)视频作品的灵魂。一旦掌握了节奏的密码，作品才真正灵动起来，创造出一种引人入胜的“心流”，让观众舒服地接受和投入作品。这一是需要创作者对于音乐、音响等音频部分引起足够重视，以声音创造节奏；二是需要创作者多多观摩优秀作品，习得画面切换的主流节奏(如 2～3 秒就需要切换镜头)，用剪辑方式的多样性创造出节奏，达到在同样的时间内传递出更多的信息量的目标。

6.1 运动的创造

现实世界中的“运动”与两个概念密切相关，一个是时间，一个是状态。在某个时间段内状态保持不变，就视为静止；在某个时间段内状态发生了变化，就可以视为运动。

在剪辑软件中创造“运动”，需要在时间的起点记录下一个状态，在时间末点记录下另一个状态，两个状态之间连接起来就创造了“运动”。这里涉及一个重要概念——关键帧。关键帧就是用来记录特定时间点的特定状态（大小、位置、比例等）的。在 Premiere 中，关键帧位于“效果控件”面板中“位置”“缩放”“旋转”“锚点”等选项的前面（见图 6－1），类似于闹钟样式的图标，正式的叫法是“切换动画”。因关键帧之间不同的属性，两个或多个关键帧之间就可以形成运动。利用素材的位置、缩放、旋转、透明度等常见属性结合关键帧，就可以创造出丰富的运动形式。

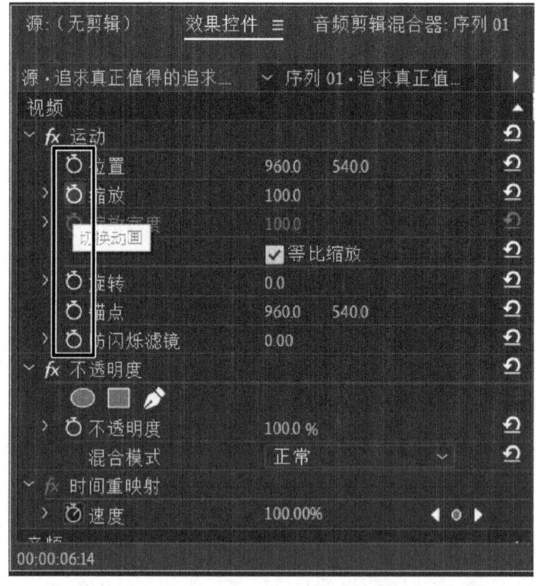

图 6－1　开启关键帧的“切换动画”按钮

6.1.1　创造移动

在后期中，经常需要对于拍摄素材中主体的位置进行重新调适，或者模拟镜头移动的效果，这就是移动。在一则拼多多的广告中（见图 6－2），画面从上、下、左、右四个方向快速移动进入，创造出动感十足的视觉效果，并不断用“拼”的动作紧扣品牌主旨。

图 6－2　30 秒版拼多多广告

常见的"移动"主要有六种：

1. 横向移动

通过改变坐标轴的 x 数值来实现横向向左或向右移动。

技术操作：可以在"效果控件>运动>位置"初始的[960、540]处打上关键帧，然后向后移动时间轴 1 秒钟，将坐标改为[1 060、540]，自动打上关键帧，按空格键播放就实现了向左移动；将坐标改为[760、540]，自动打上关键帧，按空格键播放就实现了向右移动。

2. 纵向移动

通过改变坐标轴的 y 数值来实现纵向向上或向下移动。

技术操作：可以在"效果控件>运动>位置"初始的[960、540]处打上关键帧，然后向后移动时间轴 1 秒钟，将坐标改为[960、840]，自动打上关键帧。按空格键播放就实现了向上移动；如将坐标改为[960、240]，自动打上关键帧，按空格键播放就实现了向下移动。

3. 斜向移动

通过同时改变坐标轴的 x、y 数值来实现。

技术操作：比如向左斜上方移动，可以在"效果控件>运动>位置"初始的[960、540]处打关键帧，然后向后移动时间轴 1 秒钟，将坐标改为[1 260、240]，自动打上关键帧，按空格键播放就实现了向斜上方移动；如将坐标改为[660、840]，自动打上关键帧，按空格键播放就实现了向斜下方移动。

4. 从中间向两边移动

一般是左右、上下均等的素材发生上下分开或左右分开的移动。

技术操作：比如一个帷幕素材从中间位置同时各向左、右移动，就会产生一种帷幕拉开、大戏开始的效果；又可以新建两个黑幕素材，各自大小为画面的一半，从中间位置同时向上、下移动开，就会有一种"睁眼"的效果。

5. 自由移动

可以一边拖动时间轴，一边在输出窗口直接选中素材，随意移动其位置，就可以创造出一系列不规则的关键帧。

6. 快速抖动

常见的快速抖动效果也通过位置的移动来实现。

技术操作：如要实现左右抖动，在"效果控件>运动>位置"初始位置为[960、540],把时间轴指针向右移动两帧,将位置坐标改为[980、540],再向后移动两帧,将位置坐标改为[940、540],再向后移动两帧,位置坐标改为[980、540],如将以上步骤重复两遍,即可得到横向快速抖动效果。举一反三,则可得到纵向移动效果。在后期掌握了模糊滤镜之后,还可以在这个效果中添加“快速模糊”,能够强化垂直方向或水平方向的运动模糊感,达到更好的视觉效果。

图 6-3 如何利用缩放制作层层嵌套的视频效果

以上移动效果的实现和操作步骤请参看教学视频(见图 6-3)。

Tips:移动常见的应用场景有:

1. 素材作为整体从画面外移动到画面内;
2. 在背景的基础上,部分素材(如字幕)在画面上发生移动;
3. 两个素材之间用移动方式实现转场。

扩展学习:利用“移动”来实现转场。

主要思路:第一个镜头的位置在[960、540],第二个入场镜头需要在[-960、540],在准备转场的时间点,将这两个镜头同时打上关键帧,记录初始位置。而后将时间轴向后移动 1 秒钟,将第一个镜头位置调整到[1 920、540],将第二个镜头位置调整到[960、540],此时就实现了从左向右的镜头替换转场效果。

更进一步优化的做法还包括:在移动过程中加入“横向模糊”的滤镜效果,以增加动感;在起始位置,可以叠加一定的“缓冲设计”,即第一个镜头先向左缓慢移动,仿佛在积累力量,而后快速向右滑出画面;第二个镜头快速从左向右进入画面,但仿佛冲刺过度,一下子滑到画面右侧,再进行轻微回调,回到画面中央。

图 6-4 利用“移动”设计的转场效果

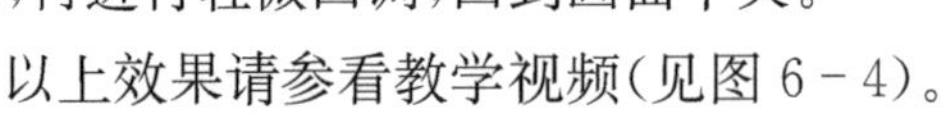

以上效果请参看教学视频(见图 6-4)。

6.1.2 创造缩放

缩放是对画幅大小的改变,能产生视觉收缩或膨胀的视感,带来显著的节奏变化。无论是在放大或缩小的过程中,都会引起我们对画面中心物体的重视。此外，从后期的角度看，它模拟的是镜头的推、拉运动，带来的是景别大小的变化。

缩放的方式主要有四种：

1. 从画面内部放大到画面外部

技术操作：在“效果控件>运动>缩放”的起始帧，输入“100%”，标记关键帧；将时间轴向后移动 1 秒后，输入“1 000%”。可创造出扑面而来、飞向天外的视觉效果；

2. 从画面外部缩小到画面内部

技术操作：在“效果控件>运动>缩放”的起始帧，输入“1 000%”，标记关键帧；将时间轴向后移动 1 秒后，输入“100%”。可创造出快速缩小、锁住视线的视觉效果；

3. 在画面内部放大，不出画面

技术操作：在“效果控件>运动>缩放”的起始帧，输入“100%”，标记关键帧；将时间轴向后移动 1 秒后，输入“200%”。可创造出逐渐放大、画面定格的视觉效果；

4. 在画面内部缩小，消失于画面

技术操作：在“效果控件>运动>缩放”的起始帧，输入“100%”，标记关键帧；将时间轴向后移动 1 秒后，输入“0%”。可创造出素材消失的视觉效果；

在以上案例中，主要通过控制画面缩放比例来实现。如果同时结合时间间隔和画面比例，就可以创造出不同的节奏。例如间隔越久(5 秒钟)，画幅缩放比例变化越小(从 100%到 110%)，那么就可以创造一种缓慢、平静的节奏；而时间间隔越短(15 帧)，缩放比例变化越大(从 100%到 800%)，就可以创造一种快速、激烈的节奏。

Tips：在后期剪辑时，如果固定镜头素材过多，剪辑师可以通过控制缩放创造出舒适的剪辑节奏。比如对于四张照片素材，做四次轻微放大处理，就可以有一个排比的效果。

以上缩放效果的实现和操作步骤请参看教学视频(见图 6－5)。

图 6－5　剪辑三板斧之缩放

扩展学习：利用“缩放”来设计穿越镜头。

几段素材可以设置连续放大到画面外部，借以形成穿越镜头的效果。其带来的叙事效果类似于“从前有座山，山里有座庙，庙里有个和尚”，产生层层推进的视觉效果。

但这个效果对于素材的结构有一定的要求：第一，素材本身所含的内容中最好有屏幕、海报、窗口等元素，以便于放大的时候能够合理显露出下个镜头。比如桌面上的照片、公共空间的大屏、走廊里的橱窗等；第二，注意控制节奏的变化，一般来说，镜头放大出画面的时候速度要快，下一个镜头显露出来后，要停顿一下，再逐渐加速，加速到一定程度，可以再次停顿一下，最后迅速放大出画；第三，要结合缩放和位置控制好放大的部分，注意，并不是以中心为锚点随意地放大，而是始终对准画面中的“窗口”，“窗口”不断放大进而带来新的内容和视觉变化，要尽量使观者明白这种逻辑关系。

图 6－6　如何利用缩放制作层层嵌套的视频效果

以上效果请参看教学视频(见图 6－6)。

6.1.3　创造旋转

旋转是在二维空间打破水平平衡的直接方式，可以创造出更多的视效可能性。效果由两个因素控制：一是旋转的角度（幅度），二是围绕哪里旋转，即锚点。默认的锚点是画面中心，但是通过中心点调整，将旋转锚点设置为左上角、右上角等边框为中间位置，就可以创造出不同的旋转效果。

常见的旋转方式主要有以下三种：

1. 小角度旋转

常见的是从一定的倾斜度旋转成水平，或从水平小角度旋转，形成视觉张力。

技术操作：在设置上，在时间轴的初始位置，设置“效果控件＞运动＞旋转”的初始数值为“0”，打上关键帧；然后拖动到时间轴结束的位置，设置旋转数值为“6”，自动生成关键帧。两个关键帧之间形成一个 15 度的小角度旋转；如果设置旋转数值为“－6”，则向相反方向旋转。

2. 垂直/水平旋转

以画面中心为旋转点，设置 90/180 度的变化；或以左上角/右上角为旋转点，设置 90/180 度的变化。

技术操作：在设置上，在时间轴的初始位置，设置“效果控件＞运动＞旋转”的初始数值“0”，打上关键帧；而后拖动到时间轴结束位置，设置旋转数值“90”，自动生成关键帧。两个关键帧之间形成一个向右下方的垂直 90 度旋转。

以上操作是默认的是以中心为锚点的旋转。如果我们需要产生一种素材突然掉下来的效果，则需要首先把锚点移动到左上角。在时间轴上选中素材，而后用鼠标单击右上方的监视器窗口，将中心锚点向左上方移动，借助辅助线可以顺利将锚点吸附在左上角位置。重复这一过程：设置“效果控件＞运动＞旋转”的初始数值“0”，打上关键帧；而后拖动到时间轴结束位置，设置旋转数值“90”，就实现了垂直旋转。

水平翻转：在设置上，在时间轴的初始位置，设置“效果控件＞运动＞旋转”的初始数值“0”，打上关键帧；然后拖动到时间轴结束位置，设置旋转数值“180”，自动生成关键帧。两个关键帧之间形成一个向右下方的水平 180 度旋转，画面就被颠倒过来。

如果要设置不同的锚点，依然是在时间轴上选中素材，然后用鼠标单击监视器中的内容，移动锚点位置，再设置旋转角度。

3. n 个 360 度的旋转

素材完成一圈或多圈的旋转。

技术操作：在时间轴的初始位置，设置“效果控件＞运动＞旋转”的初始数值“0”，打上关键帧；然后拖动到时间轴结束位置，设置旋转数值“360”，自动生成关键帧。两个关键帧之间形成旋转一圈的效果。

如果要旋转多圈，在后一个关键帧处，将“效果控件＞运动＞旋转”中的数值调整为“nX0.0”。（n 为 2、3、4……）

以上旋转效果的实现和操作步骤请参看教学视频（见图 6－7）。

图 6－7　剪辑三板斧之旋转

扩展学习：利用“旋转”来实现逆世界效果。

在电影《逆世界》中，其翻转的视觉效果给人留下深刻印象。而画面翻转后，再向上移动，与下方的原画面直接形成呼应关系。这种做法在近年的一些视频作品中也比较常见，比如建筑物与建筑物相对应，山与山对应，海与海对应……这种效果如何实现呢？

通过以上的练习，可以发现：如果是直接对素材进行水平翻转，素材本身的内容从左至右的顺序也会同时被颠倒，无法与下方的素材形成一一对应的关系，这里需要引入一个"水平翻转"的滤镜效果。操作步骤如下：

第一步，"Alt+鼠标左键"拖动，复制素材在另一个轨道上。

第二步，选中被复制的素材，分别在时间轴的起始位置打上关键帧，创造一个180度的差异，即完成了水平翻转。然后调适两个素材的纵坐标，一个素材向上移动，另一个素材向下移动，两个素材的对照及中间的间隙，需要调整到合适位置。

图6-8　制作电影逆世界的效果

第三步，在复制素材上添加一个滤镜效果，在左下角的特效面板中搜索"水平翻转"，两个素材就形成了镜面效果。

最后一步是关键步骤，它决定了这个翻转效果是否有必要形成一一对应的关系。

以上效果请参看教学视频（见图6-8）。

以上的"移动、缩放和旋转"，俗称Premiere的"三板斧"。这"三板斧"是我们进行各种效果设计的操作基础，也是理解剪辑的思想基础。这三者的组合和创新，可以带来千变万化的丰富动态效果。比如一般常见的效果有：小角度旋转结合缩放；动态分屏，在移动中停顿、放大、还原，再移动；素材一边放大，透明度一边升起，一边缩小，透明度一边降低……熟练掌握这些基本的操作后，才能真正体验到Premiere的创造力。现在以剪映为代表的智能剪辑软件，其实就是把很多动作效果的基础性操作都打包成模板或预设，让用户直接拖拽应用。而作为专业人士，懂得如何使用Premiere的自定义效果，才是学习剪辑软件的真正要义。

6.2　字幕的制作

在当下的短视频创作语境中，字幕起到了越来越多元和重要的作用，从原本的解释和配合型功能转向了更为丰富的美观、修饰和画龙点睛的功能。

所以字幕的表意性和设计感不可或缺，必须同时重视。

6.2.1　字幕类型

1. 字幕的形式与作用

传统字幕指的是视频或影视作品中的同期声/旁白的文字，用以提供准确的语言信息（尤其是有方言的情形下），方便跨文化语境者、听力障碍者理解话语主体要表达的意思。

从技术形式上看，一般采用白字黑边或者白字黑底的方式，就可以适应不同亮度、不同色彩的画面。字体位置一般位于画面的中间正下方，即安全显示区以内。

随着很多综艺节目或 MV 作品对字幕形式的创新和功能的拓展，字幕由原来放于画面下方的做法改为了更加灵活的位置，白字黑边的包装形式也被更加灵动和美观的花样自媒体设计所代替（见图 6－9）。同时，字幕由原本的注释、提示作用，扩展到增加诗情画意、增添设计美感等作用。字幕甚至拥有了独立功能，是与画面一样的独立素材，起到引导、过渡、穿插、点题等作用（见图 6－10）。

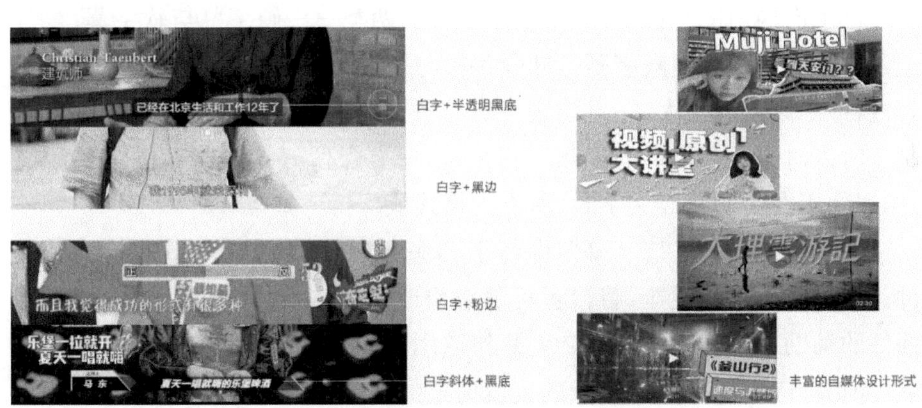

图 6－9　常见的字幕设计形式

字幕形式和功能的变化体现出创作者对于字幕的认知在不断加深，不仅将其看作是对声音的配合和注释，字幕具备的释义、串联、美化、修饰等功能也得到了更多的重视。

正是因为这种转变，字幕的制作其实也成为文案的创作，文案本身需要

图 6－10　字幕的独立性体现

生产者有一定的文学造诣、写作能力。文案的形式设计、动效设计则需要剪辑师具备平面设计和动画设计的基本素养，达到文案内容与视频主题匹配、外在形式与情节相互推进的目的。

2. 字幕的种类和格式

从生产的角度来说，视频中的字幕分为两类——硬字幕与软字幕。

硬字幕，又称"内嵌字幕"，即令字幕与视频合二为一。它拥有良好的兼容性，但是修正难度大，一旦出现字幕错误，就需要对整个视频文件进行重制。所以对于很多重要的视频项目来说，一要保留好视频剪辑的工程源文件，以便于在后期修改文字时，所有的格式能保持一致。

软字幕，又称"外挂字幕"，即将字幕保存为 ass、ssa 或 sub 等格式的文件。对其修正操作便捷，剪辑者可随意修改字幕内容、风格等，但需要字幕插件的辅助才能实现，如比较常见和通用的 Aegisub 软件，可以直接输出 ass、srt 等 Premiere 能够导入的主流格式的字幕。

6.2.2　字幕制作

1. 新建字幕

新建字幕有两种方式：

一是通过快捷键 ctrl＋T，在监视器窗口看到新建的字幕，双击该字幕可以更改其中的内容。如要修改其属性，需要把整个软件的"编辑模式"（位于界面最上方的中间位置）调整为“图形”模式。

在“图形”模式下，修改字体类型、大小、字间距等具体格式（见图 6－11）。

图 6－11　图形模式下新建字幕

二是通过创建路径是“**文件>新建>旧版标题**”，创建常规字幕（见图 6－12）。

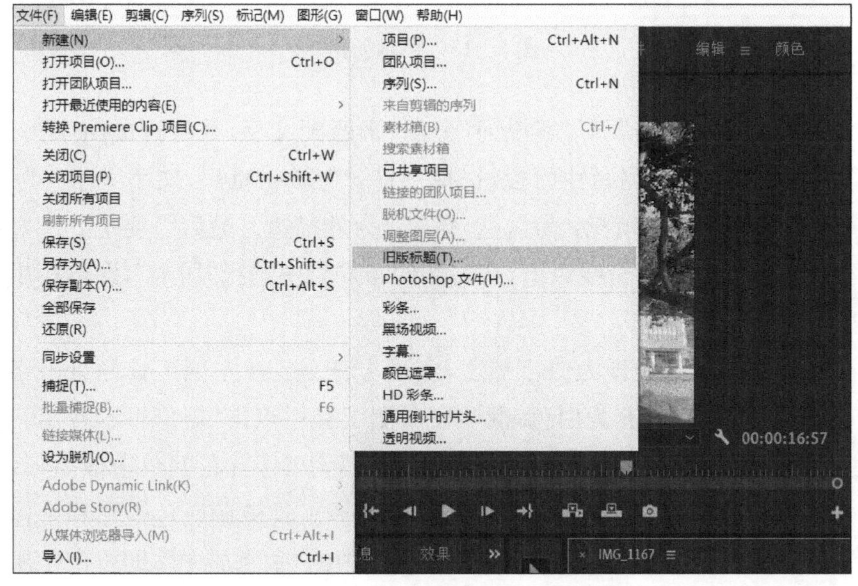

图 6－12　旧版标题的模式新建字幕

该界面中的工具、属性、样式、动作与 Adobe 系列的其他软件具备相通性。选择字幕工具 T，输入文字，即可完成字幕创建(见图 6－13)。

图 6－13　字幕创建

如果需要根据同期声、解说词(旁白)来匹配文字，并处理成白字黑边，其实现办法是，在右侧属性面板，选择字体：为微软雅黑，文字大小：为 64 (0～100 之间选择)；填充：为白色，描边：为外描边。最后需要把处理好的文字位置放在内部安全线以上，在左侧的布局栏中选择“居中”，即可产生所需效果(见图 6－14)。

如需要把字幕处理为白字黑底，实现方法是：在左侧工具栏点击字母 T，输入所需文字，填充为白色；继续在左侧工具栏点击“矩形框”，拉出一个比文字长度略长的矩形，填充为黑色，不透明为 64%；右键单击该矩形，选择“**排列>移到最后**”(见图 6－15)。通过选择工具微调底色矩形和字体的位置，再通过右侧“动作”面板选择中心位置中的“垂直居中”，即可产生所需要的效果(见图 6－16)。

图 6 - 14　字幕属性设置

图 6 - 15　字幕排序

图 6-16　字幕位置对齐/水平居中

2. 阴影字体

操作步骤：

第一步：新建旧版标题，输入所需文字。

第二步：新建>旧版标题界面>右侧属性面板中设置如下。

颜色设置：＃A16217

阴影设置颜色为白色；不透明度为 80%；角度为 135；距离为 20；扩展为 30。

至此实现此效果(见图 6-17)。

图 6-17　字幕阴影效果设置

3. 倒影字体

操作步骤：

第一步：新建旧版标题，输入所需文字。

第二步：按住 alt 键的同时，鼠标左键拖动文字层到轨道 2，实现文字复制(见图 6－18)。

第三步：在复制层素材上，执行"**效果＞视频效果＞垂直翻转**"(见图 6－18)。

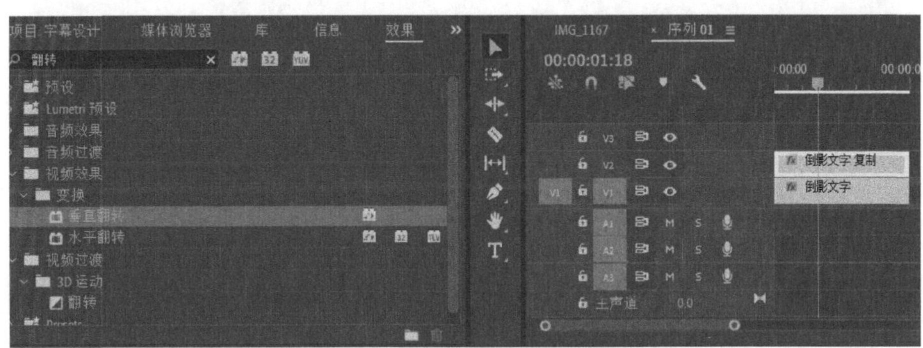

图 6－18　复制图层并垂直翻转

第四步：双击打开复制层，把文字的填充属性予以修改，填充类型：四色渐变，默认白色，从左至右，从上至下的四个数值分别为：0，0，80，80(见图 6－19)。

图 6－19　处理字幕四色渐变

第五步：把复制层素材的位置移动到原始素材下方，把整体透明度调低（见图 6－20）。

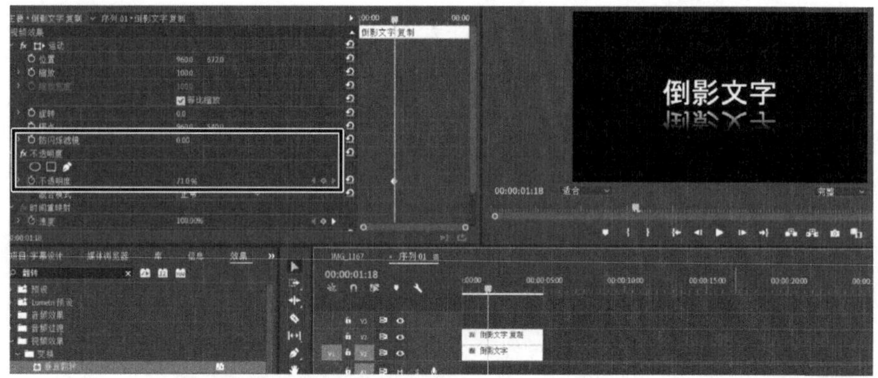

图 6－20　降低字幕透明度

4. 发光文字（霓虹灯效果）

新建旧版标题，输入文字，并在设置文字大小、位置、颜色等基本格式后，关闭字幕（见图 6－21）。

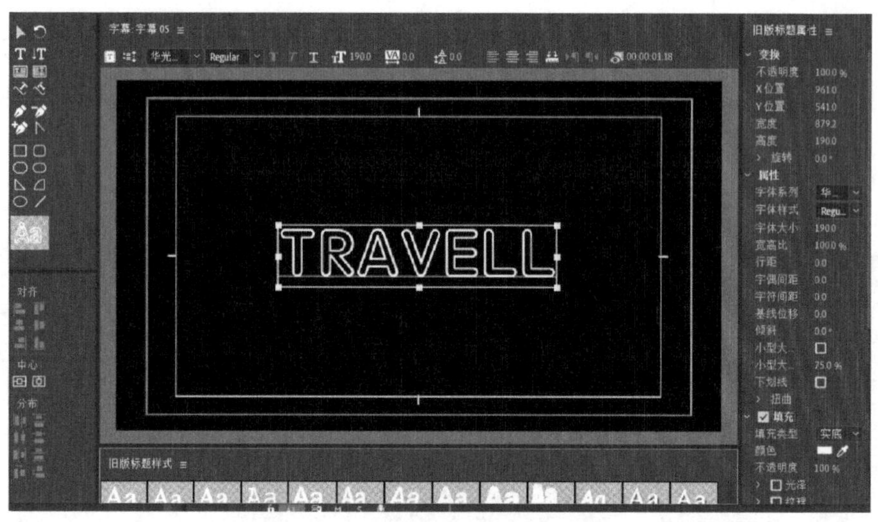

图 6－21　处理字幕的基本格式

在左下角的项目管理窗口，找到刚才的新建字幕，执行复制（ctrl＋c）和粘贴（ctrl＋v），形成新的字幕素材。双击打开新的素材，更改字幕的颜色，关闭字幕。

在项目管理窗口重复刚才的复制和粘贴动作，再次复制第二个字幕文件，并再次打开“编辑”，更改成新的颜色。关闭字幕(见图 6－22)。

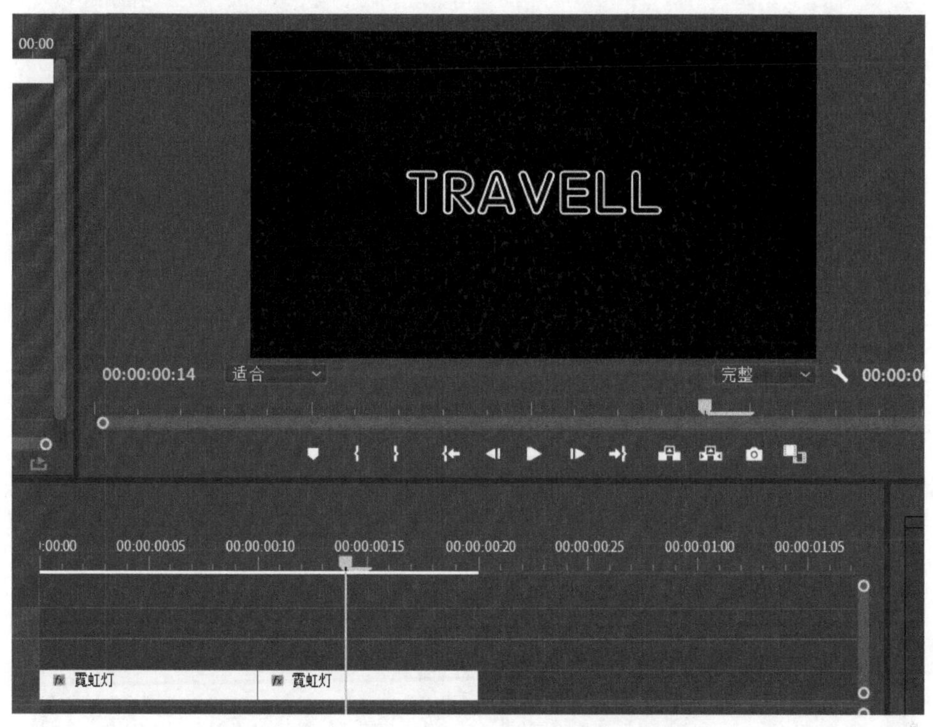

图 6－22　将第二、三段字幕复制后更改颜色

现在把这三个不同颜色的字幕拖入时间轴，时长各设置为 15 帧，播放即可实现霓虹灯效果。

还有一种办法是采用一个视频滤镜，其路径是**“效果>风格化>闪光灯”**。然后通过控制关键帧和关键帧上的颜色属性，实现霓虹灯效果(见图 6－23)。

5. 批量字幕

如果在 Premiere 中给视频添加同期声的字幕，需要一句一句地输入、调整，随后生成一个个的字幕文件，再拖入时间轴中去进行时长的适配——这种方法从工作效率的角度考虑不建议尝试。如果要在 Premiere 中完成添加字幕的工作，最好与其他软件协同完成。下面介绍三种常见的协同

图 6－23　利用闪光灯效果滤镜实现霓虹效果

方法：

(1) 与 Photoshop 协同创建批量字幕。

在创建批量字幕之前，要做两项准备工作，第一，创建一个 txt 文本，第一行输入英文“title”，第二行起为全部字幕（注意不要有引号），用回车键进行断句处理；第二，在监视器窗口下方找到照相机图标，点击则可以输出一张视频中的静帧图片（或按快捷键 ctrl＋shift＋e）（见图 6－24）。

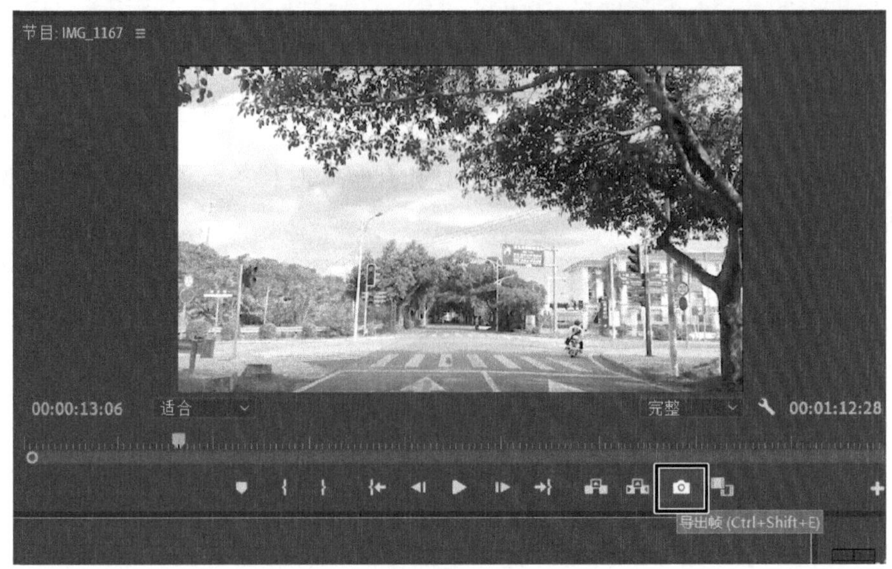

图 6－24　使用监视器窗口的截图按钮

然后在 Photoshop 软件中打开这张导出的静帧。把第一行文字打在画面的合适位置，在一般情况下打在画面中间的下方。在 Photoshop 中设置好字体类型、大小、颜色、描边与否等属性，确定好后把这层图片删去，保留纯文字的 psd 工程文件。

下一步，执行路径“**图像**>**变量**>**定义**”，勾选“**文本替换**>**下一个**>**导入**”，选择之前创建的 txt 格式的文件；

再执行路径“**文件**>**导出**>**数据组作为文件**”，批量输出 psd 格式的字幕文件。

回到 Premiere 中，导入这些 psd 格式的文件，然后在时间轴上重新调整每一个文件的时长。

在 Photoshop 中创建批量字幕，好处在于有更多的字体类型的选择，有更大空间的设计，但是导回 Premiere 后，依然需要逐个去调整每个文件的时长。

(2) 与 Aegisub 协同创建批量字幕。

在 windows 系统下安装 Aegisub 文件，该文件占用空间不大，比较轻便。

打开软件，通过“视频>打开视频”，导入需要添加字幕的视频。

点击右侧面板中的播放键，在每一个声音结束时，点击暂停键，同时把右上方区域中的蓝色线条固定在暂停的位置；

在文本框输入区输入刚才听到的文字(或者粘贴过来)；

再重复刚才的动作，执行“**播放**>**暂停**>**蓝线调整跟上**>**输入文字**”，直至视频所需要的同期声文字全部录入完成(见图 6-25)。

执行菜单“**文件**>**另存为字幕**”，修改文件名称、保存地址和后缀，注意把后缀改为“.srt”。

这里的 srt 字幕就是一个标准的外挂字幕，然后在 Premiere 中导入该 srt 字幕，其进一步优化的地方在于，在这里的字幕与视频中的同期声是完全同步的，因而不需要再对时间点进行逐一调适。同时因为字幕与视频是分离的，如果有别错字，可以在 Aegisub 中独立修改再导入，这就是与 Aegisub 软件协同的好处。

但也恰恰因为是外挂字幕，其在 Premiere 中与视频合成后，在导出视频时，需要在 Premiere 的输出设置中勾选选项“**字幕**>**导出选项**>**将字幕录制到视频**”(见图 6-26)。

图 6-25　Aegisub 软件界面

图 6-26　输出设置中的导出选项

（3）与剪映协同创建批量字幕。

剪映软件无论在移动端还是 PC 端，已经跻身为主流剪辑软件行列，尤其受到自媒体创作者推崇。剪映软件操作的智能化、傻瓜化和专业效果的呈现度达到了一个较好的平衡，因而深受普通用户喜爱。在字幕生产方面，剪映不但提供了丰富的美观的模板供选，还内置了“音频转文字”的 AI 辅助功能，可以一键生成字幕，下面介绍“Premiere＋剪映”的协同工作方式：

第一步，在生成批量字幕前，需要在 Premiere 中先导出一版视频。这一版视频可以导出较低的分辨率和较低的压缩质量数值（如 1～3），保持声音清晰即可。

第二步，把这一版高压缩率的视频导入到剪映中，在剪映中进行常规的字幕识别和字幕形式设计工作。

第三步，等字幕在剪映中生成后，检查有无错别字。如一切无误，在剪映中选中视频条，将其透明度降为 0，然后点击“背景”，将“背景”画布的颜色调整为绿色（或其他纯颜色，最好是绿色），导出该视频。

第四步，把剪映中导出的视频再次导入 Premiere 中，拖入视频上方的轨道，可以看到这是一个绿幕背景的字幕视频，再通过**“视频效果＞键控＞超级键”**，将绿色抠除即可。

与剪映协同创建批量字幕的好处是：省去文字输入环境，直接采取语音转换，效率高，字体样式选择也很丰富。当然，一旦视频需要再调整，也需要把新的视频重新导入剪映，重新生成新的匹配字幕。

此处操作流程请参看教学视频（见图 6－27）。

图 6－27　如何使用剪映为 PR 上字幕

6.2.3　字幕动效

6.2.3.1　常见的字幕入场方式

1. 字幕＋效果控件面板

（1）字幕渐显。

通过动作面板上的透明度和关键帧来设置。

创建好字幕后拖入时间轴轨道，调整至中间居中位置。

把时间轴放到字幕起始位置，在左上角控件面板的透明度属性中，输入“0”，打上关键帧；

向后拖动时间轴到合适位置，在左上角控件面板的透明度属性中，输入“100”。

可完成此效果。

(2) 字幕放大和缩小。

通过动作面板上的缩放和关键帧来设置。

创建好字幕后拖入时间轴轨道，调整至中间居中位置。

把时间轴放到字幕起始位置，在左上角控件面板的缩放属性中，输入“0”，打上关键帧；

向后拖动时间轴到合适位置，在左上角控件面板的缩放属性中，输入“100”。

可实现字幕从小(消失)到大(出现)；

反向操作即可实现字幕由大(出现)到小(消失)。

缩放的数值如果设置得较大，可以实现字幕从画面中间放大出画，或从画面外逐渐缩小入画。

整个过程也可结合音乐所需，控制缩放的节奏。

(3) 字幕快速移动和晃动。

通过动作面板上的位置和关键帧来设置。

创建好字幕后拖入时间轴轨道，调整至中间位置。

把时间轴放到字幕起始位置，在左上角控件面板的位置属性中，输入“－960,540”打上关键帧；

向后拖动时间轴到合适位置(间隔越短，滑动速度越快)，在左上角控件面板的位置属性中，输入“960,40”。

可实现字幕从左侧(消失)滑动到中间(出现)；

反向操作即可实现字幕由中间(出现)到左侧(消失)，或到右侧(位置值为：2 700,540)。

若要实现字幕出现后左右晃动几下再停下来的效果，可以执行以下设置：

把时间轴放到字幕起始位置，在位置属性中输入“－960,540”，保证字幕在画面外，打上关键帧；之后把时间轴向后拖动 6 帧左右，在位置属性中输入“940,540”，再把时间轴向后拖动 2 帧，在位置属性中输入“980,540”。

再把时间轴向后拖动 2 帧，在位置属性中输入“940,540”，再把时间轴

向后拖动 2 帧，在位置属性中输入“980，540”，再把时间轴向后拖动 2 帧，在位置属性中输入“940，540”，再把时间轴向后拖动 2 帧，在位置属性中输入“960，540”，就实现了字幕左右晃动（约三次）最终停留在画面中央的效果。

以上效果请参看教学视频（见图 6 - 28）。

图 6 - 28　字幕创建与字幕基础动效

2. 字幕十特效滤镜

(1) 3D 翻转。

创建好字幕后拖入时间轴轨道，调整至中间居中位置。

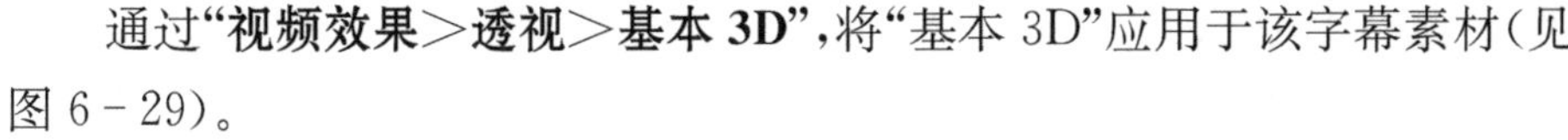

通过“**视频效果＞透视＞基本 3D**”，将“基本 3D”应用于该字幕素材（见图 6 - 29）。

把时间轴放到字幕起始位置，在左上角控件面板的“基本 3D＞旋转”属性中，输入“90”，打上关键帧；

向后拖动时间轴到合适位置，在左上角控件面板的“基本 3D＞旋转”属性中，输入“0”。

可实现字体从画面深处从左向右旋转而出的效果。

图 6 - 29　字幕 3D 翻转效果

或把时间轴放到字幕起始位置，在左上角控件面板的“基本 3D＞倾斜”属性中，输入“90”，打上关键帧；

向后拖动时间轴到合适位置，在左上角控件面板的“基本 3D＞倾斜”属性中，输入“0”。

可实现字体从画面深处自下而上旋转而出的效果。

(2) 字幕擦除。

将创建好的字幕后拖入时间轴轨道，调整至中间位置。

通过“**视频效果＞过渡＞线性擦除**”，将“线性擦除”应用于该字幕素材。

把时间轴放到字幕起始位置，在左上角控件面板的“线性擦除”属性中，“过渡完成”输入“100％”，打上关键帧；擦除角度输入为“45 度”。

向后拖动时间轴到合适位置，在左上角控件面板的“线性擦除”属性中的“过渡完成”输入“0％”。

可实现字体从右上角向左下角擦除出现的效果。

这里的灵活改动擦除角度(控制字幕出现方向)选项，可以创造不同的字幕出现效果。

(3) 字幕溶解。

创建好字幕后拖入时间轴轨道，调整至中间居中位置。

通过“**视频效果＞风格化＞粗糙边缘**”，将“粗糙边缘”应用于该字幕素材。

把时间轴放到字幕起始位置，在左上角控件面板的“粗糙边缘”属性中，将“边框”参数拖大，直到文字消失为止，而后打上关键帧；

向后拖动时间轴到合适位置，在左上角控件面板的“粗糙边缘”属性中，将“边框”参数设为“0”。

可实现字体溶解出现的效果。

(4) 字幕波纹。

创建好字幕后拖入时间轴轨道，调整至中间居中位置。

通过“**视频效果＞扭曲＞湍流置换**”，将“湍流置换”应用于该字幕素材(见图 6－30)。

在左上角控件面板的“湍流置换”属性中，将“置换”选项改为“水平置换”；

“数量”：选填“50”左右；

“复杂度”：在 1 到 10 之间调整；

以上两个数值根据需要的效果来决定；

图 6－30　字幕波纹效果

“演化”：把时间轴放到字幕起始位置，参数设置为“0”，打上关键帧。向后拖动时间轴到合适位置，参数设置为“100”左右。

可实现字幕随波流动的效果。

以上效果请参看教学视频（见图 6－31）。

图 6－31　字幕十四种特效滤镜

6.2.3.2　滚动字幕

1. 向上滚动

新建旧版标题之后，点击如图 6－32 所示的按钮：滚动/游动选项，则进入动态字幕面板。勾选“滚动”，意味着字幕会从画面底部向上滚动。滚动的初始位置取决于字幕的初始位置，最后的位置一般是在画面中央。

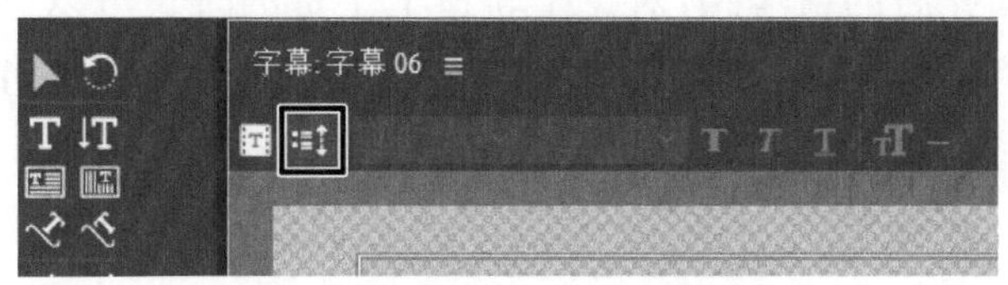

图 6－32　滚动/游动选项按钮

但如果勾选了“开始于屏幕外”，字幕就从画面外向上滑动入场；如果勾选了“结束于屏幕外”，字幕在最终的位置一定是滑出画面的；如果同时勾选了“开始于屏幕外”和“结束于屏幕外”，则字幕从画面底部进入，从画面上方

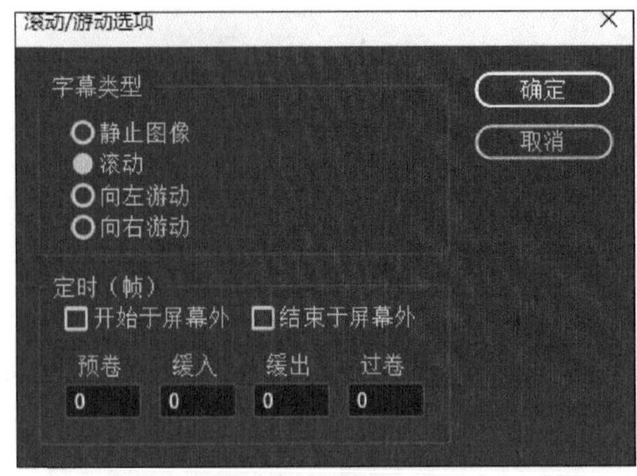

图 6－33 动态字幕面板

滑出(见图 6－33)。

预卷是指在指定的开始点之前有多少帧进行播放;后卷是指在指定的结束点之后有多少帧停止播放。如在预卷这里输入“30”,则意味着一开始字幕要停留约 1 秒钟,而后再向上滚动。

“字幕缓入”的意思是,字幕显示出来的一开始比较慢,然后慢慢地再加速显示,类似于匀加速运动,这里也是以帧为单位。“缓出”的意思则刚好相反:一开始字幕消失得比较慢,然后慢慢地变快,类似于匀减速运动,这里的缓入和缓出如果填入数值,能够创造类似于手机上把界面上下滑动,结束时界面慢慢停下来的效果。

2. 弹幕效果

新建旧版标题之后,输入想要显示的文字内容,设置文字的大小、颜色;然后点击动态字幕面板按钮,勾选“向左游动”,同时勾选“开始于屏幕外”和“结束于屏幕外”,则一条弹幕文字制作完毕。

弹幕效果本身的形式是多条字幕同时滚动,且速率不同,颜色不同,但大小基本一致。基于此,我们需要准备 10 条左右的向左滚动的动态字幕,保证其颜色有一定差异性。

导入时间轴轨道上之后,确保每一条轨道上放置一条弹幕,为了制造速度不一和时间先后的错落感,对每个轨道上字幕的时长可以进行灵活调整(默认的字幕素材时长是 5 秒钟),同时每个字幕的进入时间可以先后不一(见图 6－34)。

3. 星球大战效果

该效果源自美国经典系列电影《星球大战》。每部影片结束时,最后的字幕出现方式就是自下而上滚动,然后深入浩渺宇宙的深处消失。

该效果的实现的第一步是准备好大段的文字后,设置其大小、颜色等格式。而后在动态字幕里勾选“滚动”,同时勾选“开始于屏幕外”和“结束于屏幕外”。第二步,对这段文字素材应用“基本 3D”效果,在控件面板中,将“基

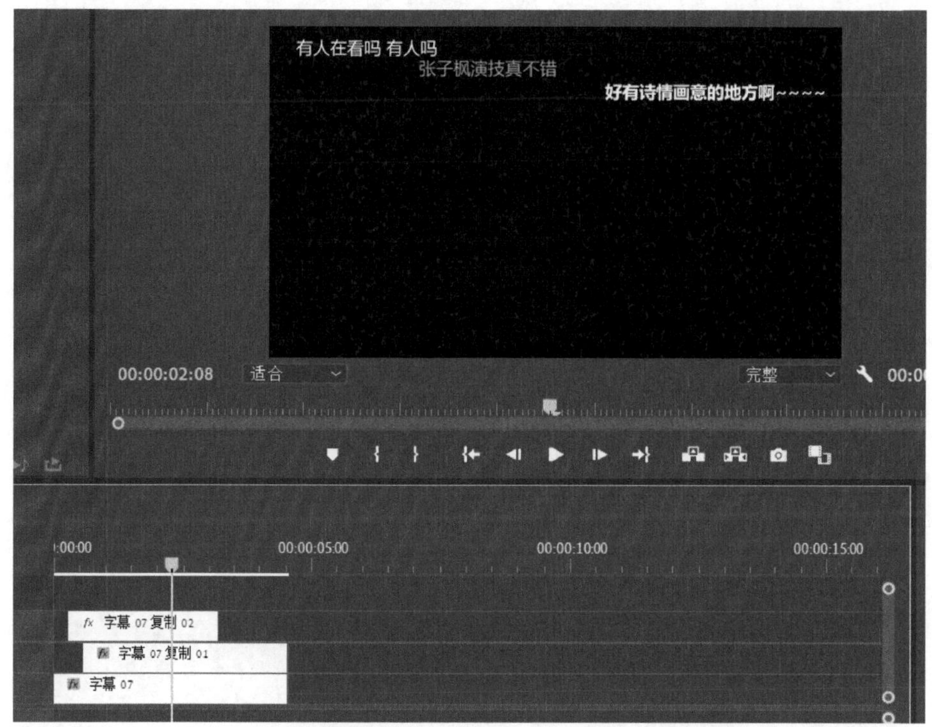

图 6-34　注意弹幕文字在时间轴上的排列先后顺序

本 3D"中的倾斜属性的数值设置为"－35～－45"。

6.2.3.3　图形模板文字

1. 直接使用预设字幕

打开"窗口>基本图形",在"基本图形"的"浏览"模式下,可以看到诸多预设好的动态/静态字幕模板,可以将这些预设字幕直接拖到视频轨道上来。比如找到"游戏下方三分之一靠左"的预设模板,拖动到轨道上来之后,在选中该模板的状态下,该模板的相关编辑属性则可在"基本图形"下的"编辑"中找到并进行设置,对于标题和字幕的内容、字体选择、加粗与否、模板的动画速度与方向,以及模板本身的主颜色、次颜色、标题颜色等,都可以进行再编辑(见图 6-35)。

2. 快捷生成字幕

选中时间轴左侧的工具栏中的字母"T"工具,在监视器窗口中单击,则可以直接在屏幕上输入需要的字幕。

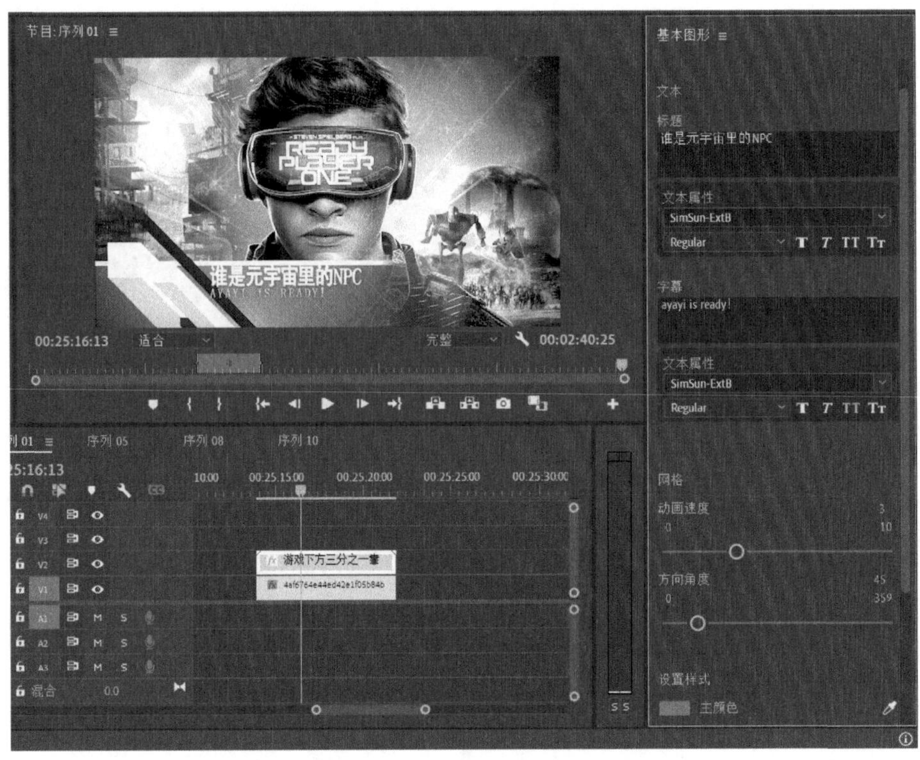

图 6－35　在“基本图形”的“编辑”状态下编辑预设模板

输入好字幕以后，在右侧“基本图形”下的“编辑”中，可以对字幕进行大小缩放、字体选择、颜色选择。除了常规的静态属性外，还可以勾选是否需要字幕自下而上滚动，如同“旧版字幕”中的设置一样，既可以从屏幕外滚动到屏幕外，也可以由屏幕外滚动到指定位置。

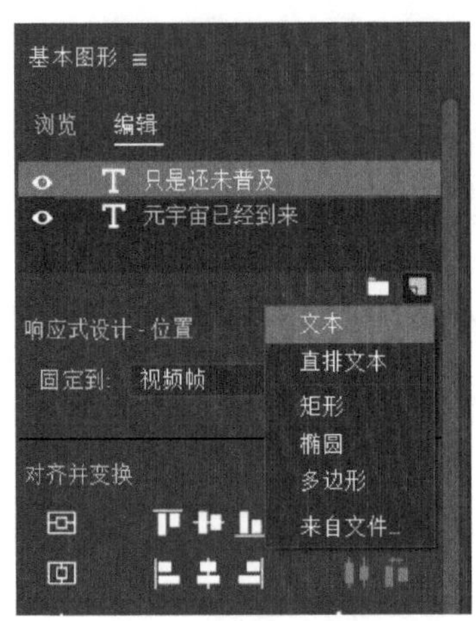

图 6－36　在编辑状态下新建文本、矩形等样式

另外值得一提的是，在一个字幕文件中，可以存在多个层次的字幕。点击“编辑”状态下的“新建图层”图标，可以选择“文本、直排文本、矩形、椭圆、多边形”等样式，对于新增的这一层字幕依然可以对其属性进行个性化设置（见图 6－36）。

如果对新增的这一层字幕选择“矩形”

图案，将“矩形”图案进行合适的大小设计、边框和背景设置后，放置于最下方用来作为字幕(如本案例中“只是还未普及”)的背景。然后选择“响应式设计—位置>固定到”，在“固定到”的下拉框中，选择“只是还未普及”，同时激活右侧的“父图层”的中心点(见图 6 - 37)。

图 6 - 37　在“基本图形”的“编辑”状态下编辑预设模板

当创作者再要调整字幕内容，如本案例中将“只是还未普及”修改为“只是还未大规模普及”，那么矩形背景的大小会随着文字的增减而自动调整。

3. 生成动态图形模板

用工具“T”生成文字后，可以结合“效果控件”面板中的位置、缩放、旋转和透明度等进行动效设计。如达到满意效果后，右键单击时间轴轨道上的该字幕文件，在弹出的菜单中选择“导出为动态图形模板”。对自定义的模板进行命名，选择保存位置后导出(见图 6 - 38)。

如需要调用自定义的模板，则回到“基本图形”的“浏览”状态下，在“我的模板”中找到保存好的模板，直接拖到轨道上来，进行文字内容的调整等(见图 6 - 39)。

6.2.3.4　打字机效果文字

打字机效果文字主要是使用线性擦除(linear wipe)特效，其基本操作路径是：**“视频效果>过渡>线性擦除”**。步骤如下：

第一步，对字幕层应用“线性擦除”。调整划像角度(wipe angle)为－90°，羽化(Feather)保持 0，为过渡完成(transition completion)添加关键帧。

图 6 - 38　导出为动态图形模板

图 6 - 39　在我的模板中调用自定义的动态图形模板

第二步，将时间指针拖动到欲实现打字机效果的字幕素材文件的第一帧，调整过渡完成(transition completion)数值，直到文字全部消失为止，将时间指针往后移动 3～10 帧，再次调节过渡完成数值，直到出现第一个字为止。以此类推，通过调节“线性擦除”中的过渡完成数值，文字可以按照所需要的节奏依次显示出来。

第三步，也是最重要的一步，全部选中过渡完成中的关键帧，按右键，在弹出的菜单中选中定格(hold)类型，这样才能制造出打字机打字的顿挫感。

6.2.3.5　手写文字

主要是对于书写(writing)效果特效的使用,其基本操作路径是:**“视频效果>生成>书写”**。步骤如下:

第一步,对字幕层应用“书写”。

第二步,在左上角的效果控件面板中,设置:画笔大小(要能覆盖住笔画的宽度);描边长度(strokelength)为 10.0,画笔间隔(brush spacing)为 0.001,以保证顺畅。

第三步,点开画笔位置前的“切换动画”按钮,记录关键帧。每向后移动两帧,沿着笔画顺序,用画笔盖住原有字幕的笔画。整个过程需要耐心和细致。

第四步,将“绘制样式”改为“显示原始图像”。

以上打字机效果和手写文字效果请参看教学视频(见图 6 - 40)。

图 6 - 40　打字机字幕效果与手写文字效果

6.3　节奏的创造

节奏在视频作品中几乎是最重要的要素。我们从节奏中能感受到紧张、舒缓等各种情绪,能对剧情走向、人物善恶做出预测判断,也能在节奏变化中调适注意力的分配,始终保持对作品的关注和投入等。毫不夸张地说,节奏就是作品的灵魂。在今天的短视频语境下,不断在培养着用户对于快节奏的接受能力,不断提升用户对于速度的接受阈值(比如 2 倍速甚至 4 倍速的发明),从而对于剪辑节奏也提出了更高、更快的要求。

业内常常说:剪辑是影片的三度创作,有时演员的表演节奏与影片整体节奏不相符时,就需要通过剪辑去改变它。在《邪不压正》的原始素材中,演员表演对话都是正常速度,中间也有停顿。但在进行剪辑时,在某些段落中,剪辑师曹伟杰会故意处理成“话抢话、话赶话”的感觉,将节奏加快,到达某一点后再做停顿,下一段节奏再起——从而在一段戏中形成几个节奏点,抓住观众的注意力。① 要达到这种效果,基本的思路是视频要跟着音频的

---

① 陈晨,李丹. 剪辑是场修行:因戏剧而生,应势而变[J]. 影视制作,2018,24(9):16—24.

节奏去剪辑，比如需要把人物对话中的停顿都剪辑掉，也就是俗称的剪掉“气口”，之后在音频轨道上将两个人的声音串联起来，在第一个人还没有说完的时候，第二个人的声音已经叠加上来……这是由声音带动的自然节奏。除此外，还有以下三种主要的创造节奏的方式。

6.3.1 卡点

卡点剪辑一般表现为舒适的视觉间隔、合理的音视频组合和整体较快的推进速度，是用户比较容易接受的一种表现方式。在抖音、快手等平台上，卡点剪辑作品比比皆是，甚至产品本身给用户提供了诸多卡点剪辑模板，用户只需要替换掉素材即可。卡点剪辑可分为规则卡点和不规则卡点。

规则卡点：指的是按照一定的规则来卡点，这个规则可以是音乐本身的节奏点，也可以是一种间隔时间相等的人为卡点。例如，设置一张静止图片如果持续时长为 3 帧，那么 10 余张图片统一被设置为 3 帧后，随机排列在一起，就会形成图片快闪的卡点效果。

不规则卡点：指的是剪辑点和剪辑点之间的间隔不均匀，甚至难以预料。但剪辑点或者卡点本身的确立也是有原因的，比如符合剧情反转的需要，或符合节奏突变的需要，因此不规则卡点也意味着可以创造出富有逻辑的节奏。

卡点意味着画面要准确地在剪辑点位置发生切换。如果剪辑点是音乐的重音位置，那么当我们打开音频轨道，可以根据波形来判定剪辑点的大致位置，从而卡住位置，设置好素材的替换。而为了确定这个剪辑点的位置，一般会使用键盘上的 M 打上标记（在英文输入状态下），方便创作者更有效率、准确地确认素材区间长度。

常见的卡点内容有：人物（相似）动作的衔接卡点，运镜的卡点、光线变化的卡点、颜色的卡点、动态文字卡点和转场特效卡点等。在确立了卡点的内容后，在 M 标记的辅助下，把挑选出的合适长度的内容放置于剪辑点之间，在必要的时候添加一定的转场，就形成了动感较强的卡点作品。实际上，技术上的卡点比较容易实现，而思想上的卡点依靠的则是丰富的剪辑经验。

下面介绍图片快闪的效果，这个操作流程是：

第一步，切换到英文输入状态，启用键盘上的 M 键，跟随背景乐的节奏标记好剪辑点。

第二步，按照自定义顺序一一选中素材后，选择自动匹配序列按钮（在项目窗口右下方的第一个)(见图 6-41)。

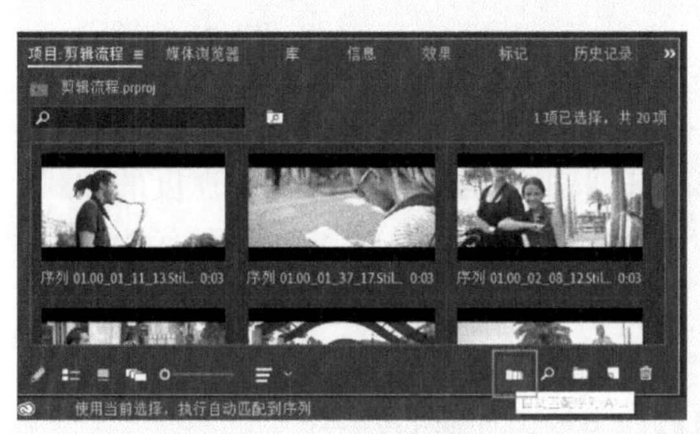

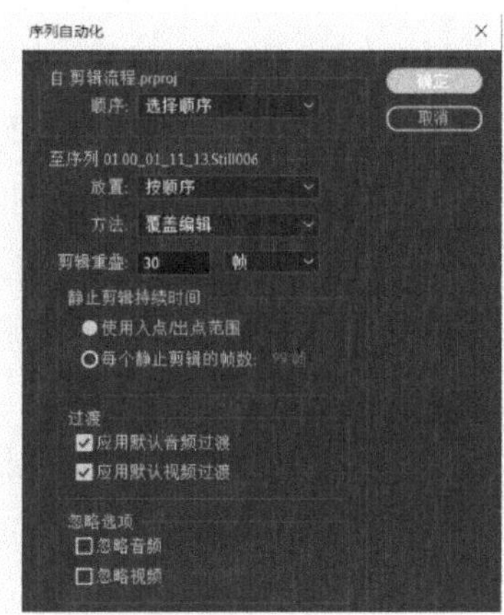

图 6-41　选择"自动匹配序列"按钮并设置

第三步,在序列自动化的界面,具体设置如下:

顺序:选择顺序。

位置:按顺序。

方法:覆盖编辑。

持续时间:使用入点/出点范围。

点击"确定",即可实现图片快闪的效果。

扩展学习:快闪效果的变化。在图片以逐帧的方式出现并形成的快闪效果中,还可以适度调整帧与帧之间的间隔形成融入黑场的快闪效果。此外,在帧与帧间隔之处,铺垫一层白色"颜色遮罩",也可以形成一种白场频闪的快闪效果。这两种做法,在快闪的基础上进一步打开了思路,操作过程的教学视频如图 6-42 所示。

图 6-42　卡点剪辑和快闪效果

6.3.2　变速

进入后期的视频速度原本就是视频拍摄时的速度,如果想改变视频速度,就需要改变回放速率——而时间重映射就可以将录制速度映射成回放速度。因此,时间重映射是实现变速的常见应用。

速度的改变分为四种情形:

1. 加速

加速分为均匀加速、变速加速和保持快速三种情形。

均匀加速：用一根曲线就可以产生一个均匀加速的效果。

变速加速：在曲线的基础上，把弧度改为直角。

保持快速：既可以用曲线，也可以右键单击“素材＞速度，200%～1 000%”等数值都可以尝试。如果是采用右键单击素材改变速度的方式，可以在计算方式上选择“光流法”，对加快的视频进行一定程度的优化。

2. 减速

减速分为均匀减速、变速减速和保持减速三种情形。

均匀减速：用一根曲线就可以产生均匀加速的效果。

变速减速：在曲线的基础上，把弧度改为直角。

保持减速：既可以用曲线，也可以右键单击“素材＞速度，10%～90%”等数值都可以尝试。如果是采用右键单击素材改变速度的方式，还可以在计算方式上选择“帧混合”，对减速的视频进行一定程度的优化。

3. 自由变速

在加速的过程中减速，或者在减速的过程中加速，互相交替，创造出自由变速的视效，形成所谓的“呼吸感”。常见于对航拍镜头、大范围延时镜头、大广角大景别镜头的处理。

自由变速的做法也有两种：一种是自由拉曲线，曲线内部的调整具备随机感；一种是先切割开视频，然后前半段做慢速处理，后半段做快速处理；或前半段做加速，后半段做减速；或者内部交替做多种加速、减速的处理。

4. 停顿

也叫定格，是速度的一种骤然变化，在正常的播放进程中突然停顿，中断观者的心流和审美体验，会产生特别的观看及记忆效果。比如电影《东邪西毒》最后一个镜头的定格，表达了对张国荣的致敬。

在 Premiere 中处理定格镜头有两种方式：第一种是把时间轴停留在需要定格的画面处，点击输出窗口的快照按钮，即可保存一张静帧到指定位置，而后把这种图片重新导入，放置在时间轴后面，就可以形成“播放的视频突然停顿住”的效果；第二种做法是把时间轴停留在需要定格的画面处，右键单击“选择”，也可以直接获得停顿的效果。

以上操作过程请参看教学视频(见图6-43)。

图6-43　快速、慢速、倒放和时间重映射

5. 抽帧与跳切

抽帧在剪辑上体现为以帧为单位的处理手法,如根据需要在素材中抽掉1～30帧。这种处理方式很细腻,虽然形成了断帧,但断得恰到好处。如果是在动作戏中适当抽掉1～2帧,就会使打斗的镜头看起来更快,让视觉效果更加流畅;如果把抽掉的2帧的素材重新串联起来(其实是反抽帧的剪辑手法),则会在视觉层面带来一种类似频闪的效果。

跳切,一般是指两个镜头内主体相同,但摄像机的角度和距离有差别,前后衔接时,画面就会产生明显的视觉跳跃感。比如在电影《罗拉快跑》中,主人公从楼上跑下来,穿过小院门口,跑到大街上去的镜头,剪辑师没有保留完整过程,直接截取几个画面表达情节的推进。但由于拍摄的机位不变,将固定镜头拍摄的流程画面中的过程直接删去,视觉上就有跳跃感。这本在剪辑上是一种反常,甚至不合常规的做法,但由于影片本身的实验色彩,这种剪辑也被认为是一种匹配形式。

抽帧与跳切,都是主观剪辑的一种。其共同点在于剪去一个完整过程中的几帧或一小段素材,既不影响叙事,又能带来不一样的心理感受。其区别就在于,抽帧是以帧为单位进行剪辑,跳切以段落为单位。在实际剪辑中,这两个概念也存在着混用的情形,有时候统称为跳剪、跳跃剪辑,具体操作和相关案例可参看教学视频(见图6-44)。

图6-44　抽帧跳切挖减三种剪辑手法区分

6.3.3　延时

在介绍"延时摄影"的概念前,有必要先弄清楚升格摄影和降格摄影的概念及关系。

升格拍摄是电影摄影中的一种技术手段,电影摄影的拍摄标准是每秒24帧,也就是每秒拍摄24张,这样在放映时才能是正常速度的连续性画面,但为了实现一些简单的技巧,比如慢镜头效果,就要改变正常的拍摄速度,比如高于60帧/秒,这就是升格,放映效果就是慢动作。如果降低拍摄速度(低于 24 帧/秒),就是降格,放映效果就是快动作。

延时摄影(Time - lapse photography)就是降格摄影的一种形式,又叫缩时摄影、缩时录影。其拍摄的通常是一组照片,后期通过将照片串联合成视频,把几分钟、几小时,甚至是几天的过程压缩在一个较短的时间内,以视频的方式播放。在一段延时摄影视频中,物体或者景物缓慢变化的过程被压缩到一个较短的时间内,呈现出平时用肉眼无法察觉的奇异景象。延时摄影通常被应用在拍摄城市风光、自然风景、天文现象、城市生活、建筑制造、生物演变等题材上。

用机器拍摄延时摄影的过程类似于制作定格动画(stop motion),把多张拍摄间隔相同的图片串联起来,合成一个动态的视频,以明显变化的影像展现景物低速变化过程。比如花蕾的开放约 3 天 3 夜,即 72 小时。每半小时拍摄一张照片,以顺序记录开花动作的细微变化,共计拍摄 144 张照片,再将这些照片串联合成视频,按正常频率放映(每秒 24 帧),在 6 秒钟之内,展现三天三夜的开花过程。

延时摄影的难点在于一天时间内,光照条件变化多端,对于曝光量不太好把握,尤其是在早晨或傍晚的时间拍摄,光线变化最大,必要的时候还需要实时调整光圈大小,控制好曝光;此外,拍摄延时最主要的一点还是要保持稳定,“稳定压倒一切”。一定要将摄像机牢牢固定在坚固的三脚架上,避免刮风等原因造成摄像机的晃动导致拍摄失败。“稳定性”还体现在支撑系统上,延时拍摄一般需要几个小时甚至几十个小时,所以一定要根据所需素材的时长准备充足的备用电池、储存卡,条件允许的情况下,最好接通交流电进行拍摄。

同时,也要尽量避免不必要的杂物进入画面。如在马路上拍摄,为避免行人进入画面,一定将摄像机架在远离人行道的地方。

如若遇到高反差的环境,建议使用 14 bit 的 RAW 档(或是占用记忆卡容量最多的 RAW 档)来拍摄,主要是为后期提供较大的调整空间,这样的素材的宽容度会更高,尤其是在高反差的环境下,有助于将暗部或将失误的地方补救回来。

除了固定拍摄的延时摄影外,还有“大范围延时”的延时摄影方式。其实现的步骤是:首先是确定好拍摄的主体和移动的位置,并选取对准点,先在拍摄初始位置、中心位置和终点位置分别拍摄三张照片进行观察,做到在心中对拍摄完的画面有一个大体的把控。

对于对准的焦点，建议选择拍摄主体上固定的、全过程可见的点，最好是和周围对比强烈，并且靠近画面中心。这样方便在移动机位后进行迅速对齐，保证对准点一直在画面中的同一个位置，这里需要使用到相机的屏幕取景功能，通过打开网格线或者按下机身上放大按钮后出现的对焦框来定位。

在拍摄的过程中需要匀速移动，而在时间间隔相等的前提下，匀速就是等距离。人工每次移动的距离偏差不要超过 15%，否则拍出的画面会存在卡顿的现象。至于每次能够移动多远的距离，要视运动方式、主体距离和自己的偏好来确定。

相机一定要保持水平，仅保持主体稳定、焦点固定是不够的，因为相机如果左右方向不保持水平，就会产生麻烦。当瞄准点不在镜头的正中心位置，后期通过旋转方法就不能完全纠正，画面的边缘就会产生摆动。

拍摄前最好计算出大概拍摄张数和每一张之间移动的距离，比如需要拍摄一段 5 秒钟的素材，总移动距离为 100 米，以 30 帧每秒的帧速率为基准，那么需要拍摄的张数就是 5＊30＝150 张，每次三脚架挪动的大致距离为 100÷150＝0.67 米，每一张的移动距离要尽可能地相等，这样才能保证拍出来的延时能够平滑。

拍摄张数一个场景要拍摄多少张数，才能算是一个延时摄影可用的项目档呢？建议大家至少要拍摄 250～300 张。按照序列每秒 25～30 帧的常规设置，那么 300 张左右的照片进入后期时只能转换为 10 秒左右的影片，又因为延时摄影是以流动的方式呈现的，剪辑时，考量该场景与前、后场景之间的过场特效(如淡入、淡出)又要扣掉约 2 秒，所以实际呈现出来的影片其实仅有 6～8 秒。以视觉经验来说，6 秒钟左右的画面比较能让观赏者保持注意力，如果相同的画面持续播放太久，容易让人感到不耐烦。当然，若是拍摄到的影像格外精彩，也可以考虑稍微播放久一些。

得到 300 余张图片后，就可以进入延时摄影的后期。在 Premiere 软件中，选择“文件—导入”，找到图片文件夹，选择第一张图片后，勾选“图片序列”(见图 6－45)，则 Premiere 软件将自动将其后面所有的连续图片导入时间轴轨道上，且自动拼合成一段延时摄影片段。

如果对延时摄影作品进行进一步处理，制作者只需要调整整段素材的

图 6－45　勾选图片序列

速度、颜色，添加背景乐即可。

Tips：拍摄延时的时间间隔的参考

大风天快速移动的云层：1～2 秒

慢速的云：5～10 秒

太阳在地面上移动的影子：10～20 秒

太阳在晴朗天空的轨迹：20～30 秒

星星在天空中运行的状态：10～60 秒

日落时对太阳的特写：1～2 秒

城市的人群：1～2 秒

植物生长的状态：5～40 分钟

本章“基础剪辑”的内容主要介绍了“移动、旋转、缩放”内部运动处理、字幕设计和动效制作以及节奏创造三部分的内容。应该说，掌握这三大部分的剪辑技能，几乎就可以应对 70％的作品需求和剪辑情形。

对于剪辑来说，技能和操作是最底层的，所有的剪辑系统不过是一种手段，技术的完成或完整度要达到的目标就是“让人感到理性和精神上的满足”。① 比如篮球比赛中压哨球的场景，在紧张的球赛的最后一秒，往往就是奇迹发生

① 钱德勒. 剪辑圣经：剪辑你的电影和视频(第 2 版)[M]. 北京：电子工业出版社，2013：21.

的那一刻，为了展现那一刻，剪辑师要将看台、教练、队员、投手（一般是主人公）等都剪辑进来，就在投篮的瞬间，时间被拉长、停止、延展和恢复正常，篮球在篮筐上飞转，发出清晰的声音……通过剪辑师的创作，牢牢地抓住观众的注意力，这就是剪辑的无限魅力。

所以，通往剪辑师之路，就是要通过内部运动的创作、节奏的创造形成容易让受众接受的“剪辑心流”，这种剪辑心流可以传递节奏、韵律，并引发人对韵律的本能反应，最终在物理和生理上形成心率共振，获得高级的审美体验，也获得心灵的启发。

本章综合练习：

（1）拍摄一组有意义的对话，需要设计的镜头包括覆盖镜头、过肩镜头、特写镜头、反应镜头等，并在后期中尝试采用不同的剪辑顺序来完成。

（2）制作一个主题性的混剪作品。要求提前从原作品中剪辑出相似动作、相近景别、不同运镜等素材，挑选合适音乐，完成卡点式剪辑。

第 7 章 中级剪辑

法国学者马塞尔·马尔丹说:“当色彩进入电影,就不再是现实真实的颜色。”也就是说,艺术作品中的色彩来源于大自然及现实生活,但它又不是客观色彩的重复。艺术中的色彩是作品中的一种语言因素,是艺术家审美活动、审美创造的结果。因而,色彩对于视频创作者来说并不仅仅在于加强画面的艺术感,而是需要熟练掌握不同色调的意义价值,以及它们所赋予观众不同的心理与情绪,然后与自己所要表达的主题联系起来。从这个角度而言,观众在欣赏过程中感受更多的是色彩的审美价值,而不是色彩的物理属性。这也提醒创作者,除了对颜色加以艺术化地使用和呈现外,还应更注重颜色的情绪指向、文化隐喻和社会意涵。

视频转场是强化作品艺术性、增强视觉可看性的重要手段,视频转场分成两种相反的操作思路:一种是追求无技巧转场,即通过合理的镜头调度(如镜头推上天空再摇下来)而非剪辑来实现时空转场;另一种则是通过后期转场效果的添加,让人明显意识到剪辑的存在,且形成较强的视觉冲击力。从后者的操作来说,视频转场其实也是特效的一部分。

在 Premiere 自带的视频特效中,主要通过特殊效果滤镜完成视频裁剪、改变颜色、植入纹理(水波、干扰信号)、视频模糊、视频锐利和添加马赛克等操作。

本章讲解如何通过色彩处理、转场处理、特效应用等创新方式,为提升作品的质感和流畅叙事服务。从艺术和实操两个方面再次深入剪辑的本质,提升创作者剪辑水平和剪辑感。

7.1 视频调色

7.1.1 理解色彩

任何艺术都是情感的符号化表示，在视觉领域内，色彩承载着画面的灵魂与情感。那些光彩夺目的画面、色彩斑斓的影像和明艳饱满的光线构成了我们独特的影视审美的一部分。俄罗斯画家列宾说，色彩即感情，“色彩是第一性的，能马上唤起人的情绪波动”。[①] 一般而言，色彩处理作为剪辑工作的最后一道工序，务必要确保色彩的规范性（技术正确）和适当性（符合主旨），在此基础上提升视觉审美的艺术感。

此外，色彩除了带来表层的自然属性，更重要的是其深层的象征性。从原始社会起，人类就懂得使用色彩来表达多种象征性的意义。在今天的世界里，不同的民族、不同的群体，都拥有自己象征性的色彩，既有个性又有共性。如著名导演张艺谋，被评论家评为“视觉英雄”，从《黄土地》《大红灯笼高高挂》到《英雄》《十面埋伏》等影片，色彩成为其最具标志性的表达手段，红高粱、红灯笼、红盖头、红花椒等意象在形成影片风格的同时，也构成了导演批判封建秩序与文化的视觉传达；在王家卫的影片中，红色、蓝色、青橙色的色调也很突出，体现出导演视觉经验中拉丁文化的底蕴，也极大拓深了作品的主题。

色彩视频作品创作中的主要作用有：

第一，视觉认知与暗示。很多电影的第一个开场镜头（也称之为定场镜头）一亮相，就会给人很直接的视觉冲击，带来认知意义。比如黄土地的定场镜头，就是绵延不断、深沟万壑的黄土高坡，大面积的黄色首先带来了地域信息，使人对地理空间有了直接感知与定位，进而也让人感受到了空间环境的沉重和压抑。

第二，人物塑造。当固定色彩搭配到人物上时，色彩的艺术意味和表演效果就会凸显。如《罗拉快跑》中的罗拉，其红色头发、绿色短裤的造型，与

---

① 陈婧霞. 浅析张艺谋电影的画面色彩与象征表意[J]. 文艺生活・文海艺苑，2010(10).

游戏中的人物相呼应，隐喻了作品的实验性。同时导演安排罗拉多次奔跑穿行过身着黑袍的修女，鲜明的颜色反差暗示了罗拉不循传统、抵抗叛逆的个性；在《泰囧》中，王宝强身穿红色帽子、绿色仙人掌和花花绿绿的长裤短袖的造型，组合出一个散发屌丝与搞笑气息的人物形象。

第三，强化心理感受。艺术作品中的色彩比现实的色彩更具有美学价值，同时也更具审美魅力和情绪上的冲击力。因为色彩本身有冷暖感，比如人们看到青、绿、蓝一类色彩时常联想到冰、雪、海洋、蓝天，产生偏冷的心理感应；而看到橙、红、暖黄一类色彩，就联想到阳光、火焰，产生温热的心理效应。这种从生理到心理的条件反射提示创作者要根据作品主题和情感偏向妥善处理色彩冷暖，达到为主题服务的目的。除了色彩的冷暖感，明亮度高的色彩使人感觉轻和软，明度低的色彩使人感觉重和硬；明快的、膨胀的、高饱和度的色彩具有前进感，灰暗的、收缩的、低饱和度的色彩具有后退感。如《少年派的奇幻漂流》中主人公坐在深邃的暗色天空和明亮的蓝色海面的镜头、《天使爱美丽》中大面积的红绿撞色包装出来的具有童话感的“糖果色”画面、《红》《白》《蓝》系列影片配合主题情节的氛围营造等，色彩带给人的心理感受和起到的作用不容小觑。

第四，营造叙事时空。黑白与彩色这两大类主要的颜色同时出现在作品中，会带给人对于不同叙事时段的提示。比如从黑白画面切换到彩色画面，往往可以表达从回忆中转回现实，或者从过去回到当下。在影片《我的父亲母亲》中，导演张艺谋反其道而行之，在表达过去父母相遇、相爱、共同生活的画面时采用了彩色画面。而回到儿子为父奔丧的当下采用了黑白画面。在这里，色彩不仅分割了过去和现实的时空，两种色调的刻意转换，更加凸显了父亲母亲在年轻时代的美好爱情，与现实相比，过去才显得更加明亮、纯真和幸福(见图 7－1)。

电影《黄土地》开场镜头的地域提示　　电影《天使爱美丽》中用饱满红绿营造童话世界

电影《罗拉快跑》中罗拉的色彩造型　　电影《泰囧》中王宝强的色彩造型

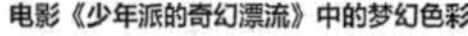

电影《少年派的奇幻漂流》中的梦幻色彩　　电影《我的父亲母亲》中用彩色分割时空表达美好

图 7－1　影视作品中色彩的运用

总之,色彩是视频作品中一种高级的元素和存在,色彩构成了作品的主基调,色彩即思想,色彩即情绪,色彩即节奏。从更宏观的层面来说,色彩作为一种人类活动的心理积淀,也潜移默化地影响着人们的审美方式、表达方式。

7.1.2　了解色彩设置

1. 视频限幅器

当视频用于广播时,最大或最小亮度值和颜色饱和度都有具体的限制(限幅)。在 Premiere 中可以轻松地对序列中需要调整的部分进行混合处理。视频限幅器能够自动限制色阶以符合限幅标准,简言之,是保证输出的视频在广播级的范围之内。

在左下方的小窗口内激活"效果"面板,展开"视频效果",展开"过时",将"视频限幅器(旧版)"控件拖曳至视频素材上。选中视频素材后,即可在左上方的窗口内激活"效果控件"面板。随后即可编辑视频限幅器,根据需要进行"信号最小值""信号最大值"的设置,"缩小方式"选项能让读者选择想要调整的信号的某部分(通常选择"压缩全部")。(见图 7－2)。

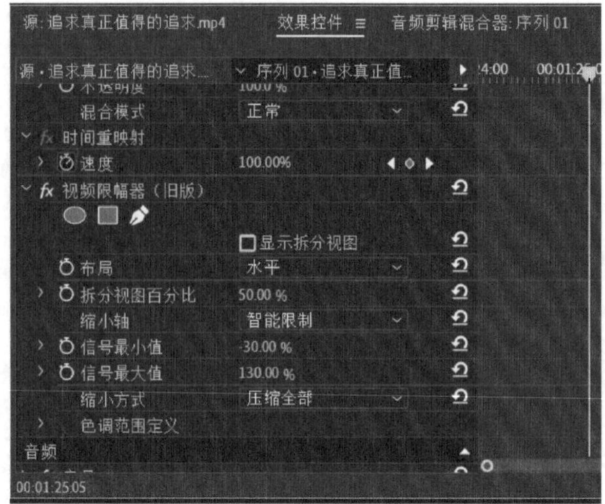

图 7－2　视频限幅器

2. 矢量示波器

矢量示波器显示的是颜色的饱和度,以及饱和度的差别所形成的颜色倾向。

观察矢量示波器,将看到一系列表示原色的目标(R＝红色,G＝绿色,B＝蓝色)和一系列表示合成色的标记(Yl＝黄色,Mg＝品红色,Cy＝青色)。每个字母代表着对应的颜色,它们连在一起就等同于完整的色环,如图 7－3 所示。

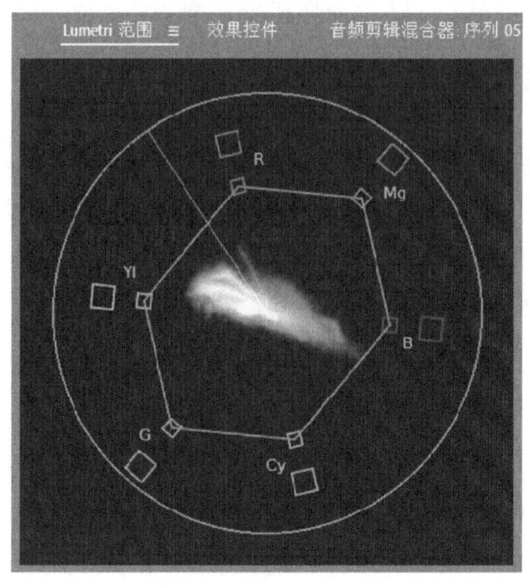

图 7－3　矢量示波器

素材中的颜色像素将显示在“矢量示波器”中，如果像素出现在圆圈的中心位置，则它的颜色饱和度为 0。距外部圆圈边缘越近，它的饱和度就越高。

每个目标都有两个方框，较大的外边框为 RGB 颜色限制，其饱和度为 100%；较小的内边框为 YUV 颜色限制，其饱和度为 75%，且内边框之间的细线表示了 YUV 的色域。相较于 YUV，RGB 颜色能将饱和度扩展到更高的级别。这两个框也有这样一种理解方式：内部的六边形框，形成了饱和度的安全区域，外部大圆圈是肤色指示线，在绝大部分情况下，颜色分布都要在饱和度的安全线范围内。

“矢量波形器”提供了序列中颜色的客观信息。在“矢量示波器”中通常色偏更为明显。如果有色偏，则可能是前期拍摄设备本身的色彩偏差导致的。在“Lumetri 颜色”面板中，还可自由减少或添加想要的颜色（见图 7 - 3）。

3. 波形（YC）示波器

YC 波形表示视频素材的信号强度。字母 C 表示色度，字母 Y 表示亮度（它是一种使用 x、y、z 轴来衡量颜色信息的方式）。在调色中通常使用“YC 波形”来判断图像的黑白场和明暗分布情况。在“YC 波形”中，绿色表示图形的亮度；蓝色表示图形的色度，如图 7 - 4 所示，亮度靠近“100”处为视频剪辑的高光部分，靠近“0”处则为视频剪辑的阴影部分。自下而上分别代表着最暗和最亮的地方。

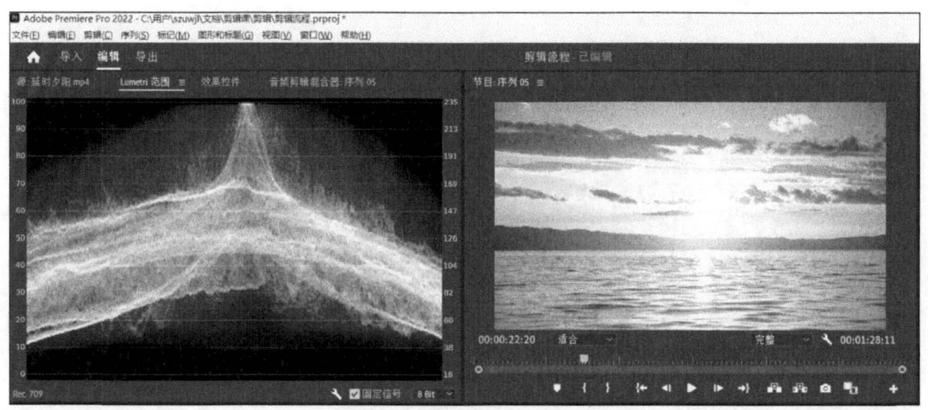

图 7 - 4　波形(YC)示波器

从技术正确的角度来说，视频中既不能出现太多接近“100”处的大范围绿色（代表曝光过度），也不能出现太多堆积在“0”处的情形（代表光线过于暗淡，可能曝光不足）。在图7－4这个案例中，夕阳西下，色彩绚烂饱满，仅仅从波形（YC）示波器来看，画面亮度不但没有减弱（绿色光整体向上，“0”处很少），反而有曝光过度之嫌（“100”处有绿色条）。但是从审美的角度来说，这个画面的颜色和曝光都是正确和适当的。

4. 分量示波器

分量示波器展示的是R（红）、G（绿）、B（蓝）三种颜色的分布程度。其中，RGB色彩的强度值为0～255，R、G、B均为255时，合成为白色，R、G、B均为0时合，成为黑色。由于RGB分量清楚地显示了各颜色通道之间的关系，因此它是一种常用的颜色校正工具。分量示波器常用于多个素材的黑、白场的定位，也能快速发现并修复色彩不平衡（或偏色）的情况。所以简单来说，分量示波器所对应的是画面的白平衡情况。

RGB分量示波器可以直观地查看画面的亮部、暗部及中间调情况，还可用于了解画面的对比度，高的波形表示有较高的对比度，短的波形表示有较低的对比度。由于是加色模式，通过亮部区域的波形，可以快速分析画面高光的偏色情况。

如图7－5所示，从横坐标来看，每个通道的从左到右分别对应画面的从左到右。从纵坐标来看，RGB分量示波器的最底部代表像素的对应通道值为0，最顶部代表像素的对应通道值为100 IRE或色阶255。如果迹线

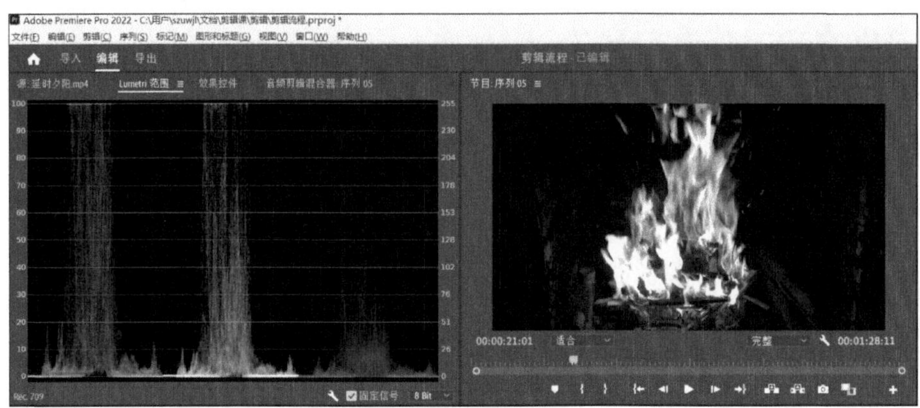

图7－5　分量示波器

（波形）超出这一范围，意味着产生限幅，画面细节丢失；同时，顶部与底部的高度差则代表原色的丰富度。

7.1.3　一级调色

一级调色，又被称为基础调色、校色，就是将画面中的曝光、对比、色彩校正到一个正常的范围。同时，一级调色也可以实现在总体上对作品的基调进行定位，在技术层面保证前期拍摄在后期上得到基本正确的色彩还原。在操作上包括“Lumetri 颜色”面板的“基本校正”“创意”“曲线”三个部分。

1. 基本校正

通过“窗口＞工作区＞颜色”路径（见图 7－6），将“Lumetri 颜色”面板调出（在最右侧）。

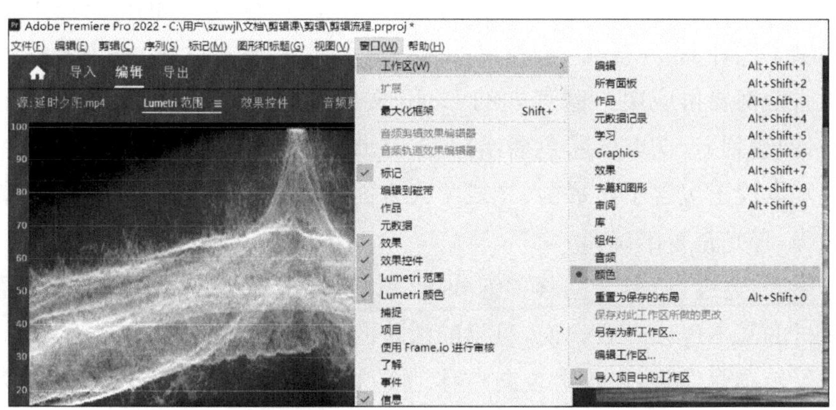

图 7－6　调出 Lumetri 面板

自上而下来看，首先是“输入 LUT”的选项。

LUT 是 Look Up Table（颜色查找表）的缩写，其本质上就是一个 RAM（存取装置）。它把数据事先写入 RAM 后，每当输入一个信号就等于输入一个地址进行查表，找出地址对应的内容，然后输出。[①] 可以简单地理解为，通过 LUT，可以将一组 RGB 值输出为另一组 RGB 值，从而改变画面的曝光与色彩。比如规定：当原始 R 值为 0 时，输出 R 值为 5；当原始 G 值为 0 时，输出 G 值为 10；当原始 B 值为 0 时，输出 B 值为 0，那么，如果像素

① 参见 Sony 官方网站。

为 RGB(1,2,3),在应用 LUT 之后的输出值就是 RGB(6,13,1),以此类推,我们就可以把所有原始 RGB 值转化为输出 RGB 值。

LUT 应用最多的是在视频领域,因为在视频拍摄中,为了保证足够的后期空间,通常会使用一种叫"Log"格式来保存视频,这种格式的特点就是画面对比度很低,饱和度也很低,整体看起来灰蒙蒙的,但它记录的内容量和宽容度都是高水准的。后期再利用 LUT 转换到标准色彩空间,因为 LUT 转换色彩的过程就是一个色彩查找的过程,因此占用的系统资源极少,可以很高效地完成色彩风格的转变——这是标准的行业拍摄制作的后期流程,当然对于大多数普通用户而言,用到 Log 视频的机会较少,他们更倾向于采用"色彩直出""所见即所得"式的色彩拍摄方式。

市场上主流品牌的专业微单或摄影机,都有自定义的一种 Log 模式,如索尼的微单产品提供了 S-Log2 和 S-Log3 两种模式,拍摄官网上也对应提供了四种 LUT 文件,创作者在选择某种 Log 模式后,拍摄出来的画面进入后期都要再应用一遍官方的 LUT 文件,以保证最大限度地还原真实色彩,即达到 rec.709 的彩色播出标准,在此基础上再进入调色流程。

基本校正包含了白平衡、光线两大方面,它们分别对应控制的是色彩是否准确、曝光是否准确。

第一,通过"色温""色彩""饱和度"滑块,左右滑动调整白平衡,从而改进素材的基本色。一般来说,色温的滑块向左移动可使素材画面偏冷;向右移动可使画面偏暖;色彩滑块向左移动可为素材添加绿色(范围),向右移动则可为画面添加洋红色(范围)。

注意,在白平衡选择器的右侧有一个吸管工具,单击画面中本身应该属于白色的区域,从而自动调节白平衡,可以使画面呈现正确的白平衡关系(见图 7-7)。

第二,曝光问题通常有两种:曝光不足和曝光过度。曝光不足时,表现为亮度降低,光线少,看不清楚细节;曝光过度时,则亮度过高,光线过多,也会带来细节的丧失。

如何判断曝光过度和曝光不足的问题呢?需要在"Lumetri 范围"面板(在左上侧)中单击右键,执行"波形类型—YC"命令(见图 7-8),然后观察视频素材的 YC 图像,如果底部沉积较多像素,且已经触及 0,意味着曝光不足;如果顶部积累了较多像素,且已经触及 100,则意味着曝光过度。

图 7－7　吸管工具点击左侧人物的白背心后自动形成白平衡

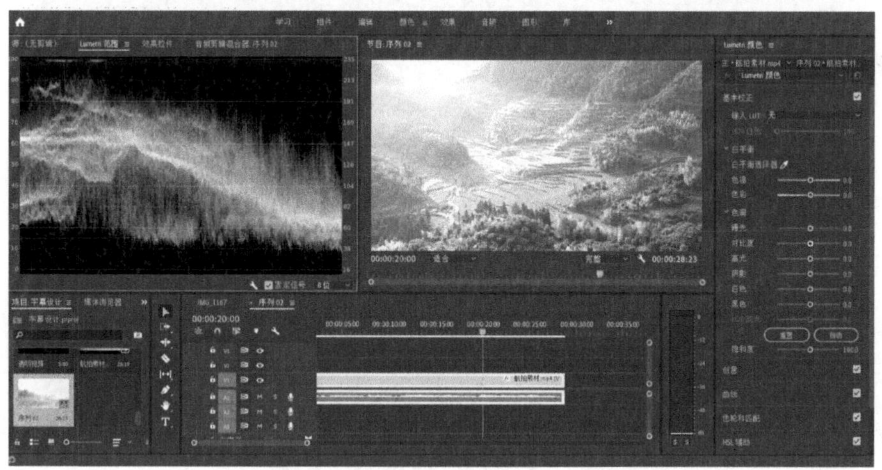

图 7－8　视频素材的波形(YC)图示

当曝光不足时，在“Lumetri 颜色”面板中展开“基本校正”，调整曝光和对比度，曝光滑块向左移动可减小色调值并扩展阴影，向右移动则可增大色调值并扩展高光；对比度滑块向左移动可使中间调变得更暗，向右移动可使中间调变得更亮；高光滑块向左滑动可使高光变暗，向右移动可使高光变亮；阴影滑块向左移动可在最小化修建的同时使阴影变暗，向右移动则可使阴影变亮并恢复阴影细节；白色滑块向左滑动可以减少高光，向右滑动可以增加高光；黑色滑块向左移动可增大黑色范围，使阴影更偏向纯黑，向右滑动可减小阴影范围。重置按钮则可使所有数值还原为初始值。

在调适过程中，同时检查“YC”波形，确保大量像素均匀分布，不触及

0 和 100。同时，可以通过切换“基本校正”的被勾选与未被勾选状态，观察原图和修改之后的图像的效果。

2. 创意

展开“Lumetri 颜色”面板的“创意”选项，首先来看 LOOK。与 LUT 相比，LUT 是输出的效果，LOOK 则是调节的效果。可以直接理解为，LUT 是自内而外地改变 LOG 模式，确保颜色还原；LOOK 则是由外而内地应用一层滤镜，直接改变素材的色调。LOOK 也是预设效果的合集，通过下拉菜单可以直接选中一种 LOOK(见图 7－9)。

图 7－9　应用 LOOK 后的素材

加载 LOOK 预设后，“强度”控件才可产生效果，可以针对 LOOK 预设的影响程度进行直接调节。

其他参数有：

淡化胶片：使素材呈现淡化效果，有怀旧意味；

锐化：向左滑动，降低素材图像边缘清晰度，向右滑动，可提高素材图像边缘清晰度；

自然饱和度：向左滑动，降低图像整体的明亮程度，向右滑动，提升素材整体的明亮程度(已经饱和的颜色不变)；

饱和度：向左滑动，降低素材颜色的鲜艳程度，向右滑动，提升素材颜色的鲜艳程度。

3. 曲线

“曲线”用于对视频素材进行颜色调整。它有许多更加高级的控件，比如利用“RGB曲线”控件来调整高光、中间调和阴影，当曝光过度时，在“Lumetri颜色”面板展开“曲线”(默认选择白色)，单击曲线右上角，添加一个锚点并向下拖曳，同时观察YC波形，将图像的高光部分降至80～90；单击曲线左下角，添加一个锚点并向右拖曳，同时观察YC波形，将图像的暗像素部分降至10左右，一般就可以保障视频素材在一个正确的曝光值内。除了保证曝光值正确，如果要调高画面的对比度，也可以在选择白色的前提下，自左下向右上依次选三个点，将这三个点调整为一个S型，就可以达到增强画面质感的目的(见图7-10)。

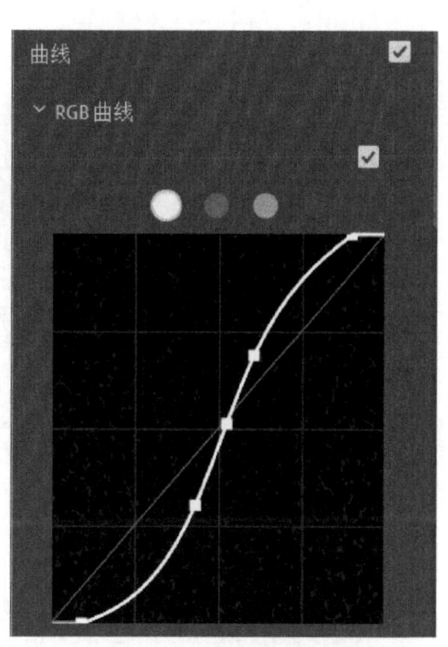

图7-10　S曲线增强画面质感和对比度

此外，选择RGB曲线的“红、绿、蓝”，分别进行调整，还可以控制画面中的“红、绿、蓝”以及对应的“青绿、品红、黄色”的互补色的色彩分配量。如选中了红色，向左上拖动曲线，则是加强红色，向右下拖动曲线则是加强青绿色。

在下面的“色相饱和度曲线”控件中，还可以通过“色相与饱和度”“色相与色相”“色相与亮度”“亮度与饱和度”“饱和度与饱和度”来精确控制(即要熟练使用吸管工具选择素材上的特定的颜色)某一种颜色的饱和度、亮度、色调等属性，确保不会产生太大的色偏，进而追求更理想的色彩效果。

7.1.4　二级调色

二级调色是在一级调色基本完成的基础上，针对画面的局部进行颜色强化，针对高光值、中间调、阴影、影调等进行单独处理，或直接对某个单独的素材进行个性化处理，从而达到更满意的整体效果，甚至形成一种色调风格。

1. 色轮与匹配

色轮的面板中有三个色轮，每个色轮旁边还有调整画面的明暗色块，这两者的搭配可以调整素材的高光、中间调、阴影的色彩偏向。每个色轮中间有一个十字辅助线，向想要的颜色方向拖动十字辅助线，越往外拖动，颜色变化越大(见图 7-11)。

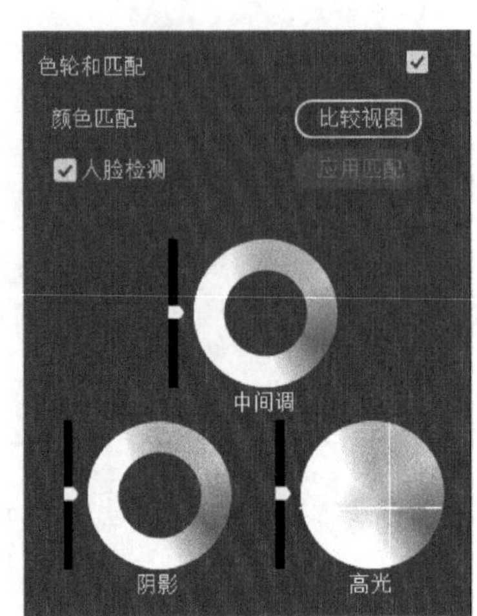

图 7-11 色轮调整

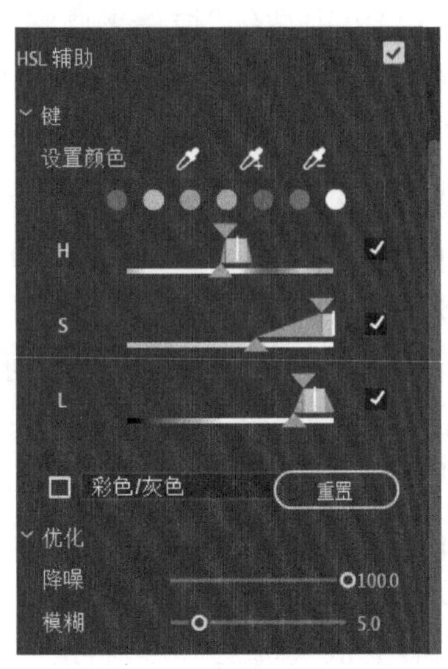

图 7-12 HSL 辅助面板

2. HSL 辅助

在剪辑中，经常遇到素材的颜色基调不同的情形，一般是由拍摄时间、拍摄器材的不同等因素导致的。为了保持视频整体画面的和谐统一，剪辑者需要对视频进行色调匹配。换言之，就是我们需要对画面中局部的颜色进行单独处理。这时需要使用的就是 HSL 辅助功能。

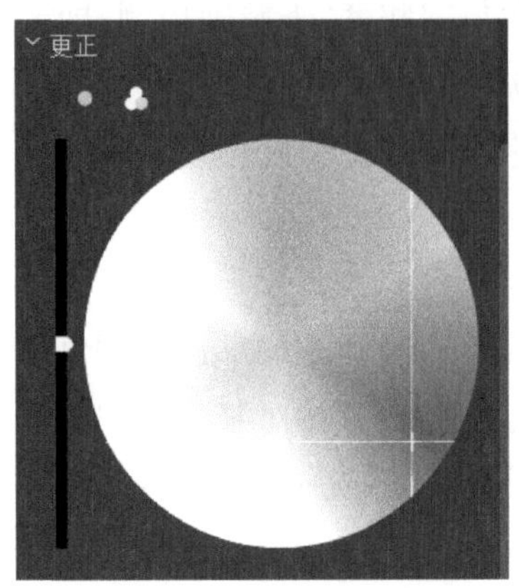

图 7-13 在"更正"中选择合适颜色

比如常见的天空素材，为了使天空的颜色更加澈蓝，在"Lumetri 颜色"面板展开"HSL 辅助"，点击"设置颜色"后面的"吸管"，选取画面中蓝天的部分，Premiere 将自动选中画面的蓝色区域。

在"优化"中，将"降噪"调整到 100，将"模糊"调整到 5 左右(见图 7-12)。

在"更正"中，单击色环中的蓝色部分，将天空变得更蓝，更清透(见图 7-13)。

7.1.5　使用滤镜工具调色

可以说，“Lumetri 颜色”面板的功能非常强大，基本上提供了在 Premiere 中包含的所有调色操作。当然，如果是追求影视级别的调色，还是应在“达芬奇”这类专门调色的工具中实现。除了使用“Lumetri 颜色”面板，Premiere 也提供了其他一些方式来帮助创作者调色，比如“效果”面板中提供了一些滤镜，有以下三类。

1. 快速颜色校正器

在左下角“效果”面板中找到“过时”效果，双击“快速颜色矫正器”，或将其拖曳到素材上。而后在左上方的“效果控件”面板设置“快速颜色矫正器”属性。

白平衡属性旁边有一个吸管工具，通过点击右侧监视器窗口中素材中本应白色的区域（见图 7－14 中的白背心），可以快速实现色彩校正。

图 7－14　快速颜色校正器属性设置

还可以拖曳“色相平衡和角度”里的小白色圆点，其方向和长度同时改变着“平衡角度”和“平衡数量级”的数值；如果将黄色小条沿着黑线移动，改变的是“平衡增益”，“平衡增益”是对“平衡数量级”的控制，向色环外圈拖曳黄色小块可提高“平衡数量级”的强度，越靠近色环外圈，效果越强。

此外，还可以调整“输入色阶/输出色阶”，主要是控制输入输出的范围。

输入色阶是图像原本的亮度范围。将左边的黑场滑块向右移动，则阴影部分压暗：将右边的白场滑块向左移动则高光部分提亮；中间的滑块侧可对中间调进行调整。输入色阶与输出色阶的极值是相对应的。在输出色阶中，由于计算机屏幕上显示的是 RGB 图像，所以数值为 0～255；若输出的为 YUV 图像，则数值为 16～235。

2. RGB 颜色校正器

在左下角的"效果"面板中找到"过时"效果，双击"RGB 颜色校正器"，或将其拖曳到素材上。而后在左上方的"效果控件"面板中设置"RGB 颜色校正器"属性。

其中，灰度系数代表图像灰度，灰度系数越大，则图像黑白差别越小，对比度越低，图像呈现灰色：灰度系数越小，则图像黑白差别越大，对比度越高，图像明暗对比强烈。

增益指的是基值的增量。例如，在对蓝色调视频的剪辑过程中蓝色的基值是 100，增益是 10，最后结果则为 110(见图 7-15)。

图 7-15　用 Color Balance(RGB)调出剪影效果

3. 颜色平衡校正器 Color Balance(RGB)

在左下角的"效果"面板中找到"过时"效果，双击"Color Balance (RGB)"，或将其拖曳到素材上。而后在左上方的"效果控件"面板中设置"Color Balance(RGB)"属性(见图 7-16)。

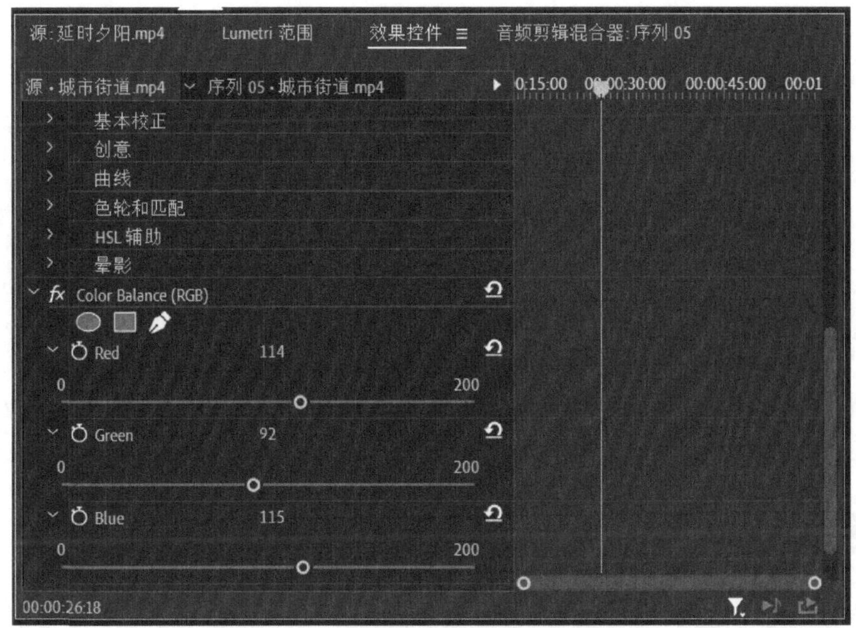

图 7－16　Color Balance(RGB)属性设置

7.2　视频转场

视频转场，也被称为视频过渡，它在两个镜头之间的连接形式上体现出来。如果两个镜头之间没有采用任何方式，只是在物理上连接在一起，这种转场方式就叫作硬切。比如在纪录片、新闻、专题片等类型作品中，硬切较为常用，其暗含着对于叙事效率和客观性的重视。

经过有意设计的转场目的是要吸引观众注意力、增加视觉冲击力、强化主旨意图等。从操作逻辑来看，视频转场的过渡效果分两种情形：一种是素材本身经过前期编导设计和特殊拍摄可以形成无感转场，这种方式也通常称为“无技巧转场”；另一种则是纯粹使用编辑软件后期自带的转场特效来实现。

7.2.1　无技巧转场

有不少的影视经典片段在转场设计上颇具匠心，让人津津乐道。比如《阳光灿烂的日子》在5分40秒至6分20秒左右，主人公马小年和其他三个小伙伴围在一起，比赛谁扔的书包最高，当主人公高高抛起书包后，书包久久未曾落下，镜头随之上移拍向天空，再移动下来，成年的马小军接下了一个抛下的书包，“扔书包到接书包”两个动作的无缝衔接完成了“十年之后”的时空切换，此种处理方式体现出导演的精妙构思。

又如经典影片《美丽人生》中，男主人公约书亚带着女神多拉回到自己家中时，由于约书亚一时打不开房门，多拉转身走进旁边的花房，然后镜头慢慢推进，在花房门口定格。画面中，多拉穿着华丽的裙子走进花簇消失，片刻后小约书亚快乐地从花房跳入镜头，多拉跟在孩子身后，约书亚则在门口推车等待——简单而巧妙的转场，寓意着时光已流逝五六年，一双璧人已变成幸福的三口之家。

图7-17　经典影片中的无技巧转场

以上两段电影片段扫描二维码(见图7-17)观摩。

可见，无技巧转场意味着导演在拍摄前期就应有相应的策划和创意。常见的无技巧转场方式，主要有横向无技巧转场、纵向无技巧转场、旋转转场、中介物/遮挡物无技巧转场、声音转场等。

1. 横向无技巧转场

在前期拍摄时，第一个镜头在横向移动的落幅处，稍微停顿后快速向右甩开，那么第二个镜头在开拍时，也要有一个先从左向右横甩的动作，而后落幅到被摄主体。这样两个镜头放在一起，第一个镜头结尾的动作和第二个镜头开始的动作，由于方向保持了一致，稍微做一下裁切保留后可以无缝对接。同理，如果第一个镜头在落幅处向左甩，那么第二个镜头在开拍前也需要向左甩，这样两个镜头才能顺利衔接。

2. 纵向无技巧转场

在前期拍摄时，如果第一个镜头在结尾处突然向上甩起，那么第二个镜头在开始前也应先向上甩起，再下落至被摄主体；如果第一个镜头在结尾处向下加速移动，第二个镜头在开始前也应向下快速移动，而后移动至稳定构图。这样的一组镜头在衔接上都可以实现无技巧转场。其实上述提到的《阳光灿烂的日子》中的经典片段，利用的就是向上摇摄的天空衔接向下摇摄的天空，进而实现转场。

3. 旋转转场

前一个镜头如果选择了旋转的运镜方式，那么后一个镜头同样应以旋转的方式开始，这两个镜头在经过简单处理后也可以实现无技巧衔接。

以上拍摄方法可扫描下面二维码(见图 7 - 18)观摩。

图 7 - 18　无技巧转场-横向、纵向和旋转

4. 设计镜头转场

即利用一个中间镜头实现前后画面的衔接，这里的中间镜头是经过刻意、精心设计的。如挡镜头，包括前景中驶过的汽车挡住镜头，一个主体迎面走来挡住镜头，画面内其他前景在镜头移动中自然地遮住镜头，这样的设计之下，下一个镜头可以自然转换。遮挡物转场考验的是在拍摄现场，摄影师或导演是否能够充分借助场景中尤其是建筑本身的特点来设计移动转场镜头。比如前一个镜头在结束时移动到一个柱子后面，柱子遮住了镜头，那么后一个镜头从另一个场景的柱子后面移开，则实现了镜头在平滑的未被打断的移动过程中的遮挡物转场。这里的“柱子”既可以是拍摄现场的真实物，也可以理解为特意设置的道具。常见的其他“遮挡物”还有大树、墙、台阶、行人、公交车等。借由这个“柱子”的使用思路出发，遮挡物转场的灵活实现方式方法就丰富了很多。

设计镜头还包括以相似体作为中介，比如两个画面中的物体在形状、位置、运动方向、色彩等方面具有较强的一致性，就可以以此实现转场，这种剪辑方式也被称作匹配剪辑。如《2001 太空漫游》电影里第一个段落结束时，500 万年前的古代猿人将一个骨头高高扬起，下一个镜头，则是在太空中航行的飞行器。这两个物体在形体上高度相似，这个转场设计就把相距千万里的地面与天空，把相隔百万年的远古和太空时代衔接了起来；同样，在《现代启示录》这部电影中，利用相似物转场把电风扇和螺旋桨衔接起来，让观众毫无察觉地跟随镜头切换了时空，迅速代入故事情节。

其他常见的设计是：上一个镜头的落幅是中介物本身，下一个镜头的开始则从中介物拉开。看似主体没变，但环境和背景都发生了变化，如人物手中拿着一张照片，镜头推进到照片，照片中呈现的景物、人物就可以从静态转化为动态现实；又比如一位母亲手心拿着一块玉佩，镜头推进到玉佩再拉开，变为女儿手上拿着此玉佩，借此表达时间流逝和亲情传承。

5. 声音转场

声音转场是利用音乐、印象、解说词、对白等与画面进行配合，一般是声音先行响起，然后画面自然地衔接过来，完成观众的期待，实现自然转场。在创作实践中，以下三种情形较为常见：第一，前一个场景中响起的音乐，与之相似的或相同的旋律在另一个场景中响起，声音以延续、前置、叠化等方式实现过渡，画面随之转场。如贾樟柯的很多电影中会使用流行歌曲实现转场；第二，利用声音的前后呼应实现时空转换，如在前一个镜头中，人物喊了另一个人的名字，那么在下一个镜头中，被喊到的人在任何场景中都可以合理呼应。又如上一个镜头中的人物拨打电话，下一个镜头接电话的人也可以出现在任何场景中；第三，利用声音前后的反差，比如上一个镜头的声音戛然而止，镜头则可以自然转到下一个段落，或者后一段落声音突然出现，吸引观众注意，也可以推动转场的发生。

6. 两极镜头转场

一般的景别分为：远、全、中、近、特。如果是远景接特写，或者特写接远景，这两种景别的组接就叫作"两极镜头"转场。两极镜头有时也指的是前后两个衔接的画面存在动静、颜色、情感等方面的鲜明对比，从而形成较为明显的段落层次以及节奏变化；同景别之间也可以设置转场，比如两个交谈的人物，两个人都是中近景的景别，这种前后的组接可以使观众集中注意力，增强场面过渡衔接的紧凑感；第三种是使用特写镜头转场。无论前一个镜头是什么景别，后一个镜头都可以接特写镜头。反之，只要前一个镜头是特写画面，后面也可以衔接任何景别的镜头。特写镜头既是一个镜头组中的"视觉重音"，同时也是一个特别好的过渡性素材，可以起到串场作用。

7.2.2 转场特效

除了无技巧转场，其他在后期软件中使用的转场特效都属于"技术性"转场。在 Premiere 的"编辑"模式下，包含各类视频转场的"效果"面板在左下角的"项目"窗口中。通过点击项目窗口的扩展按钮"＞＞"，可以看到"效果"面板（见图 7－19），打开面板，再打开"视频过渡"前面的扩展标记"＞"，就可以看到 Premiere 软件自带的 8 大类 46 种转场。

在此，介绍以下五种常用的转场。

图 7－19　视频效果的路径

1. 软切(交叉溶解)

交叉溶解转场,同时也是 Premiere 的默认转场,其效果特征是"淡入淡出"。如果在视频素材的开头使用,则默认为逐渐显现,在视频末尾使用则默认为逐渐消失,在两段素材的中间使用,就实现了软切转场。

交叉溶解转场在"溶解"的分类下面,选中"交叉溶解",拖动其到素材两段素材的中间,交叉溶解特效就会均匀地横跨在两段素材上,其默认的过渡时间是 1 秒钟(所有的转场效果均是这个时长)。

如果需要更改转场的相关属性,则选中该转场,在左上角的效果控件面板中调整其横跨在每段素材上的长度(见图 7－20),比如向左偏移或向右偏移。又或者通过"对齐"方式选择"起点切入"(只覆盖第一段素材末尾)、"终点切入"(只覆盖第二段素材开始)和"中心切入"(平均横跨两段素材)。

如果不想使用该转场效果,则在选中的基础上点击"Delete"即可。如果使用其他转场特效覆盖在交叉溶解上,也可以完全替换交叉溶解。

Tips:如果要使用该过渡效果,可以选中一段素材、两段素材,或多段素材后,使用快捷键"ctrl＋D",可快速应用。

2. Morph Cut

Morph Cut 转场同样在"溶解"的分类下面。其专门针对的是"人脸的

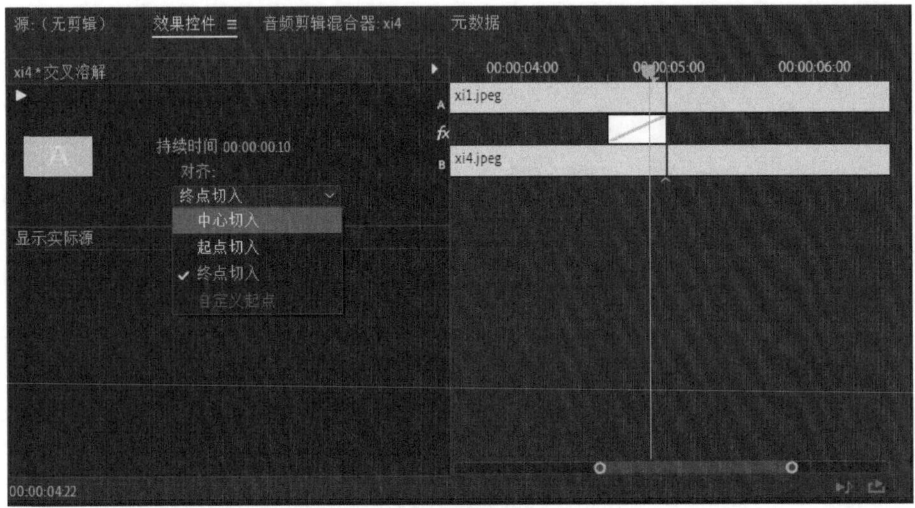

图 7-20　应用在素材上的视频转场

转换”。应用场景常见于“新闻采访或对话访谈类视频中”，由于拍摄对象说话可能会断断续续，经常使用“嗯”“唔”或出现不必要的停顿，想在后期中删去；又或者需要使用同一拍摄对象的两段不连续的画面，同时想避免人物位置和脸部表情发生明显的跳切，这两种情况下都可以使用 Morph Cut。

Morph Cut 的原理是采用脸部跟踪和可选流插值的高级组合，通过后台的计算，在“演说者头部特写”的素材剪辑之间形成无缝过渡，最大限度地降低视觉上的跳跃性。

选中“Morph Cut”，拖动其到两段合适的素材中间释放，Premiere 则会自动在后台进行分析。待分析完成后，就可以看到其顺滑的过渡效果。Morph Cut 应该说是当前确保平滑叙事流的最有效的解决方案之一。

在两段素材上选中 Morph Cut，同样可以对其进行删除、调整时长和对齐操作。

3. 交叉缩放

交叉缩放转场位于“缩放”的分类下面。其效果特征是“前一个画面快速放大、后一个画面从放大处快速缩小”，进而实现转场，这一转场有较强的动感和视觉冲击效果。

4. 白场过渡

白场过渡转场位于“溶解”的分类下面。其效果特征是前一个画面快速反白，然后白色逐渐褪去，显示下一个画面，进而实现转场，这一转场的视觉效果明显，可以表示进入/走出梦境，进入回忆时段等。

如果为了强化“白场”的反白效果，可以在第一段素材的末尾应用白场过渡，在第二段素材开始也应用白场过渡，延长“反白”的整体时间。

5. 拆分效果

拆分过渡转场位于“滑动”的分类下面。其效果特征类似“开门”，前一个画面从中间裂开，然后露出下一个画面，进而实现转场，这一转场视觉效果明显，可以表示走近、揭开等含义。

选中“拆分”效果，可以在左上角的效果控件面板中，对其边框宽度和颜色进行设置。

如果勾选“反向”，则由原来的“开门”效果改为“关门”效果。

对于消除锯齿品质可以选择“高”，以确保输出最高质量的作品。

以上五种 Premiere 自带的转场效果参看教学视频，如图 7-21 所示。

图 7-21 交叉溶解、Morch_Cut、交叉缩放、白场等 5 个转场效果

7.2.3 创意转场

尽管 Premiere 提供了接近 50 种转场特效，但对于很多使用者来说，他们最多应用的还是硬切和软切（交叉溶解），如果需要更富有艺术感和视觉冲击力的设计，完全可以根据创作的意图结合 Premiere 的功能来自定义实现。

1. 模糊转场

模糊转场要实现的效果是“前一段素材的末尾由清晰变模糊，下一段素材的开始由模糊变清晰”，从而实现任意素材之间的衔接和过渡。

步骤：

(1) 将时间轴指针定位于两段素材中间，按住键盘上的 shift 键，向左移动方向键三次（三次不是必然的，也可以移动两次。每次移动距离为 5 帧，次数越多，过渡效果的持续时间越久），意味着向左移动了 15 帧的距离。

(2) 按快捷键“ctrl＋K”，则在前一段素材上切出了一段前 15 帧的素材。

(3) 在效果面板中,搜索“高斯模糊”,将其拖动到前15帧的素材上。

(4) 在控件面板中,找到“高斯模糊”属性中的“模糊度”,在“前15帧素材”的起始位置打上关键帧,数值为0,在“前15帧素材”的结束位置打上关键帧,数值为100～300(根据实际情况而定);“模糊尺寸”选择“水平和垂直”;勾选“重复边缘像素”(见图7-22)。

图7-22　对“高斯模糊”的设置

(5) 将时间轴指针回到两段素材中间,按住键盘上的shift键,向右移动方向键三次,意味着向右移动了15帧的距离。

(6) 按快捷键“ctrl+K”,在后一段素材上切出一段15帧的素材。

(7) 在效果面板中,搜索“高斯模糊”,将其拖动到后段这15帧的素材上。

(8) 在控件面板中,找到“高斯模糊”属性中的“模糊度”,在后15帧素材的起始位置打上关键帧,数值为100～300左右(与前面保持一致),在后15帧素材的结束位置打上关键帧,数值为0;“模糊尺寸”选择“水平和垂直”;勾选“重复边缘像素”(见图7-22)。

自此,则实现了素材由清晰变模糊,在模糊地带完成过渡,再从模糊变回清晰的过程。

2. 缩放转场

缩放转场要实现的效果是前一段素材的末尾由正常比例突然变大,下一段素材的开始由大比例突然变正常，从而实现任意素材之间的衔接和过渡。

步骤：

(1) 将时间轴指针定位于两段素材中间，按住键盘上的 shift 键，向左移动方向键三次，意味着向左移动了 15 帧的距离。

(2) 按快捷键“ctrl＋K”，则在前一段素材上切出了一段前 15 帧的素材。

(3) 在控件面板中，找到“缩放”属性，在前 15 帧素材的起始位置打上关键帧，数值为 0，在前 15 帧素材的结束位置打上关键帧，数值为 1 500～4 000(根据实际情况而定)；勾选“等比缩放”。

(4) 将时间轴指针回到两段素材中间，按住键盘上的 shift 键，向右移动方向键三次，意味着向右移动了 15 帧的距离。

(5) 按快捷键“ctrl＋k”，则在后一段素材上切出了一段 15 帧的素材。

(6) 在控件面板中，找到“缩放”属性，在“后 15 帧素材”的起始位置打上关键帧，数值为 1 500～4 000(与前面保持一致)，在后 15 帧素材的结束位置打上关键帧，数值为 0；勾选“等比缩放”(见图 7－23)。

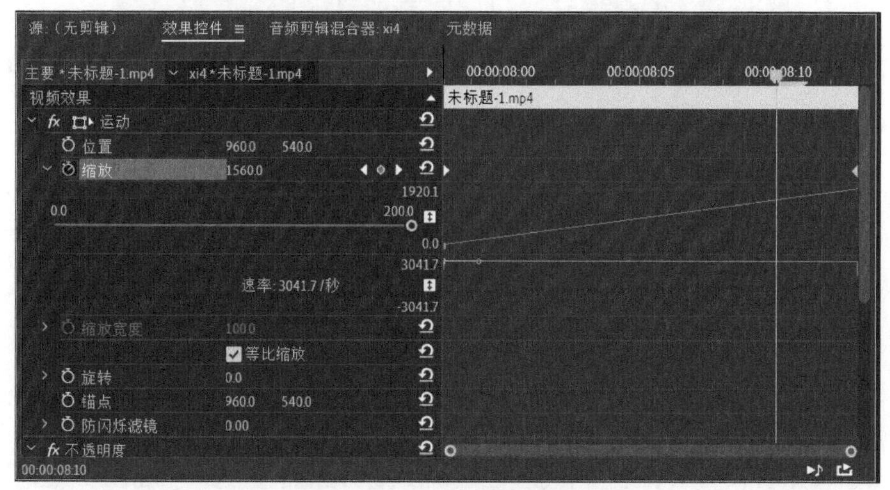

图 7－23　对“缩放”的设置

自此，则实现了素材由常规放大，在放大地带完成过渡，再从放大变回常规的过程。

3. 平移转场

下面介绍一种如何使用调整图层来实现转场的新做法。同时，介绍一种新的功能：如何把做好的转场保存为一种预设。

在上述两种做法中，我们通过直接切割素材，将素材分割为前后各 15 帧或 10 帧的小素材，然后把效果应用在小素材上。如果我们不想对原始素材造成破坏，就可以使用调整图层。

在项目窗口的右下角的“新建”的选项中选中“调整图层”（见图 7－24），放置于要实现转场效果的两个素材中间的上方（见图 7－25）。

图 7－24 新建调整图层

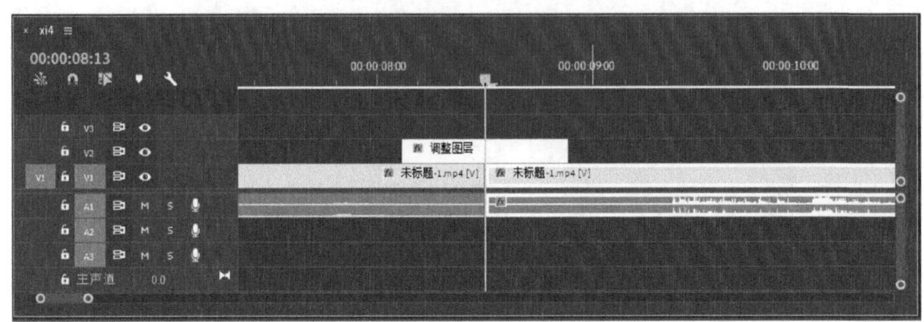

图 7－25 将调整图层放于两段素材中央上方

准备好以上基础工作后，开始进入设置流程。

将时间轴指针定位于两段素材中间，选中“调整图层”，然后按住键盘上的 shift 键，向左移动方向点击两次，再点击“ctrl＋k”；再向右移动方向点击两次，再点击“ctrl＋k”，预留出 20 帧的长度。

（1）在效果面板执行“**效果＞扭曲＞偏移**”，将“偏移”添加到调整图层上（见图 7－26），在“调整图层”的起始处，在偏移属性中的“将中心移位至”选项中输入“－960，540”。注意这里的横坐标位置最少要从 0 开始，可以依次选择“0”“－960”“－1 920”等 960 的倍数，打上关键帧。

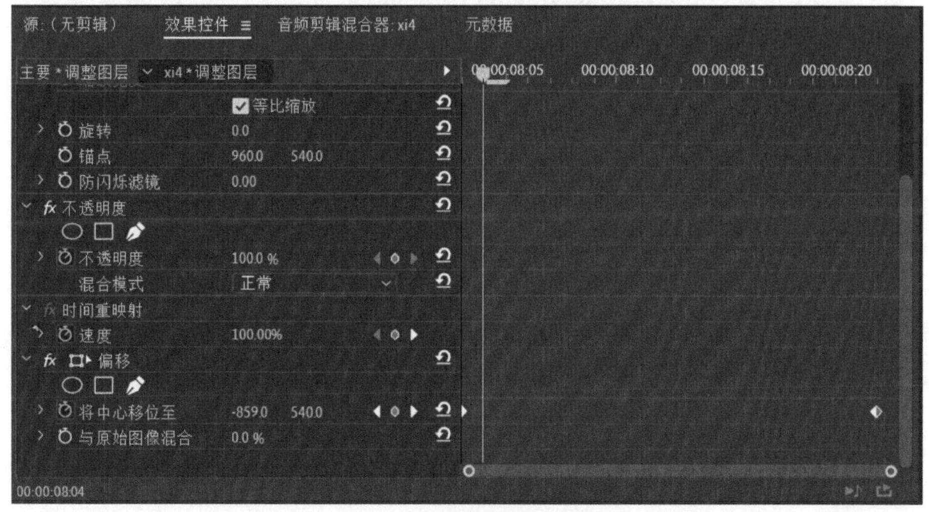

图 7－26　设置“偏移”参数

（2）在“调整图层”的结束处，在偏移属性中的“将中心移位至”选项中输入“960，540”。注意这里的横坐标位置至少要从 960 开始，可以依次选择 960、1 920 等 960 的倍数，打上关键帧。

（3）如果上一个关键帧是－960，此处是 960，则意味着该平移转场中发生了两个画面的平移；如果上一个关键帧是－1 920，此处是 1 920，则意味着该平移转场中发生了四个画面的平移。

（4）继续在调整图层上应用“高斯模糊”（见图 7－27），在调整图层第一帧，将模糊度设置为“0”，在调整图层中间处，模糊度设置为 200～400，在调整图层最后一帧，将模糊度设置为“0”。分别打上三个关键帧。

（5）可以进一步采取的优化做法是，选择“偏移”“高斯模糊”中的所有关键帧，单击鼠标右键，选择“自动贝塞尔曲线”。

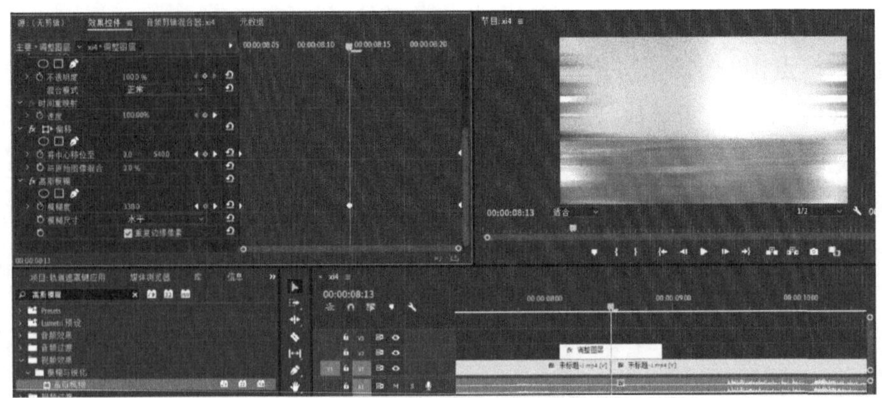

图 7－27　设置“高斯模糊”参数

至此，已经实现了平移转场的效果。其效果特征是上一段素材向右快速滑动，同时实现模糊效果，在模糊地带完成素材替换，后一段素材在向右滑动中停止，两段素材仿佛是处在一个平移镜头中顺滑地完成了转场替换。

接下来再介绍一下如何将以上做法保存为“预设”。“预设”的功能是在后续使用中，方便调用该预设而不必每次重复这么多步骤。

在效果控件面板中，将“偏移”“高斯模糊”两个特效在按住 ctrl 键的同时接连选中，然后单击“右键＞保存预设”（见图 7－28）。

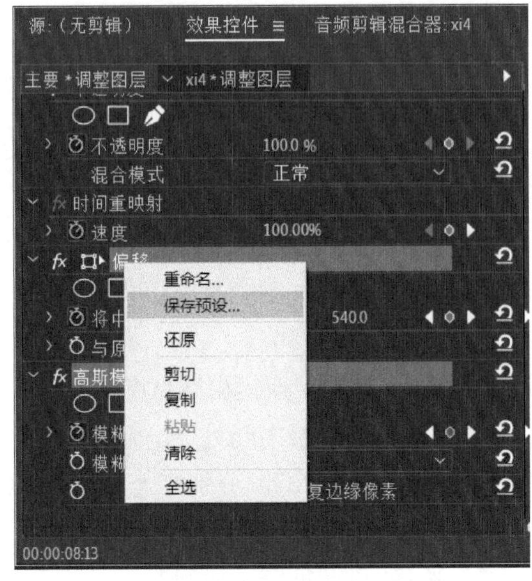

图 7－28　“保存预设”

在弹出的窗口中，可以将预设的名称更改为“平移转场”，之后点击“确定”(见图 7－29)。

图 7－29　设置“保存预设”

保存好“平移转场”自定义预设，其路径在效果面板的 Presets 文件夹中。在后续使用时，只需要将该预设放置在同等长度的素材上即可。比如可以设置一个 20 帧长度的调整图层，直接将“平移转场”自定义为“预设”即可。

以上操作步骤，请扫描二维码观摩，如图 7－30 所示。

图 7－30　模糊、平移等自定义转场

7.3　视频特效

Premiere 对视频效果进行了分类，以方便用户管理和查找，如图 7－31 所示。Premiere 的视频效果种类多，下面介绍 15 种常用的视频效果。

7.3.1 变换效果

变换效果组包括垂直翻转、水平翻转、羽化边缘、自动重新构图、裁剪五种，通过此组视频效果可以对视频画面进行二次构图，下面介绍常用的三种滤镜。

1. 垂直翻转

在“效果”面板中依次打开“视频效果>变换”文件夹，将“垂直翻转”效果拖至素材上方，释放鼠标，画面将产生翻转效果，为应用“垂直翻转”效果前后的对比画面如图 7－32 所示。

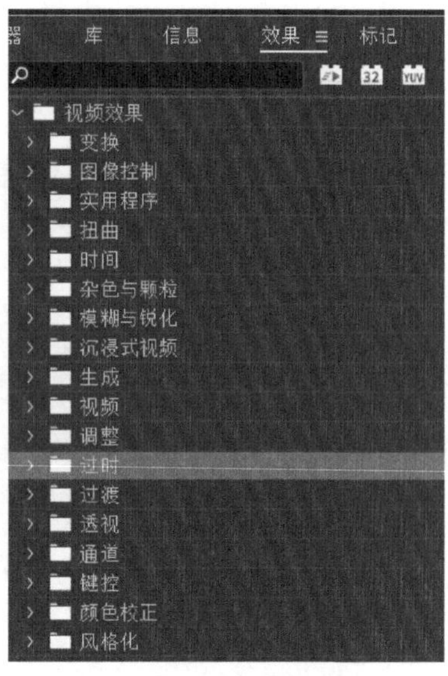

图 7－31　视频效果特效一览

图 7－32　应用垂直翻转效果

2. 水平翻转

在“效果”面板中依次打开“视频效果>变换”文件夹，将“水平翻转”效果拖至素材上方，释放鼠标，画面将产生翻转效果，应用“水平翻转”效果前后的对比画面如图 7－33 所示。

3. 裁剪

“裁剪”是较为常用的视频效果。对视频中不需要的部分，可以通过裁

图 7－33　应使用水平翻转效果

剪进行调整，在“效果”面板中依次打开“视频效果＞变换”文件夹。将“裁剪”效果拖至素材上方，释放鼠标，可在“效果控件”面板中对参数进行设置，如图 7－34 所示。

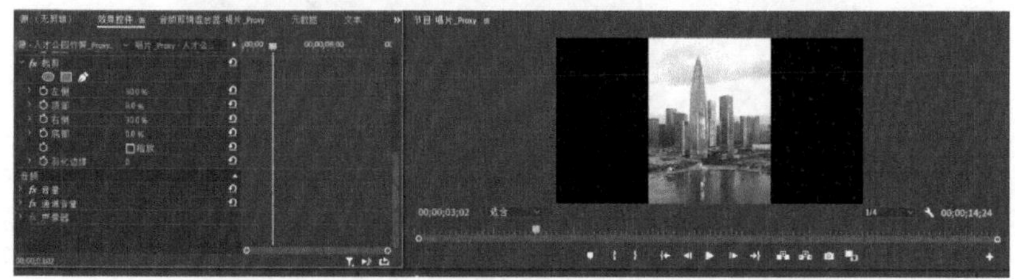

图 7－34　对视频素材的左、右两边进行裁剪

7.3.2　图像控制效果

图像控制效果组包含灰色系数校正、颜色平衡（RGB）、颜色替换、颜色过滤、黑白五种效果，如图 7－35 所示。通过此组效果可以对画面的颜色进行替换、过渡，或将画面处理为黑白效果。

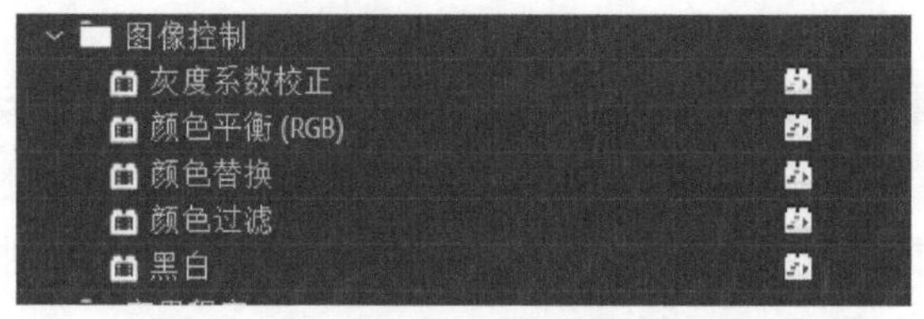

图 7－35　“图像控制”下的一组滤镜

7.3.3 实用程序效果

在实用程序效果组中只有一个效果，即“Cineon 转换器”效果。该效果用于改变画面的明度、色调、高光和灰度等。在“效果”面板中依次打开“视频效果>实用程序”文件夹。将“Cineon 转换器”效果拖至素材上方，释放鼠标，可在“效果控件”面板中对参数进行设置，如图 7－36 所示。

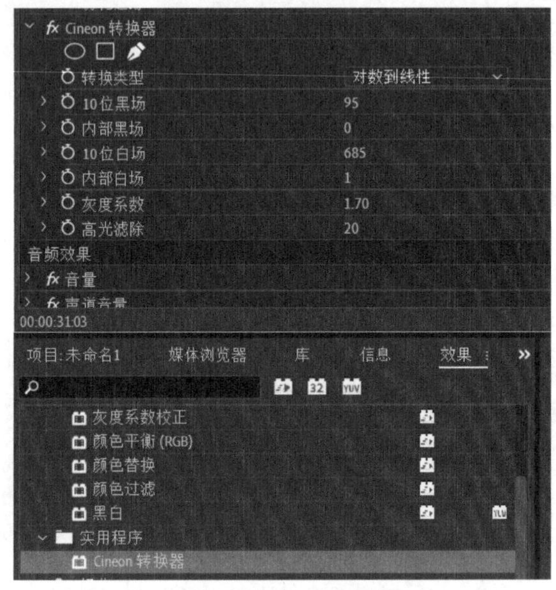

图 7－36　Cineon 转换器的应用

7.3.4 扭曲效果

扭曲效果组包括偏移、变形稳定器、变换、放大、旋转扭曲等 12 种视频效果，如图 7－37 所示。通过此组视频效果可以对画面进行扭曲、变形等处理，下面介绍常用的四种滤镜。

1. 偏移

“偏移”效果能使画面在水平或垂直方向上移动。在移动过程中，画面缺失的像素会自动进行补充。在“效果”面板中依次打开“视频效果>扭曲”文件夹。将“偏移”效果拖至素材上方，释放鼠标，可在“效果控件”面板中对参数进行设置，如图 7－38 所示。

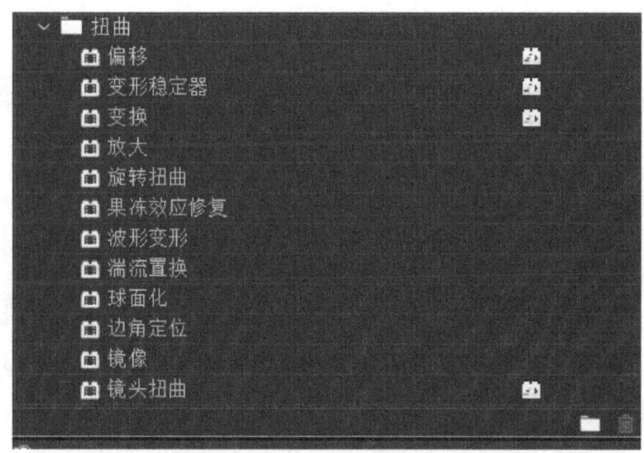

图7-37　“扭曲”下的一组滤镜

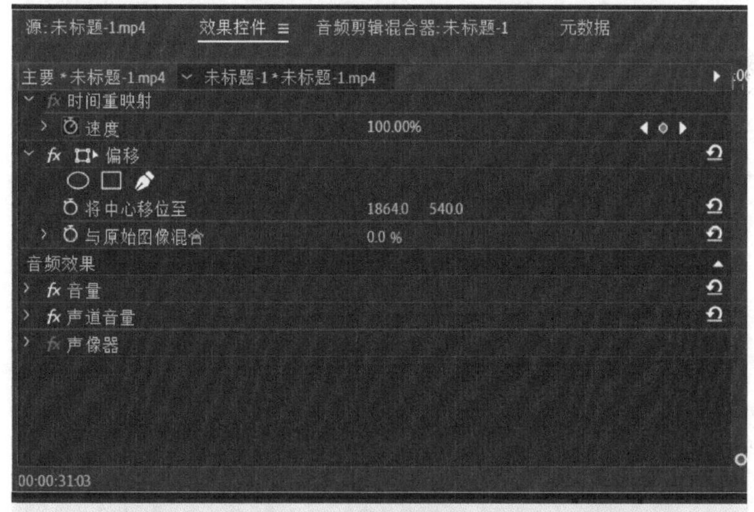

图7-38　应用偏移效果

2. 变形稳定器

“变形稳定器”效果主要用于消除因摄像机移动导致的画面抖动，可以将抖动效果转化为稳定的平滑拍摄效果。

3. 旋转扭曲

“旋转扭曲”效果可以对素材的位置、角度及不透明度进行调整。在“效果”面板中依次打开“视频效果＞旋转扭曲”文件夹。将“旋转扭曲”效果拖至素材上方，释放鼠标，可在“效果控件”面板中对参数进行设置，如图 7－39 所示。

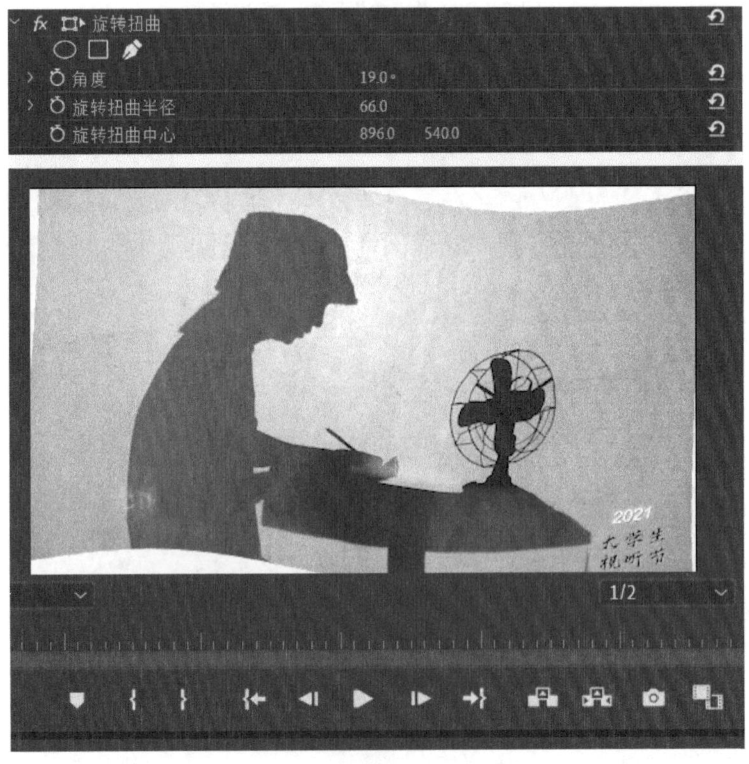

图 7－39　应用旋转扭曲效果

4. 波形变形

“波形变形”效果能够使素材产生类似水波的波浪形状。在“效果”面板中依次打开“视频效果＞扭曲”文件夹。将“波形变形”效果拖至素材上方，释放鼠标，可在“效果控件”面板中对参数进行设置，如图 7－40 所示。

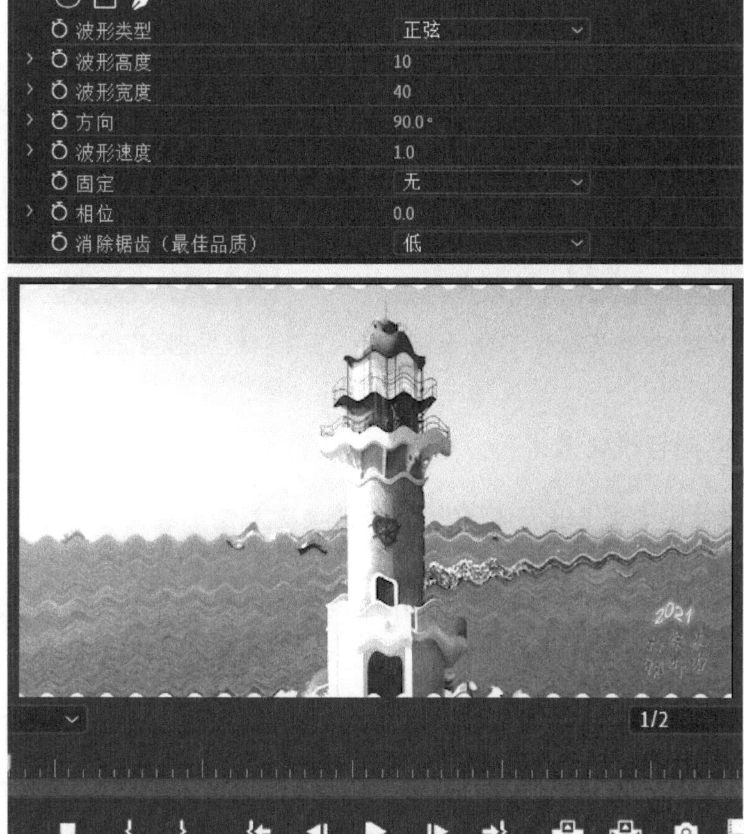

图7－40　应用波形变形效果

7.3.5　时间效果

时间效果组包括残影、色调分离时间两种视频效果，如图7－41所示。通过此组视频效果可以对画面中的不同帧像素进行混合处理，或调整画面色调分离的时间。

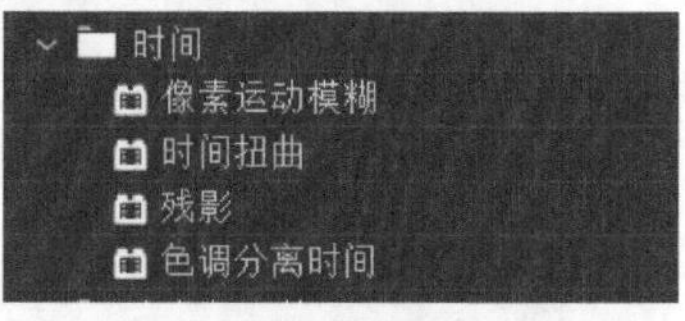

图7－41　"时间"下的一组滤镜

7.3.6　杂色与颗粒效果

杂色与颗粒效果组包括中间值（旧版）、杂色、杂色 Alpha、杂色 HLS、杂色 HLS 自动、蒙尘与划痕六种视频效果，如图 7－42 所示。通过此组效果可以为画面添加杂色和颗粒，为画面营造复古质感。

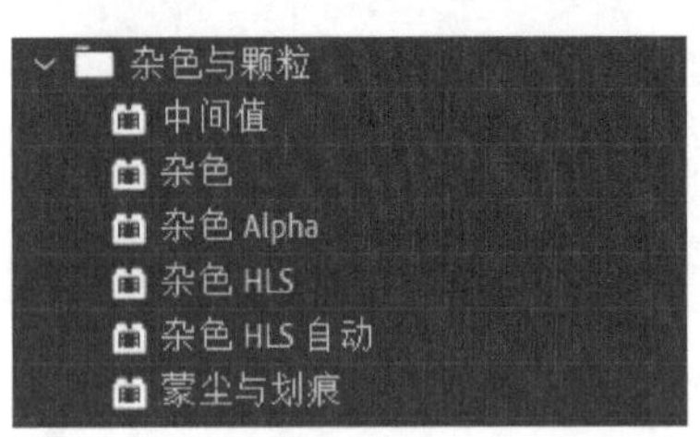

图 7－42 “杂色与颗粒”下的一组滤镜

图 7－43 “模糊与锐化”下的一组滤镜

7.3.7 模糊与锐化效果

模糊与锐化效果组包括减少交错闪烁、复合模糊、方向模糊等八种视频效果，如图 7－43 所示。

通过此组效果可以有效调整画面模糊和锐化的程度，下面介绍常用的三种滤镜。

1. 方向模糊

“方向模糊”效果可以根据模糊角度和长度对画面进行模糊处理。在“效果”面板中依次打开“视频效果>模糊与锐化”文件夹。将“方向模糊”效果拖至素材上方，释放鼠标，可在“效果控件”面板中对参数进行设置，如图 7－44 所示。

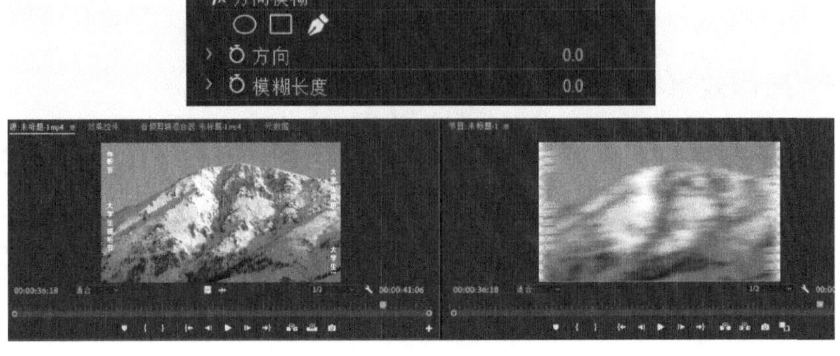

图 7－44 应用方向模糊效果

Tips：通过“方向模糊”效果可以在画面中制作出快速移动的效果。

2. 锐化

“锐化”效果可以快速聚焦模糊边缘，提高画面清晰度。在“效果”面板中依次打开“视频效果＞模糊与锐化”文件夹。将“锐化”效果拖至素材上方，释放鼠标，可在“效果控件”面板中对参数进行设置，如图 7－45 所示。

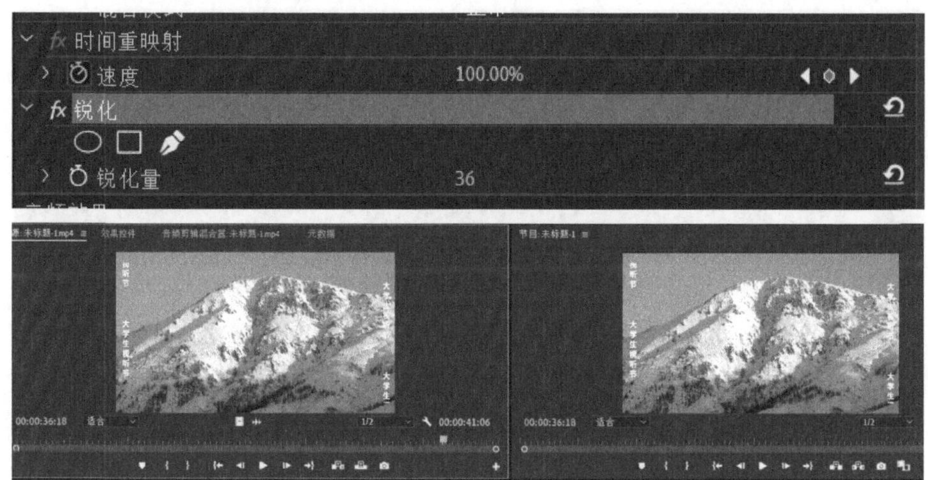

图 7－45　应用锐化效果

Tips：锐化量越大，画面锐化越明显，但是过度锐化会使画面看起来生硬、杂乱，因此在使用该特效时要随时关注画面的效果。

3. 高斯模糊

“高斯模糊”效果可以使画面既模糊又平滑，有效减少素材的层次细节。在“效果”面板中依次打开“视频效果＞模糊与锐化”文件夹。将“高斯模糊”效果拖至素材上方，释放鼠标，可在“效果控件”面板中对参数进行设置，如图 7－46 所示。

7.3.8　沉浸式视频效果

沉浸式视频效果组包括 VR 分形杂色、VR 发光、VR 平面到球面、VR 投影等 13 种视频效果，如图 7－47 所示。通过此组视频效果可以制作和修饰 VR 沉浸式画面（此部分内容在第四章中有更详细的阐述）。

高斯模糊
模糊度
30.0
模糊尺寸
水平和垂直
重复边缘像素

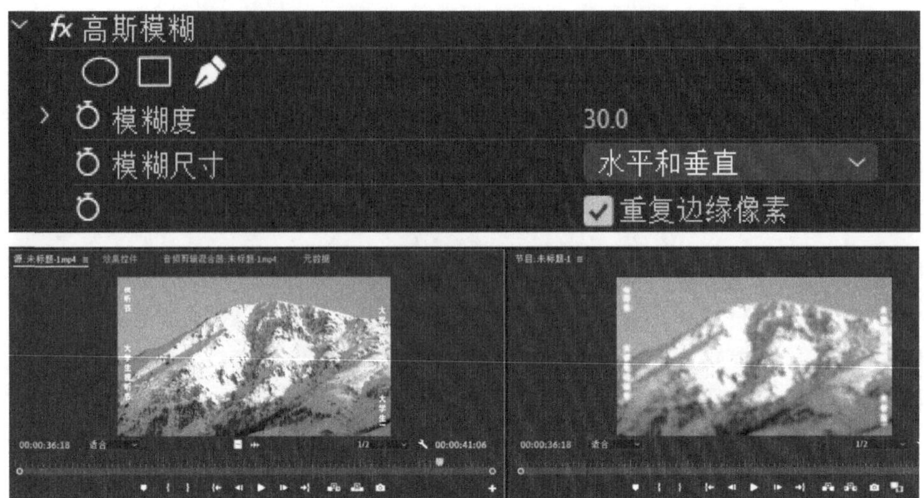

图 7－46　应用高斯模糊效果

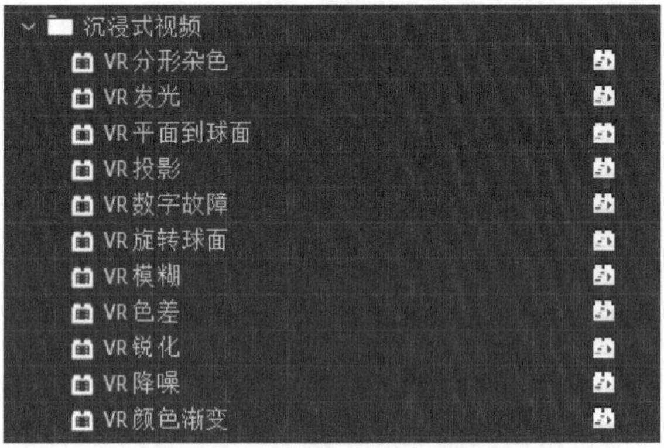

沉浸式视频
VR分形杂色
VR发光
VR平面到球面
VR投影
VR数字故障
VR旋转球面
VR模糊
VR色差
VR锐化
VR降噪
VR颜色渐变

图 7－47　“沉浸式视频”下的一组滤镜

7.3.9　生成效果

生成效果组包括书写、单元格图案、吸管填充、四色渐变、圆形等 12 种视频效果，如图 7－48 所示。通过此组效果可以设置类似于视频转场的特效。

1. 四色渐变

“四色渐变”效果可通过对颜色及其参数的调节，使画面产生四种颜色

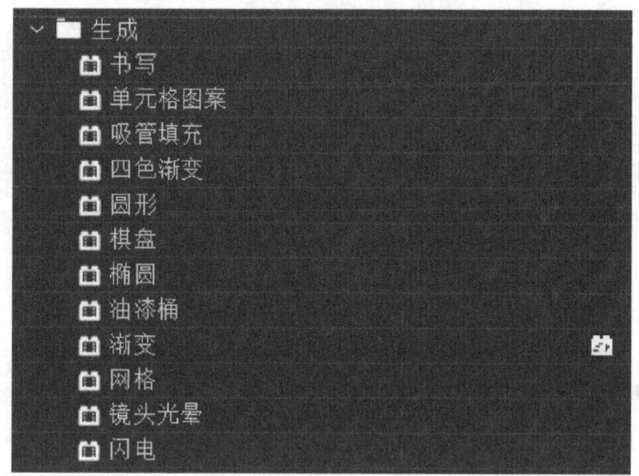

图7-48　“生成效果”下的一组滤镜

的渐变效果。在“效果”面板中依次展开“视频效果＞生成”文件夹。将“四色渐变”效果拖至素材上方，释放鼠标，可在“效果控件”面板中对参数进行设置，设置完成后将“混合模式”改为“滤色”，即可应用“四色渐变”效果，如图7-49所示。

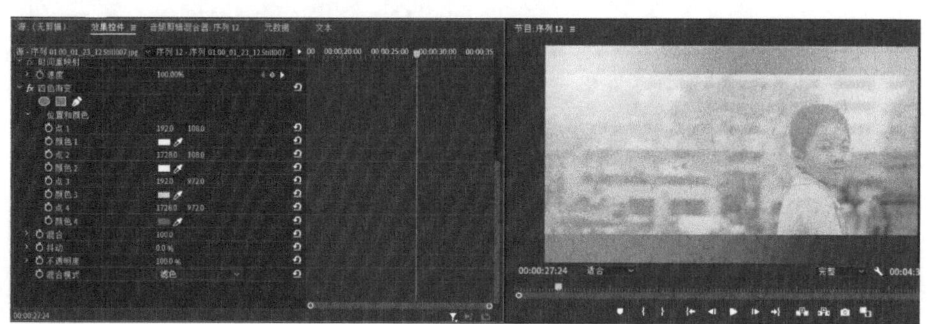

图7-49　应用四色渐变效果

2. 镜头光晕

“镜头光晕”效果可模拟在自然光环境中拍摄时的强光及产生的光晕效果。在“效果”面板中依次打开“视频效果＞生成”文件夹。将“镜头光晕”效果拖至素材上方，释放鼠标，可在“效果控件”面板中对参数进行设置，如图7-50所示。

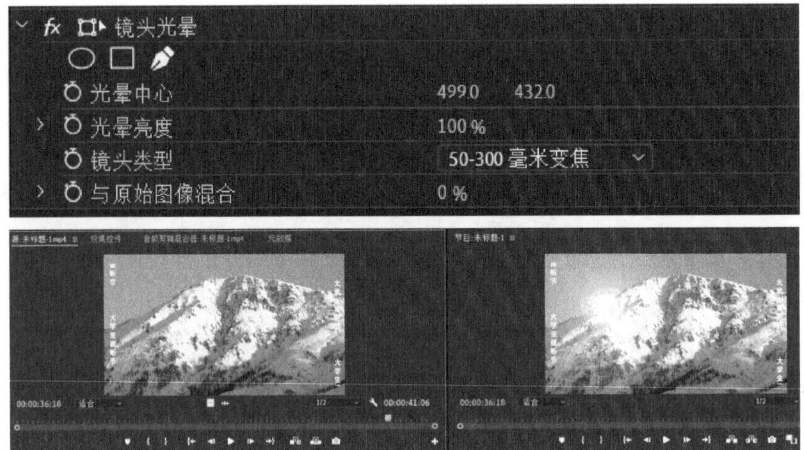

图 7 - 50　应用镜头光晕效果

7.3.10　视频效果

视频效果组包括四种效果，分别是 SDR 遵从情况、剪辑名称、时间码、简单文本，如图 7 - 51 所示。通过此组效果可以设置素材的亮度、对比度、阈值和记录图像信号时的数字编码等。

图 7 - 51　“视频”下的一组滤镜

7.3.11　调整效果

调整效果主要用于调整画面的颜色，其中包括五种效果，分别是 ProcAmp、光照效果、卷积内核、提取、色阶，如图 7 - 52 所示。

图 7 - 52　“调整”下的一组滤镜

1. ProcAmp

ProcAmp 效果可以调整画面的亮度、对比度、色相、饱和度等。在“效果”面板中依次展开“视频效果”“调整”文件夹。将 ProcAmp 效果拖至素材上方，释放鼠标，可在“效果控件”面板中对参数进行设置，如图 7－53 所示。

fx ProcAmp
亮度　0.0
对比度　100.0
色相　0.0
饱和度　100.0
拆分屏幕
拆分百分比　50.0 %

图 7－53　设置 ProcAmp 效果

2. 色阶

“色阶”效果可以调整画面的明暗层次关系。在“效果”面板中依次打开“视频效果”>“调整”文件夹。将“色阶”效果拖至素材上方，释放鼠标，可在“效果控件”面板中对参数进行设置，如图 7－54 所示。

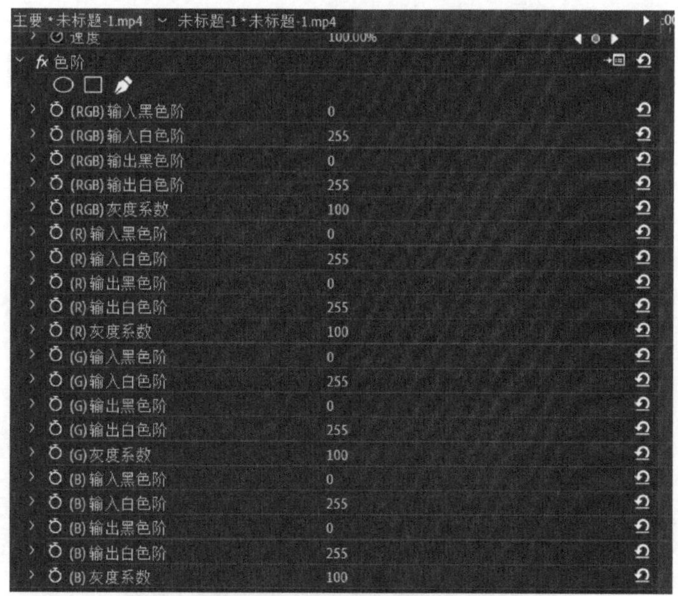

图 7－54　设置色阶效果

7.3.12 过时效果

过时效果可用于调整画面的颜色。该效果组包括 RGB 曲线、RGB 颜色校正器、三向颜色校正器、亮度曲线等 12 种视频效果，如图 7－55 所示。

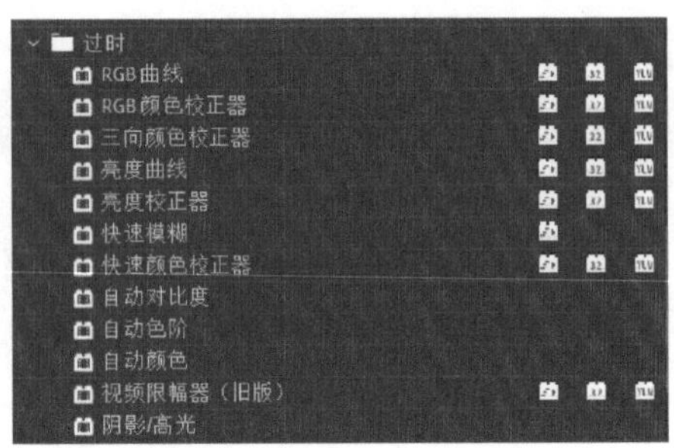

图 7－55 “过时效果”下的一组滤镜

1. RGB 曲线

“RGB 曲线”效果用于对画面颜色进行曲线调整。在“效果”面板中依次打开“视频效果＞过时”文件。将“RGB 曲线”效果拖至素材上方，释放鼠标，可在“效果控件”面板中对参数进行设置，如图 7－56 所示。

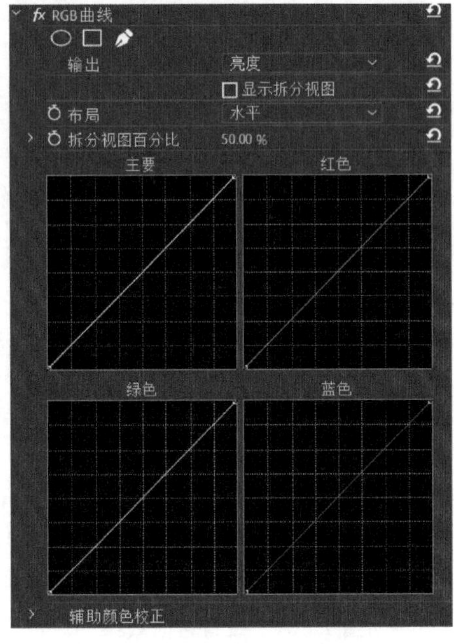

图 7－56 设置 RGB 曲线效果

Tips：设置“RGB曲线”的参数时，单击在曲线上需要添加控制点的位置即可。

2. 快速模糊

“快速模糊”效果可以对画面整体或局部进行快速模糊。在“效果”面板中依次打开“视频效果>过时”文件夹。将“快速模糊”效果拖至素材上方，释放鼠标，可在“效果控件”面板中对参数进行设置，如图7-57所示。

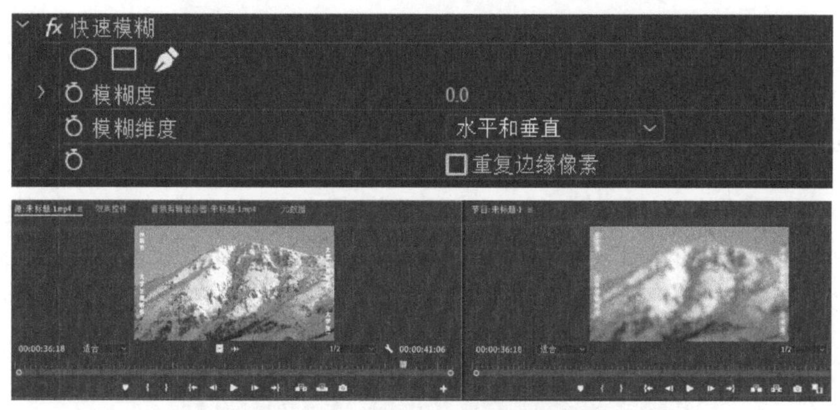

图7-57　应用快速模糊效果

7.3.13　过渡效果

过渡效果组包括五种效果，分别是块溶解、径向擦除、渐变擦除、百叶窗、线性擦除，如图7-58所示。运用该组效果可以为视频添加类似转场的过渡效果。

图7-58　“过渡”下的一组滤镜

7.3.14　透视效果

透视效果组包括基本3D、径向阴影、投影、斜面Alpha、边缘斜面五种视频效果，如图 7－59 所示。通过此组效果可以在画面中产生透视 3D 效果，还可以添加阴影，使素材产生三维效果。

图 7－59 “透视”下的一组滤镜

7.3.15 通道效果

通道效果组包括反转、复合运算、混合、算术、纯色合成、计算、设置遮罩七种视频效果，如图 7－60 所示。通过此组效果可以对素材通道进行反转、混合、叠加等处理。

图 7－60 “通道效果”下的一组滤镜

本章综合练习：

1. 扫描二维码下载相应的视频素材（见图 7－61），查阅相关学习教程，把该素材片段调成“黑金色调”。

图 7－61 南山天桥

图 7－62 深圳天际线

2. 按照以下要求设计一个转场过渡。

第一步：固定机位拍摄一个画面，画面中出现背包元素。镜头逐渐推向背包，定格。

第二步：将同样的背包放置在另外一个空间场景，镜头从背包逐渐拉开。

第三步：将前两步拍摄的素材放在后期中进行精细制作。通过调整画面的平衡、结构、大小，使前一个镜头的背包与下一个镜头的背包高度重合，或可叠加一个“交叉溶解”过渡，实现两个镜头的完美衔接和空间转场。

第 8 章
剪辑进阶

本章介绍多个主题的内容，包括蒙版与遮罩、抠像、嵌套、调整图层、插件、双(多)机位剪辑、代理剪辑等，旨在提供更丰富和更有创造力的剪辑效果以及帮助学习者应对更多样的剪辑场景。其中“蒙版与遮罩”对两个或多个轨道的视频内容进行创造性融合，即某一层视频按照一定的路径、形状等进行限定显示，从而提供独特的视觉效果；抠像针对的是绿幕素材，如何在 Premiere 中进行最优剥离，进而再合成到合适场景中；“嵌套和调整图层”提供了一种剪辑理念；“嵌套”的素材揭示了剪辑效率的达成；“调整图层”展示了必要的素材群操作模式；“插件”展示了 Premiere 软件友好的开放性和丰富的扩展性，结合插件可以极大地提升创作者的生产力；“代理和双机位”提供了应对 4K、8K 高清素材和多机位拍摄时，后期如何剪辑的策略……

这些林林总总的内容中，蒙版与遮罩、嵌套与调整图层的共通性在于：它们的操作逻辑都不再是只针对单一的视频素材，而是同时操作两个及多个的视频素材，素材与素材的乘法式碰撞带来了操作难度的升级，也带来了更富有创造性的操作空间；而插件和代理更是以一种开放式思维向创作者展示出剪辑的更多可能性。通过本章的学习，相信可以帮助创作者更深入地理解 Premiere 软件的逻辑，也更好地理解剪辑本身，最终以举一反三的思考力和行动力发挥剪辑工具的最大效能，创作出令人耳目一新的剪辑作品。

8.1 蒙版与遮罩

8.1.1 概念辨析

蒙版与遮罩都包含了“用什么进行遮挡下方素材”的元素，同时也可理解为“用什么(路径、形状)显示下方素材”。尽管操作方法不同,但这两者很多时候可以实现同样的效果或功能。当然,在实际操作中,我们会有选择地、有区分地使用这两者,因为它们达成目标的效率不同。

这两者的不同在于:如果我们把文字、图片、视频这种实体素材放置到轨道上,形成一个图层,整个图层都被称作“遮罩”。“遮罩”是一个独立元素;蒙版则是依附于图层的闭合路径。也就是说,先有图层本身,才有基于图层的蒙版路径,所以蒙版不是独立的,必须要依存于既有的图层。

首先介绍蒙版。Premiere 中的蒙版可以在大部分实体素材上进行绘制。以左上方“效果控件”面板中的矩形蒙版为例,选框内的称之为“选区”,选框外的称之为“蒙版”。“选区”指的是可见部分,“蒙版”则指的是被遮挡的部分。也可以通过点击“已反转”,使“选区”与“蒙版”发生转换。新建序列后,单击该序列中的素材,确保显示“效果控件”面板,在“效果控件”面板中选择“不透明度”选项中的“椭圆形”“矩形”,可创建规则形状模板,选择“自由绘制贝塞尔曲线”,即可自动创建自由蒙版,如图 8-1 所示。在自由蒙版状态下,工具栏中的钢笔工具,可以在蒙版上自由添加更多关键帧,以契合形状需要。

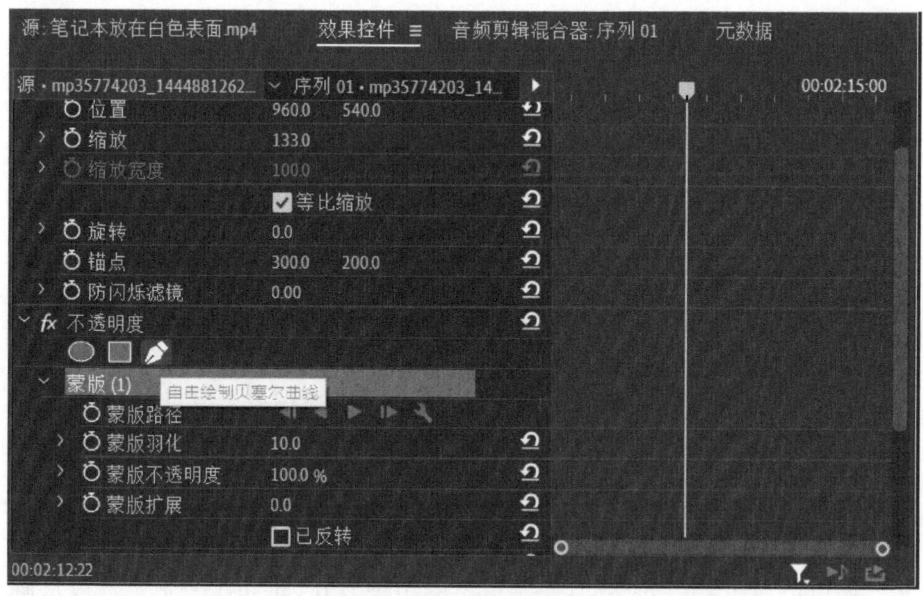

图 8-1　创建蒙版

8.1.2 蒙版的使用

1. 不规则拼图

常规的四宫格或者左右、上下的二分法，是一种常见的视频拼合结构。此外，更灵活的视频(或图片)的拼图搭配不规则的线条走向也越来越常见(见图 8－2)。

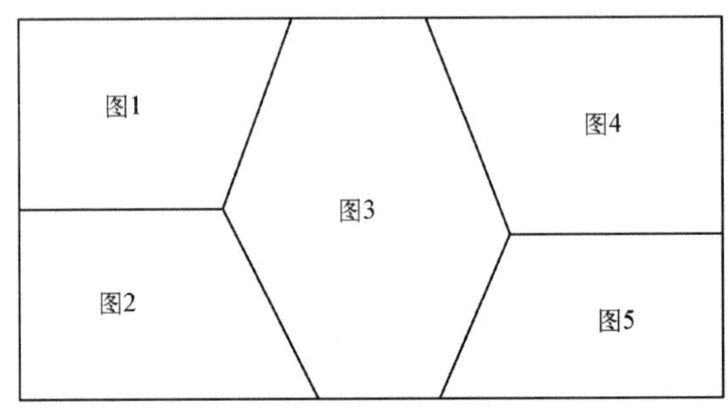

图 8－2 常见的视频拼图形式

对于这种视频/图片内容的拼合方式，就需要用到蒙版。步骤如下：

第一步：将五个视频/图片素材调入时间轴轨道，自上而下平行摆放。

第二步：从第 5 轨道起，将视频缩放至 50%～60%之间，位置移动至左上角。

第三步：依次将轨道 4、轨道 3、轨道 2 的视频内容缩放至 50%～60%，位置移动至右上角、左下角和右下角。

第四步：对轨道 1 的内容进行 90%～100%之间的合理缩放，位置根据内容本身的主体显示效果左右移动。

第五步：微调，保证每个轨道的内容显示都是正常的，每一部分都是以人物主体为中心。

第六步：如果需要用花边盖住蒙版的边缘，则将拼合到此的视频画面输出一个静帧，而后将静帧导入 Photoshop 中，依照拼合边缘进行花边绘制，输出 psd 格式文件，再调回到 Premiere 中进行合成。

2. 字幕出现方式

还可以通过蒙版的移动，控制素材的出现方式，比如让一个字幕以从画面中间向上移动的方式出现。

点击快捷键 ctrl＋T，创建好字幕后拖入时间轴轨道，调整至居中位置。

在时间轴上选中该素材，然后在左上角的控件面板的“文本”下面选择“矩形”（见图 8－3）。

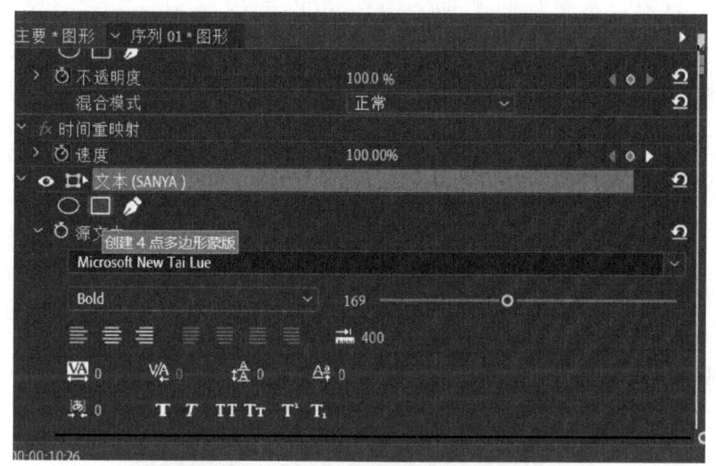

图 8－3　“文本”模式下的蒙版

在监视器窗口把矩形的大小调整为刚好覆盖住字幕。然后在控件面板的“矢量运动”下的“位置”属性，把字幕素材的纵向位置从 540 调整至大于 540 的数值，让字幕移动出矩形蒙版的范围，字幕就消失了。

在字幕消失的位置，打上关键帧，然后向后拖动时间轴，把纵向位置重新调整回 540，就实现了预想效果。

Tips：可以在此效果中适当增大蒙版参数中的羽化值。

3. 扫光文字的制作

第一步：建立待扫光字幕；

第二步：点击 Alt 键复制一层，改变文字的颜色（注意，这里改过的颜色，即想实现的扫光效果中“光”的颜色）；

第三步：选中复制的这层文字，**“左上角区＞效果控件＞不透明度设置＞绘制椭圆蒙版”**；

第四步：设置椭圆蒙版的位置移动，先将椭圆蒙版放置在字幕最左侧，不要覆盖字幕，打上关键帧；然后将时间轴向后拖动 20 帧左右，再将椭圆蒙版拖至字幕最右侧，不要覆盖字幕，打上关键帧。

最后，测试效果和优化即可。

4. 视频的局部显示和动画设计

因为蒙版本身可以控制显示素材的局部，或者不显示素材的局部。利用这一特性，结合素材在时间轴的出现顺序，就可以创造一些卡点效果。

第一步：将一段素材拖至时间轴轨道 1。将蒙版中的矩形蒙版应用到上面，调整“选区”大小和位置(如左上角)，将羽化值调整为 0。

第二步：通过“Alt+鼠标左键”复制轨道 1 上的素材到轨道 2，蒙版效果被自动复制。因此这里直接调整“选区”位置，如放置在中间的位置。

第三步：通过“Alt+鼠标左键”复制轨道 2 上的素材到轨道 3，蒙版效果被自动复制。因此这里直接调整“选区”位置为右下角。

第四步：将轨道 2 前 5 帧的内容删去，将轨道 3 前 10 帧的内容删去，而后依次排列，如图 8-4 所示。

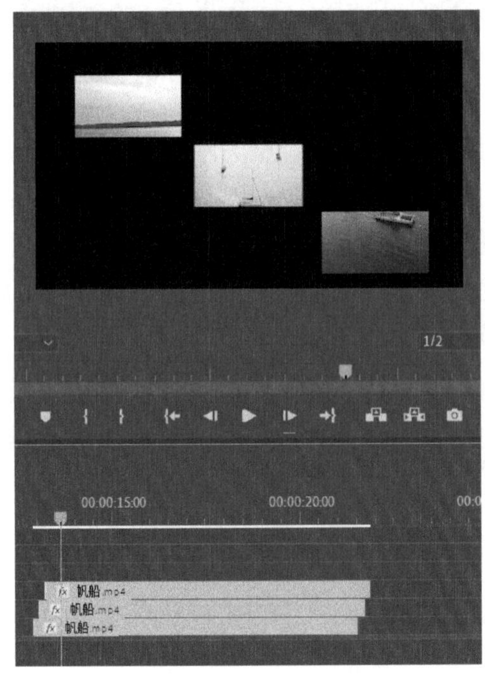

图 8-4　利用蒙版进行视频局部显示

第五步：可以将三个素材整体选中复制，多粘贴几次，形成动作的重复，适配音乐的节奏(见图 8-4)。

5. 通过蒙版实现无缝转场

利用蒙版实现无缝转场在视频中也经常见到，又被称为“看不见的剪辑”。其效果实现的前提是上一个画面一般要有一个明显的遮挡物，如行人、建筑、公交车、电线杆、树木等，形成前景。同时，这些前景要保持移动，要么主体本身移动，如走过的人、行进的公交车，要么是镜头移动，如移动镜头拍摄高大建筑物等。

有了这样的素材，后面就可以衔接任何镜头，其实现的效果是：仿佛后面的画面是由于被遮挡物的移开而呈现出来的，从而实现场景的无缝对接。

比如以人物走动的素材为例，

第一步：找到人物完整出现在画面的第一帧，来到界面左上角的“效果控件＞不透明度”，选择钢笔工具绘制蒙版，沿着人物的右侧边缘（如果人物是向左出镜）绘制完成后，打上关键帧，利用键盘上的方向键，人物每挪移几步，整个路径都要整体向右扩展（过程中自动生成关键帧），最终向右侧画面外延伸，形成一个闭合路径。

第二步：确保蒙版路径都打上关键帧，并且选择“已反转”。

第三步：将“蒙版羽化”的值适当增加（建议 100 左右），使边缘柔和。

第四步：将时间轴向后移动 1～2 帧，移动锚点再次调整蒙版大小，保证人物走过的地方全部变为蒙版。

第五步：重复第四步，直到人物消失在画面中。最后一帧，就是让蒙版覆盖整个画面。那么此时实现的效果就是人物走过的地方全部变为黑色，但实际是透明的。

第六步：把需要衔接的画面放到轨道下方的合适位置，注意对衔接区的调适。

以上关于蒙版的使用案例教学视频可扫描以下二维码观看，如见图 8－5 所示。

图 8－5　蒙版的 5 种用法

8.1.3　遮罩的使用

如果说蒙版是用路径来决定下方图层如何显示，那么遮罩就是用整个图层的形状来决定如何显示内容。下面用四个案例来解析遮罩的作用。

1. 字体镂空效果

第一步：新建旧版标题，输入文字，选择合适字体类型和大小，调适到画面的合适位置，关闭字幕。把该新建的字幕文件拖入轨道 2。

第二步：把视频/图片素材拖入轨道 1，在该素材上应用“**视频效果＞键控＞轨道遮罩键**”。

第三步：在左上角控件面板找到轨道遮罩键属性，选择“遮罩：视频 2”，在合成方式上选择“Alpha 遮罩”。

素材在轨道上的排列顺序如图 8－6 所示。

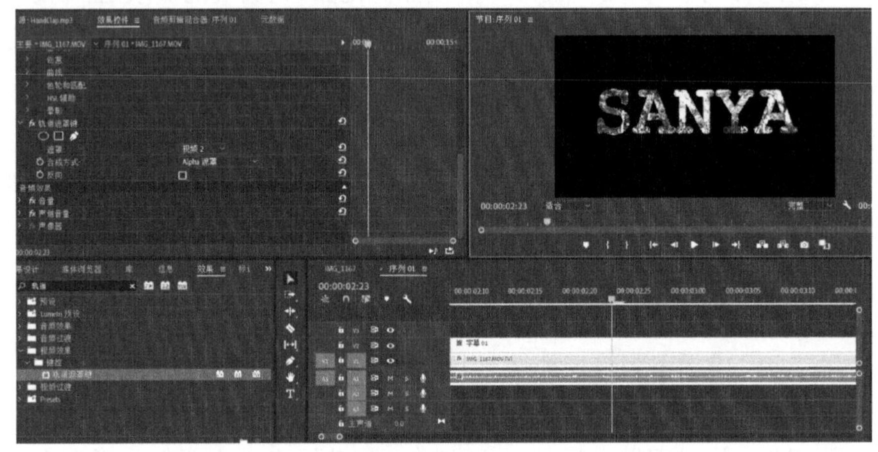

图 8－6　字幕层（遮罩层）在被遮罩层（视频素材）上方

图 8－7　Alpha 遮罩的使用

该效果的制作过程可扫描以下二维码观看，如见图 8－7 所示。

2. 文字粒子效果

产生该效果需要用到两个素材，一个是黑白素材，一个是粒子效果素材。

第一步：新建旧版标题，输入文字，选择合适的字体类型和大小，调适到画面的合适位置，关闭字幕，然后把该新建的字幕文件拖入轨道 2。

第二步：在轨道 1 上拖入黑白素材。

第三步：在轨道 2 的素材上应用“视频效果＞键控＞轨道遮罩键”。选择：“遮罩：视频 2；合成方式：亮度遮罩”。

第四步：将粒子素材拖放到轨道 3，将合成方式设置为“滤色”；调整其出现的合适的时间点，合适的位置，即可形成该效果。

素材在轨道上的排列顺序如图 8 - 8 所示。

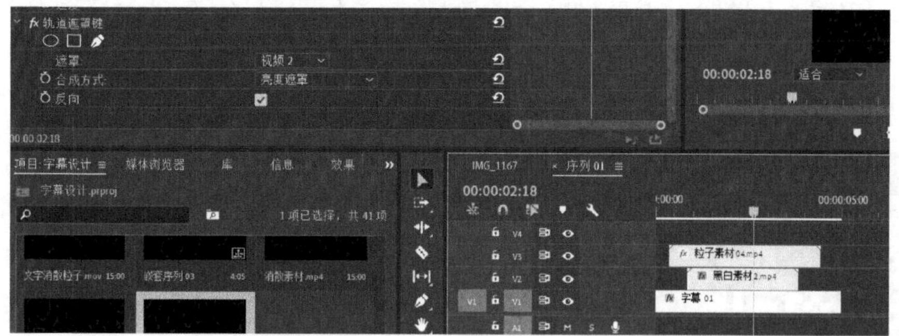

图 8 - 8　素材在轨道的排列顺序

该效果的制作过程可扫描以下二维码观看，如见图 8 - 9 所示。

图 8 - 9　亮度遮罩的使用

3. 水墨转场

第一步：选中转场之后出现的视频，将其拖动到视频 1 轨道上。

第二步：选中要施加水墨转场应用的视频，将其拖动到视频 2 轨道上。视频 2 的素材与视频 1 的素材要按照前后的顺序排列好，如图 8 - 10 所示。

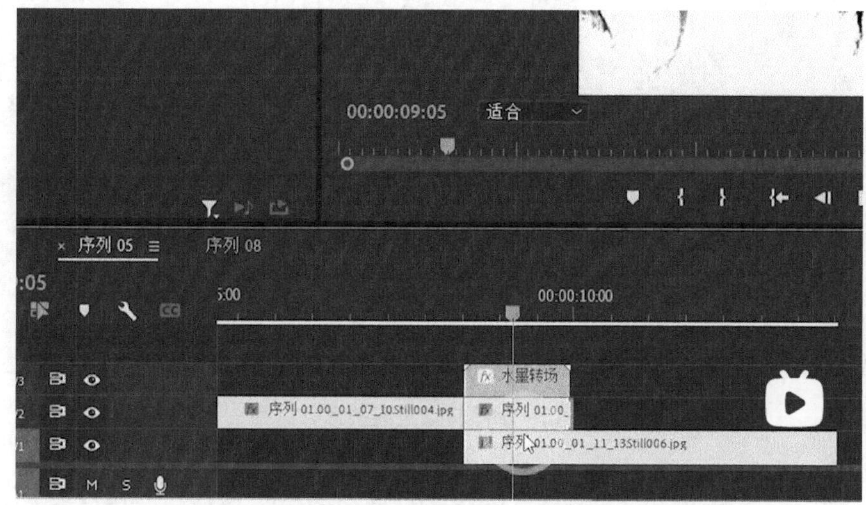

图 8 - 10　水墨转场效果的素材排列

第三步：将水墨素材拖至视频 3 轨道。同时调整所需要的长度。

第四步：按照水墨素材的长度，将视频 2 的素材，用剪刀工具裁剪开，与水墨素材保持长度的一致。

第五步：在视频 2 轨道素材上应用“**视频效果＞键控＞轨道遮罩键**”。在左上角的控件面板找到轨道遮罩键属性，选择“遮罩：视频 2，在合成方式上选择 Alpha 遮罩”，即可形成该效果。

图 8－11　轨道遮罩键应用之水墨转场

该效果制作过程可扫描以下二维码观看，如图 8－11 所示。

4. 数码人效果

第一步：设计遮罩层的样式，如在本案例中，选用一个在绿幕背景下的女主播的素材，首先要通过抠图留下女主播的轮廓，作为遮罩层，放置在轨道 2 上。

第二步：导入数字代码素材，将其拖动到视频轨道 1 上。视频 1 的素材与视频 2 的素材要对齐排列好（见图 8－12）。

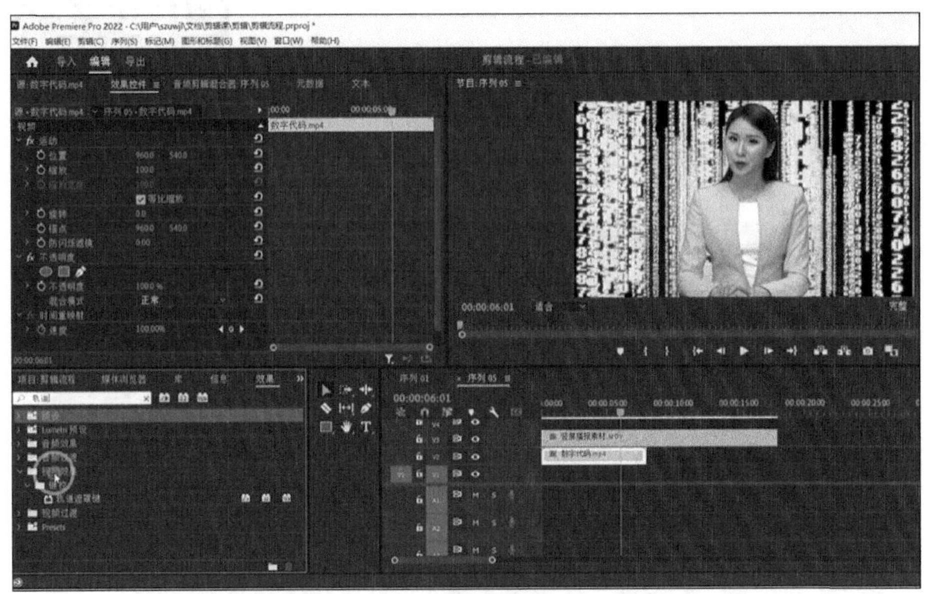

图 8－12　水墨转场效果的素材排列

第三步：在视频 1 轨道素材上应用“**视频效果＞键控＞轨道遮罩键**”。在左上角的控件面板找到轨道遮罩键属性，选择“遮罩：视频 2，在合成方式上选择 Alpha 遮罩”。

该效果制作过程可扫描以下二维码观看，如图 8－13 所示。

图 8－13　轨道遮罩键应用之数字人

8.2　抠像合成

抠像是现代影视作品的常用手段之一，可实现很多现实中难以实现的场景，这种技术不仅仅被运用于好莱坞大片或者大型电视栏目，一些社交网站上的视频博主也会自己制作一些有意思的小视频。其原理是利用色度的区别，将拍摄人物或其他前景内容从单色背景中提取出来，再与虚拟画面进行合成。

理论上只要背景所用的颜色在前景画面中不存在，用任何颜色作为背景都可以，但实际上最常用的是蓝背景和绿背景，所以抠像的素材一般是以绿幕或者蓝幕为背景的素材。原因在于，人体的自然颜色不包括这两种色彩，将它们作为背景不会和人物混在一起；同时这两种颜色是 RGB 系统中的原色，也比较方便处理。欧美国家在拍摄人物时常采用绿幕，因为很多欧美人的眼睛多是蓝色的。在架设遮幕前导演需要明确哪些内容可通过实拍完成，哪些内容必须借助后期合成，甚至哪些内容需要演员和虚拟画面互动完成。在镜头脚本的指导下确定真实拍摄和背景的分界位置，确保摄影机中只出现所需的前景画面和遮幕，同时也确保前景中演员及道具与背景遮幕的颜色存在差异，否则后期处理时就会出现前景人物和背景一同被“抠掉”的情况。在某些特殊情况下也会引入一些与背景颜色相同的道具作为前景抠像对象，以实现一些特殊效果。

8.2.1　利用颜色键抠像

颜色键抠像的功能较为常用，使用颜色键可以为素材预留边缘位置及宽度的位置，制作出类似描边的效果，通过对颜色宽度的设置可以选择被抠除的颜色范围，通过羽化边缘可以对被抠像的素材边缘进行模糊化处理。

将素材拖至“时间轴”上，打开“效果”面板，搜索“颜色键”，可以看到“颜色键”在“键控”文件夹中。将“颜色键”拖至素材上；单击序列上的素材并打开“效果控件”面板，显示“颜色键”选项，如图 8－14 所示。

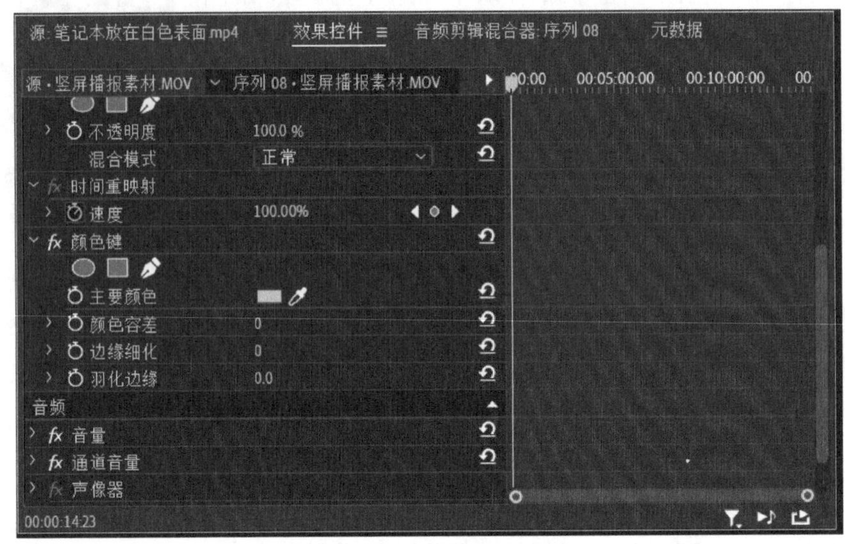

图 8－14　颜色键及其设置

使用颜色键中的“吸管工具”，选择画面中需要去除的颜色，按照视频素材的即时效果调整“颜色容差”“边缘细化”等参数，直到达到较满意的效果。

8.2.2　利用超级键抠像

超级键抠像比起颜色键抠像，所应对的情形有所不同。尤其是在绿色背景存在瑕疵，或是前景元素的边缘不太整齐的情况下。除此之外，因为眼睛识别颜色的能力不像亮度信息一样准确，所以许多摄像机保存图像信息时还会减少保存的颜色信息数量，且摄像系统会通过减少颜色捕捉的方式减小文件体积，具体方式因系统不同而有所差异，但都会减少素材的颜色细节，从而增加抠像的难度。

所以，如果素材的精度不高，那么在抠像之前，可以应用一个较小的模糊效果，对像素细节进行混合、柔化边缘，结果通常会更加平滑。如果模糊数量非常少，图像质量也不会受到较大影响。

如果素材的前景和背景的对比度较低，则可在抠像前使用“模糊效果”中的“三向颜色校正器”或“快速颜色校正器”，先调整素材，再优化抠像效果。

超级键是一个快速和直观的色度抠像效果，其原理在于找出具有所选绿色的所有像素并将其 Alpha 设置为“0%”，与绿幕抠像一样，超级键效果会根据颜色选择动态生成蒙版，可以在“效果控件”面板对蒙版进行进一步的详细设置。使用流程如下：

第一步，选择“吸管工具”，需要变为透明度颜色，然后调整设置进行匹配。

第二步，将“输出”改为“Alpha”通道，Alpha 通道将显示为灰度图像，其中暗像素将变为透明，而亮像素将变为不透明的。

第三步，将“设置”改为“强效”。

第四步，浏览素材，如果素材中除了黑色和白色，依然有不应出现的灰色区域，那么灰色区域会呈半透明显示，会影响合成效果。接下来就是通过调整“遮罩生成”中的“透明度、高光、阴影”等参数，减少灰色区域部分（见图 8－15）。

图 8－15　利用超级键抠图的设置

第五步，将“输出”调整为“合成”，可以查看结果。

接下来是优化和补偿：如果觉得抠像导致丢失了一些边缘，可以使用“遮罩清除”的“抑制”缩小遮罩，同时也可以结合“柔化”来使用，对前景和背景图像进行混合能够起到加强作用。可以提高 Alpha 通道的对比度，使黑白图像的对比更加强烈，从而更清晰地定义抠像，以获得更加干净的抠像。

最后，当绿色背景和所拍摄对象的颜色并不相同时，溢出抑制会补偿从绿色背景反射到拍摄对象上的颜色，因此在抠像过程中有效避免了部分对象的“误抠像”。但是，当拍摄对象的边缘是绿色时，抠像效果并不好。此时，溢出抑制会自动为前景元素边缘添加颜色以补偿抠像颜色。例如，当对绿屏进行抠像时会添加洋红色，当对蓝屏进行抠像时会添加黄色，以此抑制颜色“溢出”。

图 8－16　抠像

以上抠像方式及过程，可扫描二维码观看教学视频（见图 8－16）。

8.3　嵌套与调整图层

8.3.1　嵌套

1. 嵌套的操作

嵌套是把多个视频轨道的内容合成为一个内容的操作。

嵌套的技术实现路径是，框选需要嵌套的素材，右键单击，点击“嵌套”（见图 8－17）。

嵌套完成后，素材在轨道上呈现为一个绿色的整体。双击该“嵌套”，则可进入嵌套前的状态，可以在内部再做修改和调适，返回上一层后，嵌套的内容也会随之发生变化。

2. 嵌套的作用

第一，最直接的作用是可节省空间。比如一个作品需要一个九宫格的视频画面，这意味着至少需要占用 9 个轨道，我们在完成排版设计后，可以框选这 9 个轨道，嵌套成一个素材，可以极大节省轨道空间，通过简化轨道的素材排列优化视觉效果，减少剪辑压力。

第二，嵌套成一个素材，便于整体化处理。不论是叠加在不同轨道的素材，抑或是同一轨道上的不同素材，选择将其“嵌套”，可以将所有素材做统一化的效果处理。比如统一调色（用调整图层也可实现），统一改变速度，或者让多个素材形成统一的运动形式。

图 8－17　嵌套的操作

第三，虚拟输出。当一个或多个素材被嵌套后，在某种程度上，这个素材意味着成为“被虚拟输出”了。比如一张图片被“嵌套”之后，就被当成视频来对待了，一些视频才特有的应用，比如“播放顺序的倒放”等，就可以施加在这张图片上（尽管倒放没有任何实质变化）。

又比如 Premiere 的“视频效果”里有一个“时间码”的特效（**视频效果**>**视频**>**时间码**），当把“时间码”应用到一个透明视频素材后，正常的播放时间码显示为正向的时间。如果我们想模拟倒放的时间，就需要对这个透明视频素材进行倒放，但是直接进行“**右键单击**>**速度**>**倒放**”是无法被勾选的，如果先嵌套，再进行“**右键单击**>**速度**>**倒放**”，就可以实现倒计时效果。

虚拟输出还会带来的一个结果就是任何比例、分辨率的素材，经过嵌套后，其分辨率就变为同原序列一致的序列属性，这时就可以应用一些特殊的功能，如跟踪功能（跟踪功能的前提则是被跟踪的素材和跟踪素材本身的序列要保持一致)、变形稳定器等,所以嵌套也是施加某些特殊功能的前提。

第四,实现动作叠加动作、特效叠加特效。比如通过时间重映射制作一个视频的速度切换效果,在时间重映射中,最快速率是在原素材的基础上加快到 1 000%,即 10 倍速。如何在此基础上继续提升,通过嵌套,使速率重新回到 100%,右键单击素材,选择“速度/持续时间……”,可以继续将速度提升 10 倍。

比如说前一个动效的设计是一个画面接着一个画面向左滑动,这时需要把第三个画面向上滑动,实现垂直替换。这时就产生了一个问题:不能在同时设置同一个素材既向左滑动,又同时向上滑动——这时就需要使用嵌套功能。

我们选择前三个画面素材,嵌套成一个素材,然后在需要向上滑动的节点打上关键帧,设置 y 轴的数字为(960,0),就制作成了一个正在向左滑动的画面,在特定时间节点向上出画,被底部升上来的新画面替代。

关于嵌套的相关应用,可扫描以下二维码观看教学视频(见图 8 - 18)。

图 8 - 18　嵌套的应用

Tips:

双击嵌套序列:双击“嵌套序列”后进入原始剪辑,可对其进行修改。若将原始剪辑片段拖离序列,则嵌套序列中的此剪辑片段也随之消失,即对嵌套中的剪辑进行修改会同步影响整个嵌套序列。

单击嵌套序列:单击后按“Delete”键可删除嵌套序列;如果要恢复嵌套序列,只需将“项目”面板中的序列拖曳至“时间轴”面板中即可。

当只需要嵌套序列中的一段剪辑片段时,可在“源”面板中打开序列,通过添加入点和出点选择剪辑片段,再将剪辑片段拖曳至所需序列中即可。

这里总结一下不得不使用嵌套的情形。

第一,在多(双)机位剪辑时,首先一定要将多轨道上的素材嵌套为一个整体,才能开启“多机位”剪辑模式。

第二,在使用某些插件时,也首先需将普通素材转变为嵌套素材,才可以使用插件,达到效果。

第三,有一些图片等静态素材,需要转换为嵌套素材,才能进行诸如“倒放”“加速”“减速”等操作。

8.3.2　调整图层

1. 调整图层的特性与功能

调整图层本质上是一个透明的蒙版。在蒙版上可以添加任何的效果、图案，它会影响到视觉的表现。如果去掉蒙版，原本的素材是不会受任何影响的，这就是调整图层的原理。

调整图层有三个特点：

一是不破坏：不破坏原素材的所有属性。

二是可覆盖：可以覆盖多个素材和全时间轴，只要拉伸其长度和放到对应的素材上方。

三是可叠加：在调整图层上可以叠加多种效果，如颜色调整和速率调整可以同时进行，则会同时对下方层级素材产生影响。

调整图层具备的功能是，通过调整图层，可以添加颜色、速率、缩放、转场预设等效果/属性，而且这些效果/属性会影响到调整图层下方轨道的素材上。换言之，调整图层覆盖住的所有素材，可以经由调整图层实现统一的属性变化。

调整图层的常见使用方法有：

第一，调整图层较多被用来进行“批处理”，如果我们有很多段素材都要添加相同的效果，一个个添加肯定费时又费力，可以将调整图层拉长，效果就能应用在各个图层上，如果中间有一段不想要这个效果，还可以单独剪掉。

第二，具体来说，调整图层经常被用来进行整体调色，尤其当一种调色方案确定下来后，只需把调色所需的亮度、饱和度等参数、滤镜效果应用到调色图层上，然后对时间轴上的全部视频实现一步到位的覆盖。

第三，调整图层还被用来做转场过渡。有些转场预设的模板，如果直接添加到素材上，后期如需要再调整会比较麻烦。所以使用调整图层，将预设放在调整图层上，后期即使调换一段视频，转场也还会存在。

调整图层还可以层层叠加，每一个调整图层上都可以应用不同的效果。这些效果还可叠加起来，一起对其覆盖的下方的视频发挥整体调节作用。

2. 调整图层的应用

下面介绍调整图层的三个用例：

(1) 将视频调整为黑白画面。

操作步骤如下：

第一步，在左下角的项目窗口，点击"新建＞调整图层"(见图 8-19)，默认参数就是序列的参数，直接点击"确定"，可新建一个"调整图层"素材。

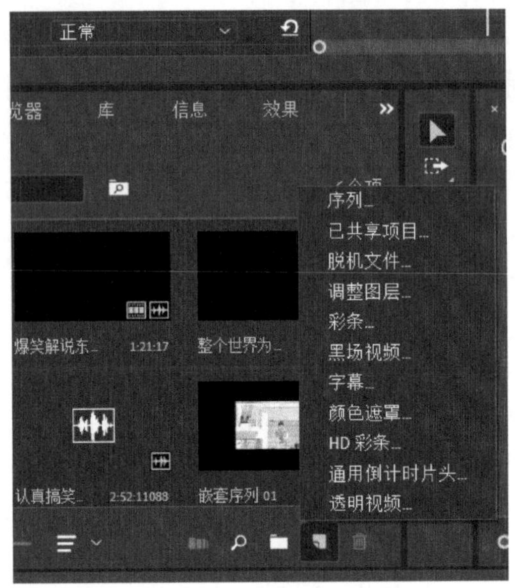

图 8-19　新建调整图层

第二步，将"调整图层"拖到所有视频素材的轨道上方。

第三步，执行"效果＞视频效果＞图像控制＞黑白"，将"黑白"滤镜应用到调整图层上。

第四步，按照所需将"调整图层"拉长，并将其覆盖整个剪辑视频(见图 8-20)。

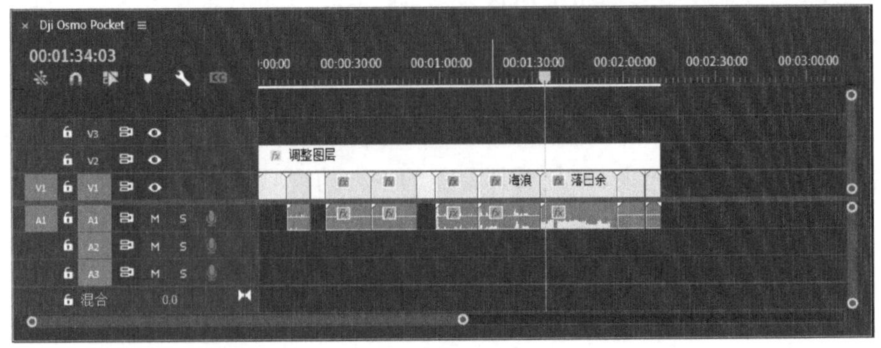

图 8-20　用调整图层将素材设置为黑白画面

至此，所有视频实现了黑白画面效果。

如果中间有一些素材不需要应用黑白效果，可以将“调整图层”切开，跳过不应用黑白效果的素材片段。

(2) 应用转场预设。

操作步骤如下：

第一步，在左下角的项目窗口，执行“新建＞调整图层”，新建一个“调整图层”素材。

第二步，将“调整图层”拖到两个视频素材的中央位置，若时间轴以两个素材的拼接位置为起点，按住 shift 键，同时按键盘的左右方向键，可以实现时间轴向左、向右各移动 15 帧。

接下来，再在两段素材上方对应放置一段 30 帧的调整图层素材(见图 8－21)。

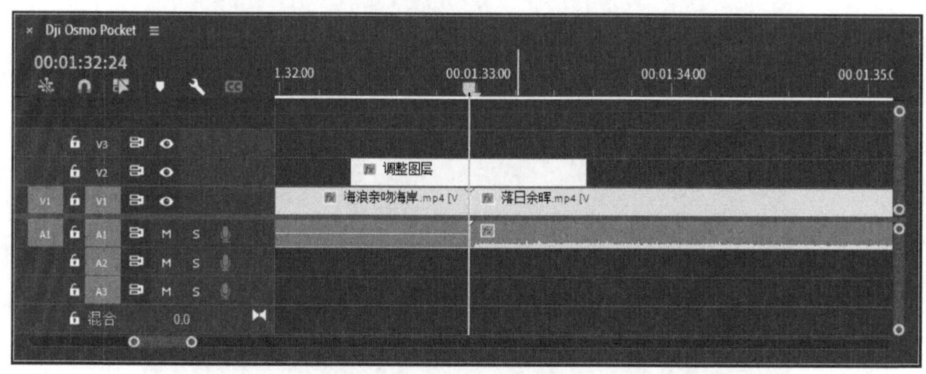

图 8－21　调整图层平均放置在两段素材的中央位置

第三步，在“效果＞Presets”下面找到导入的转场预设(需要提前导入预设或者自定义预设)。比如本例中的“平移转场”，将其应用到调整图层上，调整图层随后作用于下方两段素材，进而就实现了平移转场。

如果“Presets”中的有关预设不是独立的，而是以“成对”形式存在的，那么首先需要对“调整图层”做切割——从中间位置切开后，将“成对”的预设分别应用到调整图层的两段上。

如果对所应用的预设效果不满意，可以将别的预设样式直接放置到调整图层上进行覆盖替换。

(3) 利用调整图层进行构图裁剪。

操作步骤如下：

第一步，在左下角的项目窗口，点击“新建＞调整图层”，默认参数就是序列的参数，直接点击“确定”，可新建一个“调整图层”素材。

第二步，将“调整图层”拖到所有视频素材的轨道上方。

第三步，执行“效果＞视频效果＞变换＞裁剪”，将“裁剪”滤镜应用到“调整图层上”。

第四步，在左上角的“效果控件”面板，调整“裁剪”的参数，在本例中设置“顶部：15%；底部：15%”(见图 8－22)。

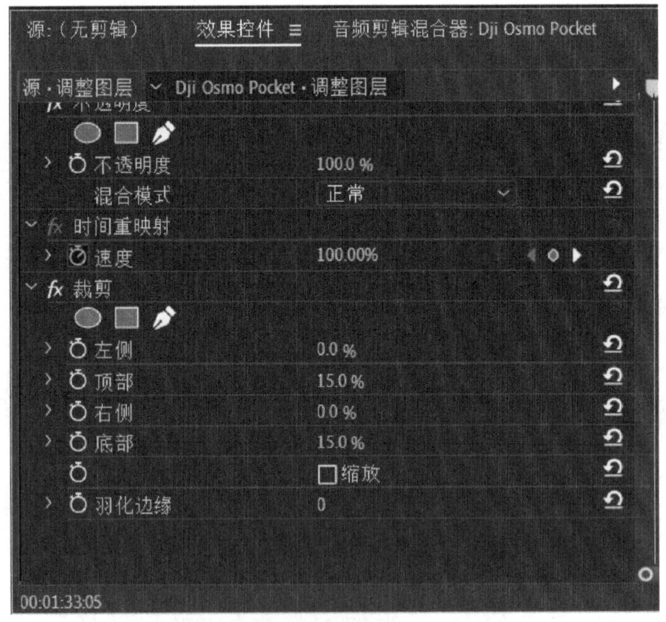

图 8－22　裁剪滤镜的使用及设置

第五步，选中调整图层下方的素材，在左上角的效果控件面板中，调整“位置”中的 y 轴参数，选择合适的呈现区间(见图 8－23)。

在本例中，采用调整图层对视频内容进行裁剪，产生了电影遮幅的效果，这样做的好处在于可以灵活地控制视频要呈现的范围。如果直接在视频画面上进行裁剪，那么就不好再调整视频的构图了。

图 8－23　为素材添加电影的遮幅

8.4　多场景剪辑

8.4.1　利用插件优化剪辑

8.4.1.1　超级慢速插件 Twixtor

Twixtor 来自 RE：Vision Effects 系列，是一款改变视频速度的插件，既可以实现超级慢动作，也可以实现加速操作，还可以制作视频升降格动画。它的原理是通过“计算补帧”的方式，改变帧速率，并使两个动作图像之间形成流畅的过渡。新版本的 Twixtor 插件还可支持 360 度全景视频。

其使用方法如下：

第一步：将需要改变速度的素材拖放到轨道上，按住“alt”键，用鼠标将这段素材向上方轨道拖动，复制一层素材。

第二步：右键单击下方这段素材，会出现一个下拉框，在下拉框中选择“速度/持续时间”，可以设置 10％的慢放速度，“时间插值”这里不用选择，然后点击“确定”。观察慢速播放后的视频，可以发现有些地方有残影，也存在一定程度的像素缺失现象。

第三步：将上方素材直接拖曳到下方素材上，进行素材的替换（见图8－24）。

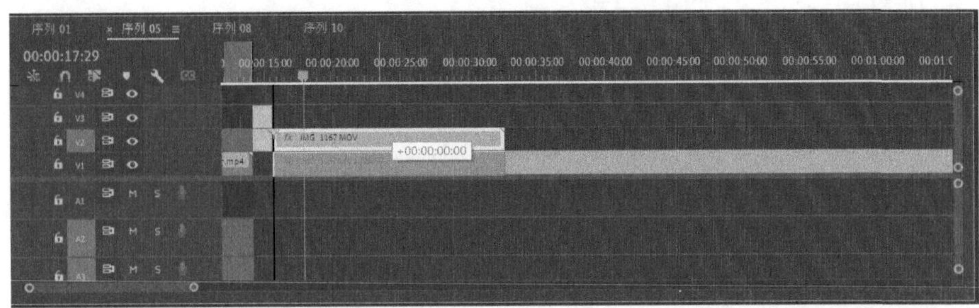

图8－24　素材替换

第四步：框选两段素材，右键单击，选择“嵌套”。

第五步：在左下角的“项目”窗口切换到“效果”，按照“**效果＞RE:Vision Plug－ins＞Twixtor Pro**”的路径，将“Twixtor Pro”拖放到嵌套后的素材上（见图8－25）。

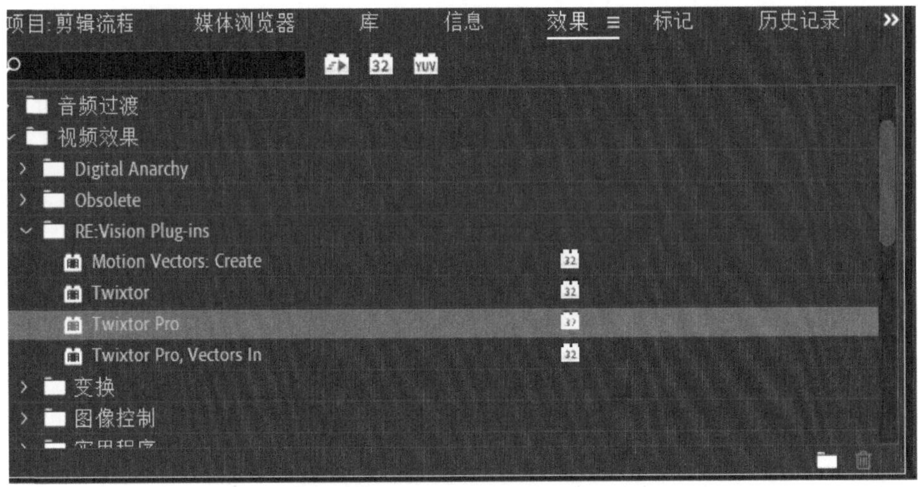

图8－25　Twixtor Pro所在的路径

第六步：如果电脑本身有配置独立显卡，那么可在左上角的设置窗口，勾选“Twixtor Pro”的“使用GPU加速”(Use GPU)选项，同时去掉“更少GPU内存”(Less GPU Mem)的勾选（见图8－26），以达到更快更好的渲染效果。

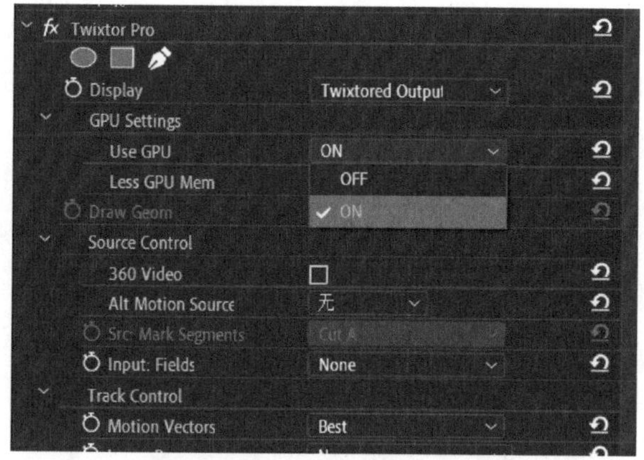

图 8-26　勾选 GPU 加速选项

第七步：继续在左上角的"Twixtor Pro"的参数中，将"速度"(speed)调整为"10%"，再往下还有一个"扭曲"(warping)参数，其中有两个主要选项：——Inverse 和 Forward。图像变换通常以 Inverse 方式实现。它的计算量小，像素规整，但无法适应某些复杂变换；Forward 方式的计算量大，但兼容性强，可能会产生画面不规整问题。一般选用默认的"Inverse"即可。

"运动灵敏度"(motion sensitivity)，用来控制生成补偿帧的程度，数值太小会出现卡顿的情况，数值太大会有出现果冻的危险。

至此就实现了对整体素材放慢 10 倍的效果，而且使用 Twixtor Pro 插件实际上会带来更好的优化(见图 8-27)。

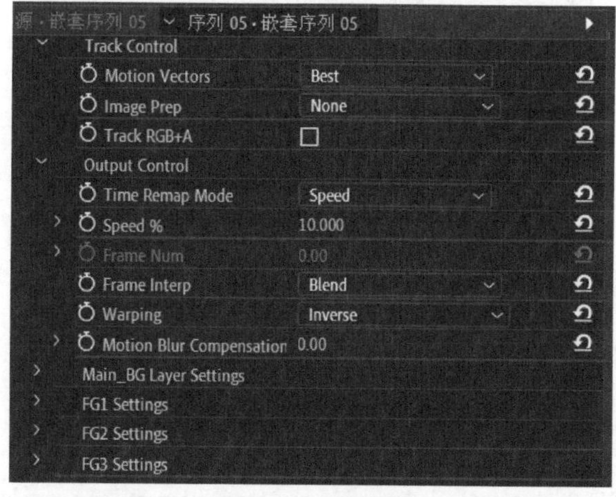

图 8-27　Twixtor Pro 的进一步设置

如果需要对部分素材进行慢放，则可以进一步在“Twixtor Pro”的“参数中的速度”(speed)上打上关键帧，将需要慢放的部分设置为10%，将不需要慢放的设置为“100%”。

8.4.1.2 优化输出的 Voukoder 插件

Voukoder 是一款开源免费的音视频编码插件，主要用来优化视频输出，在保证视频质量的前提下，实现视频渲染输出的时间更短的目标。它支持各种编码器(基于 CPU 和 GPU)，如 H.264、HEVC (H.265)、ProRes，并且可以在声音博主常用的软件如 Vegas、After effects 中运行。① 截至 2022 年 8 月，官网最新版本为 Voukoder11.1。

其使用方法如下：

第一步：用 ctrl+M 调出导出界面。

第二步：在“格式”一栏选择“Voukoder 0.72(Pr)”(见图 8-28)；

图 8-28 在格式中选中“Voukoder.0.72 (Pr)”

① 参见官网简介：https://www.voukoder.org/forum/thread/783-downloads-instructions/.

第三步：在下方的“视频”(video)选项中依次选择“libx264 H.264/Avc/MPEG-4AVC/MPEG ...”的编码格式、“crf=23”的编码参数、“全高清(1 920×1 080)”的帧大小和“Square Pixels(1.0)”的像素长宽比(见图8-29)。

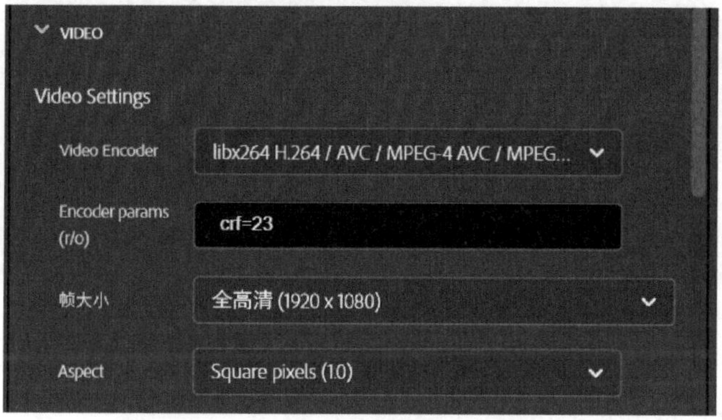

VIDEO
Video Settings
Video Encoder　libx264 H.264 / AVC / MPEG-4 AVC / MPEG...
Encoder params (r/o)　crf=23
帧大小　全高清 (1920 x 1080)
Aspect　Square pixels (1.0)

图 8-29　在视频选项中进行设置

往下拉，其他的参数保持默认项。

直到“恒速系数”(constant rate factor)选项，其中选择“10～16”即可(见图 8-30)。

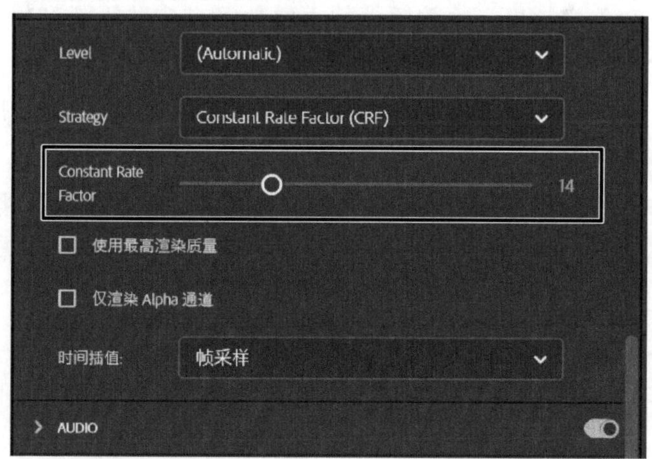

图 8-30　在视频选项中对恒速系数进行设置

第五步：在“音频”(audio)选项中保持默认项即可(见图 8-31)。

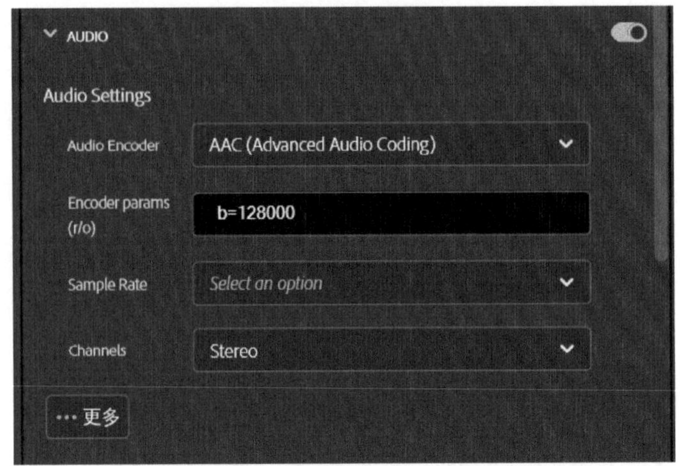

图 8-31 在音频选项中进行设置

第六步：点击右下角的“导出”。

使用 Voukoder 插件一般会比在 Premiere 中自输出获得 4～8 倍的提速。

8.4.1.3 视频美化插件：“BeautyBox Premiere 插件”

BeautyBox Premiere 插件是一款带有降噪磨皮美白功能的插件，被誉为 Premiere 里的“美图秀秀”。它能够自动识别视频中人物的颜色并创建一个遮罩，将平滑效果限制在皮肤区域，进而对人物皮肤进行润饰，快速实现降噪磨皮和美白效果。这款插件的主要功能有皮肤平滑和修饰、自动掩蔽的魔力、快速渲染、光泽去除和颜色校正。除了进行皮肤润饰，软件的 Styles 预设包含数十种视觉效果和色彩修正，供用户自行选择使用。

其使用方法如下：

第一步：安装好“BeautyBox Premiere 插件”后，在“效果＞视频效果＞Digital Anarchy”中找到“BeautyBox Premiere”，将其应用到所需的素材上（见图 8-32）。

第二步：在缩略图下方找到“显示遮罩”，勾选。

第三步：对照监视器变化，通过调整“色相范围、饱和度范围、取值范围”等参数，将人物的面部皮肤的区域大致勾勒出来（见图 8-33）。

第四步：去除掉“显示遮罩”的勾选，对比实际效果调整“平滑数量”“肤色细节”“对比度”等参数（见图 8-34）。这样的做法能够是保证所调整的参数只是针对人物的面部皮肤。

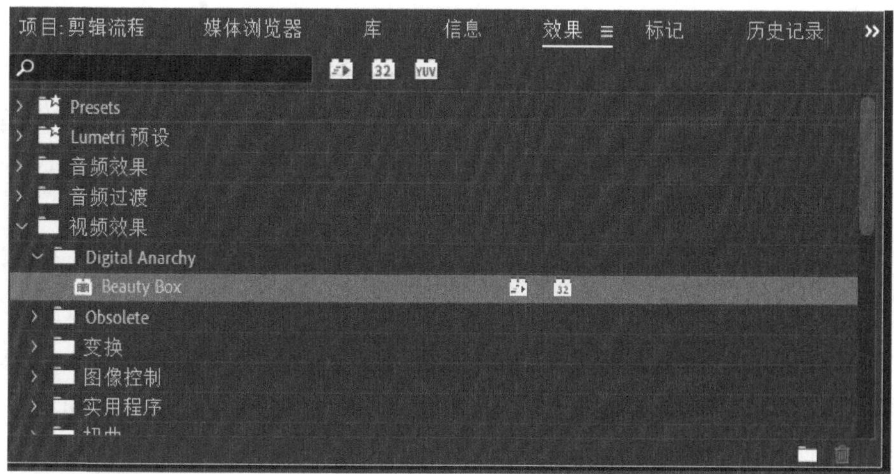

图 8 - 32　"BeautyBox 插件"所在的路径

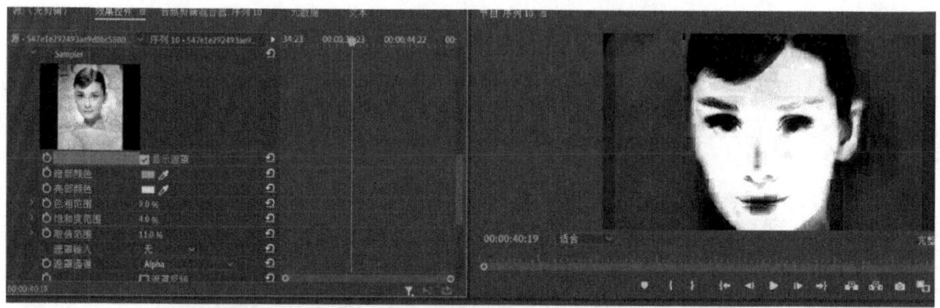

图 8 - 33　对照监视器的人物将皮肤区域勾勒出来

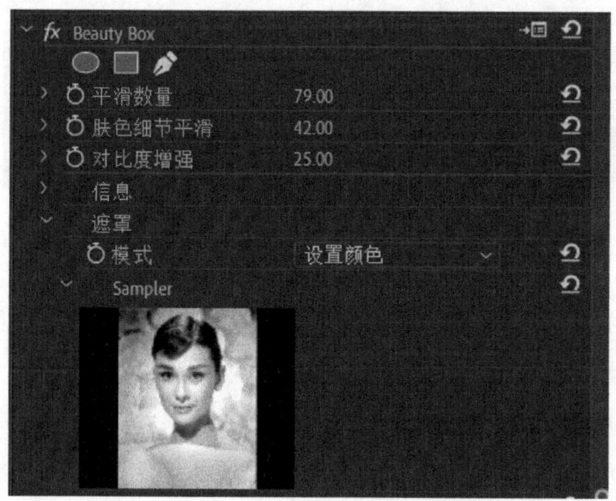

图 8 - 34　对比实际效果调整参数

第五步：也可进一步在“暗部颜色”“亮部颜色”中用取色器，选取人物皮肤上的暗光部分和高光部分，尽可能形成一定的反差，肤色会发生直接的变化。

除此外，利用此插件，还可以通过“锐化”反向设置，让人物的面部棱角更加鲜明。

8.4.1.4　使用运动模糊插件 RSMB

Reel Smart Motion Blur(简称 RSMB)也是来自 RE：Vision Effects 系列，是一款功能十分强大的运动模糊插件，这款插件专门针对 AE 和 PR 软件量身定制，能够满足用户的 3D 渲染处理需求，并为其添加各种运动模糊效果，大大提升用户的视觉体验效果，具备实现自动跟踪动画运动的像素、控制模糊效果、添加/删除运动模糊效果、支持 CPU 多处理器运行计算等功能，既可以产生时光倒流时的模糊感，也可以模拟运镜拍摄时的动态模糊，视觉效果十分显著。

其使用方法如下：

第一步：在“效果＞RE：Vision Plug - ins＞RSMB Pro”路径中，将“RSMB Pro”拖动到所需素材上。

第二步：在“效果控件”面板中，设置“RSMB Pro”的相关参数(见图 8 - 35)。

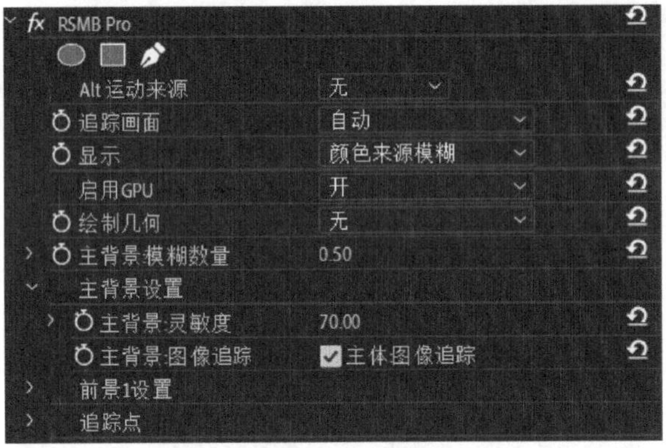

8 - 35　“RSMB Pro”的相关参数设置

如电脑有独立显卡配置，可以在“启用 GPU”一项中选择“开”。

主背景“模糊数量”的区间是“－2～10”，可以保持默认“0.5”，就会有较合适的效果，也可以根据需要进一步加大或减少；主背景“灵敏度”的区间是“0～100”，可以保持默认“70”，也可以适当调小一些，均衡模糊度和细节度。

运用 RSMB 插件，可以使视频的动态模糊得到更好的计算与优化，增强运动主体动感，提升画面的视觉冲击力(见图 8－36)。

图 8－36　运用 RSMB 插件前后的效果对比

8.4.1.5　使用 proDAD Mercalli 2.0 调整视频

proDAD Mercalli 俗称“防抖滤镜”，在后期中使用 proDAD Mercalli 可以有效减少前期拍摄的晃动，增强视频画面的稳定性。尤其是其特有的滚动快门修补功能让创作者在平移镜头时可以减少画面晃动和倾斜。

其使用方法如下：

第一步：在“效果>proDaD>Mercalli 2.0”路径中，将 Mercalli 2.0 拖动到所需素材上。

第二步：在“效果控件”面板中，设置“Mercalli 2.0”的相关参数(见图 8－37)。

图 8－37　“Mercalli 2.0”的相关参数设置

8.4.1.6　使用 Magic Bullet Denoiser 插件降噪

Magic Bullet Denoiser 是一套完整的插件，不仅可以进行视频色彩校正，还可以提供精确模拟镜头滤镜和胶片效果。Magic Bullet Denoiser 插件主要是解决在较暗光线环境或在高感光度(ISO)下进行拍摄造成的视频噪点等问题。

其使用方法如下：

第一步：在“**效果**>**RG Magic Bullet** > **Magic Bullet Denoiser III**”路径中，将 Magic Bullet Denoiser III 拖动到所需素材上。

第二步：在“效果控件”面板中，设置“Magic Bullet Denoiser III”的相关参数(见图 8-38)。如，将“减少杂色”(reduce noise)的值保持默认或适当提升；将“平滑颜色”(smooth colors) 的值保持默认或适当提升；将“保留细节”(preserve detail)的值保持默认或适当降低；将“锐化数量”(amount)的值适当降低；将“锐化半径”(radius)的值适当降低。

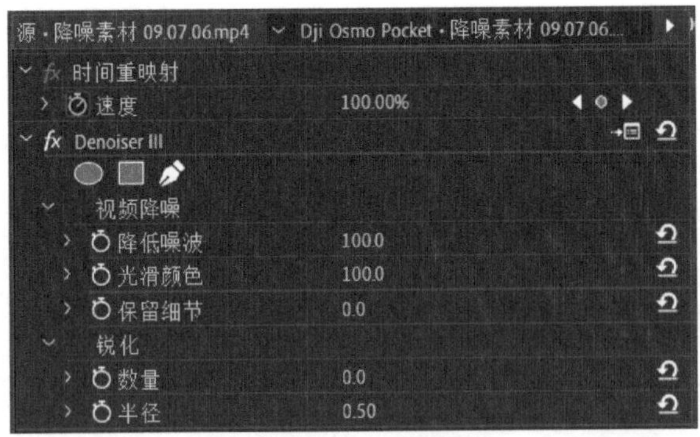

图 8-38　调整 Magic Bullet Denoiser III 的参数

运用 Magic Bullet Denoiser III 对视频进行调整后的前后对比如图 8-39 所示。

图 8-39　运用 Magic Bullet Denoiser III 前后的效果对比

8.4.2　双(多)机位剪辑

对同一场景、同一动作进行双(多)机位拍摄时,可以带来不同角度、不同景别的素材,从而给后期带来灵活操作的空间,也使得最终作品有更丰富的呈现。

双(多)机位的剪辑方法如下：

第一步：设置序列及素材导入。

在一个序列里设置数量与机位数相同的视频和音频轨道,每个轨道导入一个机位的素材。比如同期拍摄了两个视频,那么可以把两个视频素材分别放置视频轨道 1 和视频轨道 2。

第二步：双机位素材的对齐。

素材对齐是最关键的一步,有两种操作方式：

一是自动对齐素材。在把所有机位的视频和音频素材对应起来之后,选中素材,点击鼠标右键,在对话框里点击“同步”,在弹出的“同步剪辑”对话框中,选择“音频—轨道声道 1”(见图 8 - 40)。

图 8 - 40　双机位视频按照音频点自动对齐

二是手动对齐。如果在“同步剪辑”对话框不能同步,就只能手动通过音轨寻找对齐点。展开每条素材的音轨,通过波形找到音频的相同点,移动素材,对齐相同点,然后对齐整个素材。

第三步：设置嵌套序列。选中全部素材，点击鼠标右键，在对话框里点击“嵌套”，在“嵌套序列名称”对话框输入名称（或保持默认），点击“确定”，几个轨道的素材会自动整合在一个轨道里。

第四步：启用多机位剪辑。鼠标右击“嵌套序列”所在轨道，在对话框里选择“多机位”，再选择“启用”。如果“嵌套序列”前面出现“MC1”字样，说明“多机位剪辑”已被启用。

第五步：开启“多机位剪辑”窗口。左击“监视器窗口”面板右下角的“＋”，在对话框里，选择“切换多机位视图”按钮，按住鼠标左键，拖到按钮栏里，点击“确定”（见图 8－41）。以后在按钮栏里可以随时开关多机位剪辑窗口。“监视器窗口”面板变成多机位剪辑框，其分为两个部分，左边是多机位窗口，右边是录制窗口（见图 8－42）。

图 8－41　多机位剪辑按钮

第六步：剪辑多机位素材。先点击“播放—停止切换”按钮，再点击多机位窗口的某机位图像，选中的机位图像边框呈红色，说明正在录制此机位的图像，录制窗口呈现此机位的图像。在多机位窗口中不断地点击需要的机位的图像，直到录制完毕。

如果需要对剪辑过的双机位作品进行再调整，可以进行如下操作：

第一，对不同机位的素材进行替换。点击多机位剪辑窗口下的“播放＞停止切换”按钮，播放录制窗口的图像，找到要替换此时录制窗口的图像，点击“播放＞停止切换”按钮，录制窗口的图像处于暂停状态，点击多机位窗口需要替换的机位的图像，这个机位的图像边框呈黄色，录制窗口呈现替换的

图 8－42　多机位剪辑窗口

图像，意味着不同机位的素材替换成功。

第二，对相邻素材的时间长度进行调整。选择“工具栏”的“滚动编辑工具”，放在“嵌套序列”的两个素材间，左右移动鼠标，调整相邻素材的时间长度（见图 8－43）。

图 8－43　使用滚动编辑工具调整相邻素材的时间长度

8.4.3 代理剪辑

代理剪辑，顾名思义就是不直接使用原素材而使用一种“代理素材”，但输出结果又能够保证原素材高清级别的剪辑方式。什么情况下需要使用代理剪辑呢？一种情况是素材本身是高清的 4 K、8 K 素材，质量太高没必要采用原始素材进行剪辑和渲染；另一种情况是电脑配置一般，带不动素材。为了让电脑能够轻松地、流畅地剪辑视频，代理剪辑就有必要。举例来说，比如原始素材是 4 K，mov，444 编码的视频格式，这个时候运用代理剪辑，软件会自动生成一个 Apple ProRes 422 Proxy 编码的视频格用作代理剪辑，正常一分钟 444 编码的视频的大小有 1 G，422 Proxy 编码只需几百兆会自动链接原始高清的素材，然后输出即可。

代理剪辑的操作步骤如下：

第一步：在 Premiere Pro2022 版本中，执行“**文件>项目设置>收录设置**”的路径，在“收录”中选择“创建代理”，在“预设”中选择“H.264 Low Resolution Proxy”（见图 8－44）；

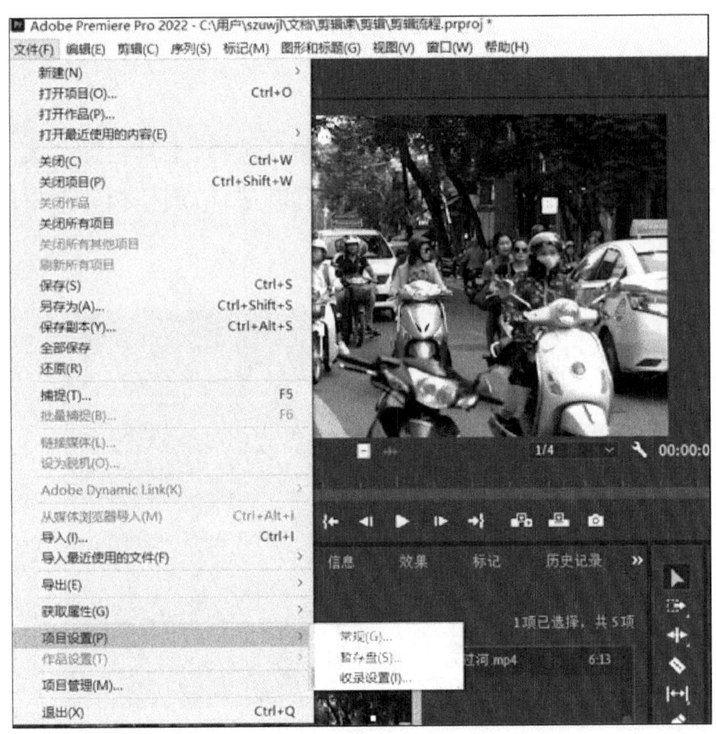

第一步 项目设置

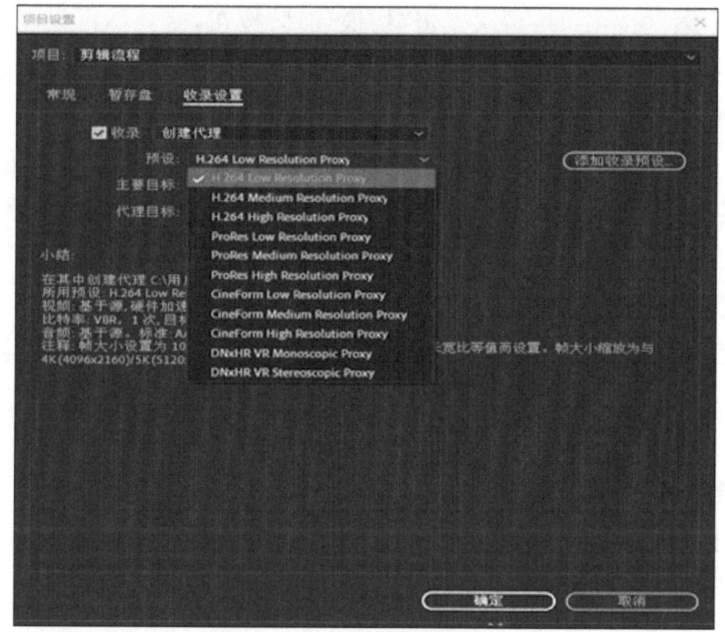

第二步 收录设置

图 8－44　创建代理

第二步：左击“监视器窗口”面板右下角的“＋”，在对话框里，点击“切换代理”按钮，按住鼠标左键，拖到按钮栏里，点击“确定”。此后在按钮栏里点击“切换代理”按钮，使其以亮蓝显示(见图 8－45)；

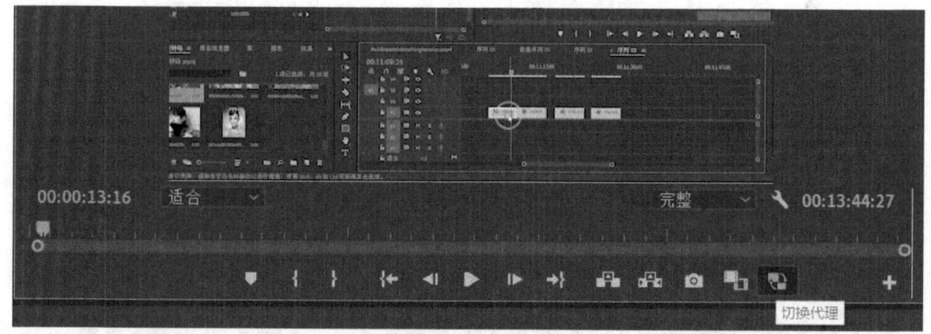

图 8－45　切换代理按钮亮蓝显示

第三步：在项目窗口导入 4 K/8 K 高清素材，然后在时间轴进行常规剪辑；

第四步：在导出时，再次点击“切换代理”按钮，使其不再呈亮蓝色，这样导出的视频才是高清的。

代理剪辑要注意的三点：

第一，虽然软件会在后台自动生成占用空间较小的视频文件，但还是需要占用电脑内存的，所以要确保电脑内存充足，不然会代理剪辑失败。

第二，在输出时，一定要关闭代理剪辑然后再输出，这样输出的画质才是原始素材的高清画质。

第三，在清理资源库时，切记不要把代理剪辑的视频文件夹删除，否则基于代理剪辑文件的工程文件也会失效。

本章综合练习：

(1) 下载二维码中提供的视频素材，将两段素材运用蒙版转场的方式衔接起来。要求：视频 1 在第 37 秒后开始转场至视频 2。

图 8-45　蒙版转场视频 1

图 8-46　视频 2_蒙版转场素材

(2) 下载二维码中提供的视频素材，完成一段双机位剪辑。

图 8-47　多机位 1

图 8-48　多机位 2

图 8-49　多机位 3

参考文献

[1] 陈俊海. 声音制作基础[M]. 北京：中国轻工业出版社，2012.
[2] 韩宝强. 音的历程：现代音乐声学导论[M]. 北京：中国文联出版社，2003.
[3] 陈俊海. 动画音效制作教程[M]. 北京：中国轻工业出版社，2010.
[4] 布鲁斯·马特利特，珍妮·马特利特. 实用录音技术[M]. 朱慰中译. 北京：人民邮电出版社，2010.
[5] 孙广荣. 扩散声场与声场扩散[J]. 电声技术，2007.
[6] 威廉·莫伊兰. 混音艺术与创作[M]. 吴潇思，熊思鸿译. 北京：人民邮电出版社，2010.
[7] 虞志勇. Pro Tools 音乐制作从入门到精通[M]. 北京：人民邮电出版社，2009.
[8] 王建，方龙. 影视录音技艺[M]. 重庆：西南师范大学出版社，2010.
[9] 汤姆林森·霍尔曼. 电影电视声音[M]. 王珏，彭碧萍译. 北京：人民邮电出版社，2015.
[10] 张晨起. Audition CC 音频处理完全自学一本通[M]. 北京：电子工业出版社，2020.
[11] 赵阳光. Adobe Audition 声音后期处理实战手册[M]. 北京：电子工业出版社，2021.
[12] 科里. 听音训练手册：音频制品与听评[M]. 朱伟译. 北京：人民邮电出版社，2011.
[13] 汤姆林森·霍尔曼. 数字影像声音制作[M]. 王珏译. 北京：人民邮电出版社，2009.
[14] 刘蔚. Premiere Pro 2021 从入门到精通[M]. 北京：人民邮电出版社，

2021.
[15] 丁慧. 音视频处理[M]. 北京：机械工业出版社，2017.
[16] 卷毛佟. 拍好短视频一部 iPhone 就够了[M]. 北京：人民邮电出版社，2022.
[17] 王斐. 抖音＋剪映＋Premiere 短视频制作从新手到高手[M]. 北京：清华大学出版社，2021.
[18] 刘映春，曹振华. 短视频制作[M]. 北京：人民邮电出版社，2022.
[19] 李彩玲. Premiere 短视频制作实例教程[M]. 北京：人民邮电出版社，2022.
[20] 郝倩. 手机短视频制作从新手到高手[M]. 北京：清华大学出版社，2021.
[21] 邓竹. 短视频策划、拍摄、制作与运营从入门到精通[M]. 北京：北京大学出版社，2021.